高职高专工作过程·立体化创新规划教材——计算机系列

HTML5+CSS3+JavaScript 网页设计实用教程

凌宝慧　主　编

高　云　崔艳春　陆莉莉　李方方　副主编

清华大学出版社

北　京

内 容 简 介

　　这是一本以"应用实例和综合实战案例"的形式编写网页设计技术的教材。本书的内容分为四个部分，包括 HTML5、CSS3、JavaScript 和 Bootstrap。本书内容的组织是以介绍 Web 前端网页设计技术展开的，具体内容包括网页设计的文档结构、文本、图像，用 HTML5 创建超链接、表格，使用表单，用 CSS3 设置表格和表单的样式、美化图片、背景和边框；讲述 JavaScript 基本语法、对象编程、应用 HTML5+CSS3 和 JavaScript 的搭配应用等网页设计的方法和技巧，最后使用 Bootstrap 框架组件、插件来快速设计页面。本书贴切实际，结构合理，内容丰富，操作方便。

　　本书作为 Web 前端网页设计技术的入门类教材，既可以作为高等职业教育计算机及相关专业的教材，也可作为 Web 前端技术的各种培训班的培训教材，还可用于读者自学。

图书在版编目(CIP)数据

　　HTML5+CSS3+JavaScript 网页设计实用教程/凌宝慧主编. —北京：清华大学出版社，2019
(高职高专工作过程·立体化创新规划教材　计算机系列)
　　ISBN 978-7-302-53129-6

　　Ⅰ. ①H…　Ⅱ. ①凌…　Ⅲ. ①超文本标记语言—程序设计—高等职业教育—教材　②网页制作工具—高等职业教育—教材　③JAVA 语言—程序设计—高等职业教育—教材　Ⅳ. ①TP312.8 ②TP393.092.2

　　中国版本图书馆 CIP 数据核字(2019)第 104253 号

责任编辑：章忆文　李玉萍
封面设计：刘孝琼
责任校对：王明明
责任印制：李红英
出版发行：清华大学出版社
　　　　　网　　　址：http://www.tup.com.cn, http://www.wqbook.com
　　　　　地　　　址：北京清华大学学研大厦 A 座　　　邮　　　编：100084
　　　　　社 总 机：010-62770175　　　　　　　　　邮　　　购：010-62786544
　　　　　投稿与读者服务：010-62776969, c-service@tup.tsinghua.edu.cn
　　　　　质量反馈：010-62772015, zhiliang@tup.tsinghua.edu.cn
　　　　　课件下载：http://www.tup.com.cn, 010-62791865
印 装 者：清华大学印刷厂
经　　销：全国新华书店
开　　本：185mm×260mm　　　印　　张：23.25　　　字　　数：563 千字
版　　次：2019 年 7 月第 1 版　　　　　　　　　印　　次：2019 年 7 月第 1 次印刷
定　　价：58.00 元

产品编号：080088-01

丛 书 序

能否服务于社会、促进就业和提高社会对毕业生的满意度，是衡量高等职业教育是否成功的重要指标。坚持"以服务为宗旨，以就业为导向，走产学结合发展的道路"体现了高等职业教育的本质，是其适应社会发展的必然选择。

为了提高高职院校的教学质量，培养符合社会需求的高素质人才，我们组织全国高等职业院校的专家、教授组成了"高职高专工作过程·立体化创新规划教材——计算机系列"编审委员会，全面研讨人才培养方案，并结合当前高职教育的实际情况，推出了这套"高职高专工作过程·立体化创新规划教材——计算机系列"丛书，打破了传统的高职教材以学科体系为中心，讲述大量理论知识再配以实例的编写模式，突出应用性、实践性。一方面，强调课程内容的应用性，以解决实际问题为中心，而不是以学科体系为中心，基础理论知识以应用为目的，以"必需、够用"为度；另一方面，强调课程的实践性，在教学过程中增加实践性环节的比重。

本套丛书以"工作过程为导向"，强调以培养学生的职业行为能力为宗旨，以现实的职业要求为主线，选择与职业相关的教学内容组织开展教学活动和过程，使学生在学习和实践中掌握职业技能、专业知识及工作方法，从而构建属于自己的经验和知识体系，以解决工作中的实际问题。这在一定程度上契合了高职高专院校教学改革的需求。随着技术的进步、计算机软硬件的更新换代，不断有图书再版和新的图书加入。我们希望通过对这一套突出职业素质需求的高质量教材的出版和使用，能促进技能型人才培养的发展。

1. 丛书特点

本套丛书具有以下特点。

(1) 以项目为依托，注重能力训练。以"工作场景导入"→"基础知识讲解"→"回到工作场景"→"工作实训营"为主线编写，体现了以能力为本的教育模式。

(2) 内容具有较强的针对性和实用性。丛书以贴近职业岗位要求、注重职业素质培养为基础，以"解决工作场景问题"为中心展开内容，书中每一章都涵盖了完成工作所需的知识和具体操作过程。基础理论知识以应用为目的，以"必需、够用"为度，因而具有很强的针对性与实用性，可提高学生的实际操作能力。

(3) 易于学习、提高能力。通过具体案例引出问题，在掌握知识后立刻回到工作场景中解决实际问题，使学生能很快上手，提高实际操作能力；每章结尾的"工作实训营"版块都安排了有代表意义的实训练习，针对问题给出明确的解决步骤，阐明了解决问题的技术要点，并对工作实践中常见问题进行分析，使学生进一步提高操作能力。

(4) 示例丰富、由浅入深。书中配备了大量经过精心挑选的例题，既能帮助读者理解知识，又具有启发性。针对较难理解的问题，例子都是从简单到复杂，内容逐步深入。

2. 读者定位

本系列教材主要面向高等职业技术院校和应用型本科院校，同时也非常适合计算机培

训班和编程开发人员培训、自学使用。

3. 关于作者

丛书编委会特聘执教多年且有较高学术造诣和实践经验的名师参与各册的编写。他们长期从事有关的教学和开发研究工作，积累了丰富的经验，对相应课程有较深的体会与独特的见解，本丛书凝聚了他们多年的教学经验和心血。

4. 互动交流

本丛书保持了清华大学出版社一贯严谨、科学的图书风格，但由于我国计算机应用技术教育正在蓬勃发展，要编写出满足新形势下教学需求的教材，还需要不断地努力实践。因此，我们非常欢迎全国更多的高校老师积极加入"高职高专工作过程·立体化创新规划教材——计算机系列"编审委员会中来，推荐并参与编写有特色、有创新的教材。同时，我们真诚希望使用本丛书的教师、学生和读者朋友提出宝贵的意见和建议，使之更臻成熟。联系信箱：Book21Press@126.com。

丛书编委会

前 言

在互联网迅猛发展和网络经济蓬勃繁荣的形势下，互联网技术成为信息技术界关注的热门技术之一，教育领域也进行着深刻的变革，高职院校顺应着趋势，培养以企业需求为导向的"职业化"特征高级应用型人才，力求将新技术和应用融合到实际案例之中。通过对网页设计实例和综合案例的学习，读者可以尽快掌握所学的知识，提高网页设计的实战能力；同时在网上提供了本书的实例源代码，可供读者直接查看和调用。

本书特色

本书系统讲解了 Web 前端网页设计技术，内容简明扼要，结构清晰，示例众多，步骤明确，讲解细致，突出可操作性和实用性。本书不仅通过具体案例将 Web 前端技术的理论知识融入到解决实际问题中，还辅以丰富的操作习题和课后练习，能使学生得到充足的训练，有助于理解知识，达到学以致用。

本书主要内容

第 1 章介绍 Web 相关术语、HTML5 发展现状及 HTML5 文件的基本结构。

第 2 章讲解 HTML5 文件的基本结构标记(也称标签)、HTML5 段落、文本是如何排版的、如何运用 HTML5 标记在页面中插入图片、设置背景以及如何在页面中插入列表，有序列表、无序列表、定义列表及几种列表的嵌套的使用。

第 3 章介绍如何使用标签创建表格及表格布局。通过完成一个个小任务，掌握如何使用 <table>标记创建表格，如何设置表格的各种属性，如何运用表格布局页面。

第 4 章介绍超链接的使用及浮动框架。介绍运用<a>标记及属性实现几种不同形式的超链接，运用<iframe>标记实现浮动框架。通过综合实例掌握在浮动框架中使用超链接实现页面的跳转。

第 5 章讲解如何在页面上插入表单，详细介绍表单中的各种元素；通过实例介绍文本框、密码框、单选按钮、复选框、文件域、按钮、隐藏域、下拉列表框、文本域及 HTML5 中新增元素的使用。

第 6 章介绍多媒体设置，介绍如何实现在页面中插入音频、视频等多媒体文件。

第 7 章介绍 CSS3 样式表。详细介绍几种样式表的定义，样式表中关于文本段落属性、表格样式属性、列表样式属性、图片属性的设置，背景属性的设置，表单属性设置。

第 8 章介绍 CSS3 中盒子模型。通过实例详细讲解盒子模型的 height、width 设置，盒子边框 border-style、border-width 和 color 设置，盒子模型的 padding 和 margin 的设置，并通过大量的实例讲解盒子的浮动、盒子的定位及 z-index 的综合应用。

第 9 章讲解 JavaScript 的基本语法知识。通过实例介绍 JavaScript 数据类型、运算符、比较运算符、赋值运算符、逻辑运算符、函数的定义及使用。详细介绍几种流程控制结构及综合应用。

第 10 章介绍 JavaScript 对象及对象编程。

第 11 章主要介绍表单中事件的处理。详细介绍如何处理表单中信息的验证及相关事件的处理。

第 12 章主要介绍 Bootstrap 框架。详细介绍 Bootstrap 的环境配置、包含的内容；使用 Bootstrap CSS 样式表来设置文本、图片、表格和按钮样式；使用 Bootstrap 组件及插件类，如字体、下拉按钮、导航栏、分页、进度条、警告提示和多媒体组件来快速设计页面。

读者对象

本书作为 Web 前端网页设计技术入门类教材，既可以作为高等职业教育计算机及相关专业的教材，也可作为 Web 前端开发技术的各种培训班培训教材，还可用于读者自学。

本书由凌宝慧(南京信息职业技术学院教师)任主编，高云、崔艳春、陆莉莉、李方方任副主编，其中第 2～5、7～9、12 章由凌宝慧编写，第 1、6 章由高云编写，第 11 章由陆莉莉编写，第 10 章由李方方编写，由凌宝慧负责统稿。参与编写和资料整理的还有何光明、王珊珊、石雅琴、许悦、卢振侠、陈莉萍等。

限于作者水平，书中难免存在疏漏之处，恳请广大读者批评指正。

编　者

目　　录

第 1 章

HTML5 介绍

 **本章要点**

- Web 相关术语
- HTML 相关术语
- HTML5 发展现状
- HTML5 文件的基本结构
- 使用 HBuilder 创建 HTML 网页

技能目标

- 掌握 Web 相关术语。
- 掌握 HTML 相关术语。
- 掌握 HTML5 文件的基本结构。
- 掌握使用 HBuilder 创建 HTML 网页的方法。

1.1 工作场景导入

【工作场景】

网站中的网页内容丰富多彩，为互联网提供了大量的信息。今天，各式各样的工具软件可以帮助我们制作各式各样的网页，人们可以方便快捷地制作精美的网页，搭建自己的网站。如果作为 IT 专业人士，不仅希望网页内容丰富，界面精美，还要求网页能够提供交互功能，也就是说网页不仅能看，还要能操作，这就需要具备一定的 Web 基础知识，并掌握网页制作和前端开发的专业工具的使用方法。

下面需要制作一个最基础的网页《Hello, world!》，里面只显示简单的文字。

【引导问题】

(1) 什么是 Web？
(2) 什么是 HTML？
(3) 使用什么工具软件来创建 HTML 网页？
(4) 怎样创建一个最基本的网页？

 ## 1.2 HTML5 的相关概念

1.2.1 Web 概述

1. 万维网

环球信息网，亦作"WWW""W3"，英文全称为"World Wide Web"，中文名字为"万维网"，也常简称为 Web。万维网常被简称为网络，意指世界各地的计算机网络，网络中的所有电脑可以相互沟通，所有的计算机使用 HTTP 的通信标准。万维网的各个节点中包含了大量的网页以及网络资源，为用户提供丰富的信息。

当用户需要查看万维网的网页或者其他网络资源的时候，在 Web 客户端的浏览器中输入需要访问的网页或网络资源的 URL，也可以单击对应的超链接。然后，分布于全球的域名系统将 URL 解析成 Web 服务器的地址，并向所对应的 Web 服务器发送 HTTP 请求。Web 服务器根据 HTTP 请求，将 HTML 文本、图片及相关文件发送回 Web 客户端。Web 客户端的浏览器将 HTML、CSS 和所有其接收到的文件，加上图像、链接和其他必需的资源，以网页的形式显示给用户。

2. Web 标准

Web 标准不是某一个标准，而是一系列标准的集合。Web 标准的存在意义是使得浏览器开发商和 Web 程序开发人员在开发新的应用程序时遵守指定的标准，有利于 Web 更好地发展。使用 Web 标准，使得所开发出来的网页容易被所有开发人员阅读和维护，能够被所有浏览器正确显示，也能够被搜索引擎更容易访问和转换。

Web 标准大部分由万维网联盟(W3C)起草和发布，也有一些是其他标准组织制订的标准，比如 ECMA(European Computer Manufacturers Association，欧洲计算机制造商协会)的 ECMAScript 标准。目前，最重要的 W3C 标准有 HTML、CSS、XML、XSL 和 DOM。

3. URL

URL (Uniform Resource Location，统一资源定位符)是万维网上标准资源的地址。万维网上的每个文件都有一个唯一的 URL，它包含的信息指出文件的位置以及浏览器应该怎么处理它。URL 通常由三部分组成：协议类型、主机名和路径及文件名。协议类型决定浏览器如何处理打开的文件；主机名是指文件所在的服务器的名称；往往主机上存在多个路径和多个文件，因此还需要明确路径和文件名。

4. HTTP 和 HTTPS

HTTP(HyperText Transfer Protocol，超文本传输协议)是万维网上应用最为广泛的一种网络协议，是用于从 WWW 服务器传输超文本到 Web 客户端的浏览器的传输协议，所有的万维网文件都必须遵守这个标准。HTTP 可以使浏览器更加高效，使网络传输损耗减少。它不仅能保证计算机正确快速地传输超文本文档，还可以传输指定部分文档以及首先显示的内容部分。基于 HTTP 协议的客户机/服务器模式的信息交换过程包括建立连接、发送请求信息、发送响应信息和关闭连接。

HTTP 协议以明文方式发送内容，不提供任何方式的数据加密，因此 HTTP 不适合传输敏感信息，比如信用卡号、密码等。为了弥补 HTTP 的这一缺陷，需要使用另一种协议——HTTPS。

HTTPS(Hyper Text Transfer Protocol over Secure Socket Layer，安全套接字层超文本传输协议)，是以安全为目标的 HTTP 通道，是 HTTP 的安全版。HTTPS 在 HTTP 的基础上加入了 SSL 协议，SSL 协议依靠证书来验证服务器的身份，并为浏览器和服务器之间的通信加密。

5. TCP/IP

TCP(Transmission Control Protocol，传输控制协议)是一种面向连接的、可靠的、基于字节流的传输层通信协议。在简化的计算机网络 OSI 模型中，它完成第四层传输层所指定的功能。应用层向 TCP 层发送用于网间传输的、用 8 位字节表示的数据流，然后 TCP 层把数据流分区成适当长度的报文段，之后 TCP 层把结果包传给 IP 层，由它来通过网络将包传送给接收端实体的 TCP 层。TCP 层为了保证不发生丢包，就给每个包一个序号，同时序号也保证了传送到接收端实体的包的按序接收。然后接收端实体对已成功收到的包发回一个相应的确认(ACK)；如果发送端实体在合理的往返时延(RTT)内未收到确认，那么对应的数据包就被假设为已丢失，将会被进行重传。TCP 协议用一个校验和函数来检验数据是否有错误；在发送和接收时都要计算校验和。

1.2.2 什么是 HTML

1. 超链接

超链接(Hyperlink)是网页上的一个图标或一段文字，只要用户单击就可以自动跳转至该超链接所对应的特定网页或是所在网页的特定位置。

2. 超文本

超文本(Hypertext)是一种按信息之间关系非线性地存储、组织、管理和浏览信息的计算机技术。它的本质和基本特征就是在文档内部和文档之间建立关系，正是这种关系给了文本以非线性的组织。它采用超链接将各种不同空间的文字信息组织在一起，其中的文字可以链接到其他位置或者文档，从而可以从当前阅读位置直接切换到该链接所指向的位置。超文本是由若干信息节点和表示信息节点之间相关性的链构成的一个具有一定逻辑结构和语义关系的非线性网络。

3. HTML

HTML(HyperText Markup Language，超文本标记语言)是一种简单、通用的用来描述网页的标记语言，通过标记(或标签)来标示要显示的网页中的各个部分。HTML 文件本身是一种文本文件，通过在文本文件中添加标记来告诉浏览器如何显示其中的内容(如：文字如何处理，画面如何安排，图片如何显示等)。浏览器按顺序阅读 HTML 文件，然后根据标记解释和显示其标示的内容。需要注意的是，对于不同的浏览器，对同一标记可能会有不完全相同的解释，因而可能会有不同的显示效果。

4. 网页

网页是网站的基本信息单位，是万维网的基本文档。网页是一个包含 HTML 标记的纯文本文件，它由文字、图片、音频、视频等多种媒体信息以及链接组成，是用 HTML 编写的，通过链接实现与其他网页或网站的关联和跳转。网页要通过网页浏览器来阅读。

5. 网站

网站是一种沟通工具，人们可以通过网站来发布自己想要公开的资讯，或者利用网站来提供相关的网络服务。网站由众多不同内容的网页构成，网页的内容可体现网站的全部功能。人们可以通过网页浏览器来访问网站，获取自己需要的资讯或者享受网络服务。目前多数网站由域名、空间服务器、DNS 域名解析、网站程序、数据库等组成。

6. 浏览器

浏览器是指可以显示网页服务器或者文件系统的 HTML 文件(标准通用标记语言的一个应用)内容，并让用户与这些文件交互的一种软件。目前最为主流的浏览器有五大类，分别是 IE、Firefox、Google Chrome、Safari、Opera。

浏览器最重要的部分是浏览器的内核。浏览器内核是浏览器的核心，也称"渲染引擎"，用来解释网页语法并渲染到网页上。浏览器内核决定了浏览器该如何显示网页内容以及页面的格式信息。不同的浏览器内核对网页的语法解释也不同，因此网页开发者需要在不同内核的浏览器中测试网页的渲染效果。目前四大内核分别是：Trident、WebKit、Blink、Gecko。五大主流浏览器中，IE 浏览器使用 Trident 内核，俗称 IE 内核；Firefox 浏览器使用 Gecko 内核，俗称 Firefox 内核；Google Chrome 浏览器以前使用 WebKit 内核，现在使用 Blink 内核；Safari 浏览器使用 WebKit 内核；Opera 浏览器最初使用自己的 Presto 内核，后来使用 WebKit 内核，现在使用 Blink 内核。

1.2.3　HTML5 的发展现状

HTML5 是万维网联盟(W3C)和网页超文本技术工作小组(WHATWG)合作的产物，是 HTML 标准的下一个重要版本，用来替代 HTML 4.01、XHTML 1.0 以及 XHTML 1.1。目前 HTML5 仍处于完善之中，大部分现代浏览器已经能支持某些 HTML5 文档。

HTML5 具备的特性如下：

(1) 淘汰过时的或冗余的属性。

(2) 添加新的语义化元素，比如 <header>、<footer> 和 <section>。

(3) 表单 2.0：改进了 HTML Web 表单，为 <input> 标记引入了一些新的属性。

(4) 持久的本地存储：避免通过第三方插件实现访问的缺陷。

(5) WebSocket：用于 Web 应用程序的下一代双向通信技术。

(6) 服务器推送事件：引入从 Web 服务器到 Web 浏览器的事件，也被称作服务器推送事件(SSE)。

(7) Canvas：支持用 JavaScript 以编程的方式进行二维绘图。

(8) 音频和视频：在网页中嵌入音频或视频而无须借助第三方插件。

(9) 地理定位：用户可以选择与网页共享他们的地理位置。

(10) 微数据：允许用户创建 HTML5 之外的自定义词汇表，以及使用自定义语义扩展网页。

(11) 拖放：把同一网页上的条目从一个位置拖放到另一个位置。

(12) 向后兼容：尽可能地对现有浏览器向后兼容，新特性都是建立在现有特性的基础上，并且允许为旧浏览器提供备用内容。

HTML5 的缺点如下：

(1) 欧洲网络信息安全机构已经发出警告，HTML5 可能并不够安全。

(2) HTML5 还没有被各大浏览器完全支持。

(3) HTML5 要求相关技术必须全部开放，而这可能触及一些大公司的利益。

随着移动化的进程，HTML5 终将成为主流标准。

1.3　开发工具

1.3.1　HTML5 文件的基本结构

一个网页对应一个或多个 HTML 文件，HTML 文件以.htm 或.html 为扩展名。标准的

HTML 文件中包含若干标记(注：有的资料中也把"标记"称为"标签"，由于"标签"在图形用户界面中有另外的含义，所以本书用"标记"表示 HTML 文件的组成部分)，而且大多数标记都是成对出现，例如：<html>……</html>。标记中，开头和结尾的标记名称用尖括号括起来，结尾带斜杠的标记名称元素表示是该标记的结尾。标记名称不区分大小写，且在开头的标记名称后往往有相关的属性说明。

【实例 1.1】用文本编辑软件编写第一个网页，文件名称为 chapter1.1.html，内容如下：

```
<!DOCTYPE html>
<html>
    <head>
        <meta charset="UTF-8">
        <title>第一个网页</title>
    </head>
    <body>
        <h1>我的第一个网页</h1>
        <p> 这是我创建的第一个网页。</p>
    </body>
</html>
```

在浏览器中打开网页文件 chapter1.1.html，页面效果如图 1-1 所示。

图 1-1　chapter1.1.html 的页面效果

如果需要查看浏览器中打开的网页的源代码，可以在网页中空白处右击，在弹出的快捷菜单中选择"查看网页源代码"命令，或是在菜单栏中选择"开发者工具"命令，从而打开开发人员工具界面。查看源代码效果如图 1-2 所示。

作为符合 HTML5 的网页，文件第一行必须添加<!DOCTYPE html>标记。<!DOCTYPE html>标记说明该文档是一个 HTML5 文档。如果使用支持 HTML5 的语法规则的浏览器浏览 HTML5 网页文件，那么浏览器会以 HTML5 页面的形式显示该网页；反之，如果不支持，网页的显示也不会受到影响。

HTML5 文件除第一行外，必须包含<html>…</html>标记，该标记是网页文件中最外层的标记，网页文件包含在该标记中。<html>…</html>标记中，往往还包含<head>…</head>标记和<body>…</body>标记。这三个标记是网页文件中必须包含的标记。

<head>…</head>标记里包含了当前文档的基本信息，如文档的标题、文档的元数据、使用的样式表和脚本等。<body>…</body>标记里包含了网页的正文信息，信息类型包括文字、图片、音频、视频等。用户不但可以在浏览器里查看网页，还可以操作网页上的表单控件，从而完成人机交流。

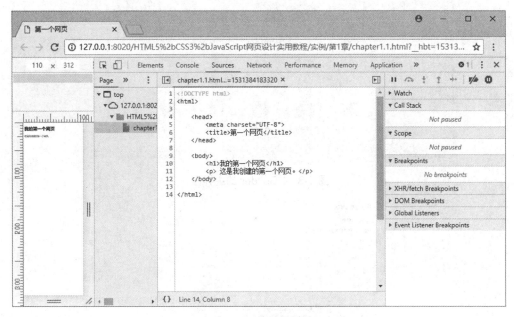

图 1-2　查看源代码效果

1.3.2　使用 HBuilder 创建 HTML 网页

HTML5 网页可以使用任何文本编辑软件编辑，例如 Windows 下的 Notepad，但专业人员往往采用专业的 HTML 编辑软件来编辑 HTML 文件。时下流行的 HTML 编辑软件包括 Adobe Dreamweaver、CoffeeCup HTML Editor 等。本书使用的是一款专业的 HTML 编辑软件——HBuilder。

HBuilder 不仅仅用于开发 HTML，还可用于开发 JS 文件和 CSS 文件，还可以同时配合 HTML 的后端脚本语言如 PHP、JSP，是一个用于前端开发的 IDE。HBuilder 的语法库包括 W3C 的 HTML、JavaScript、CSS 的正式标准和推荐标准等，ECMAScript 中浏览器支持的部分，还有各大浏览器的扩展语法，如 webkit、moz、ms 等，均实时更新到各浏览器的最新版本。HBuilder 完美地支持手机 App 开发，包括项目创建、项目调试和项目打包等功能。

使用 HBuilder 编写 HTML 网页的具体操作步骤如下。

(1) 启动 HBuilder，启动后界面如图 1-3 所示。

(2) 在菜单栏中选择"文件"→"新建"→"Web 项目"命令，打开"创建 Web 项目"对话框，如图 1-4 所示。在对话框中，输入项目名称和项目所在位置，为需要创建的网页设置所在的文件夹。

如果该项目已创建，则在菜单栏中选择"视图"→"显示视图"→"项目管理器"命令，便可看到该项目的名称，如图 1-5 所示。

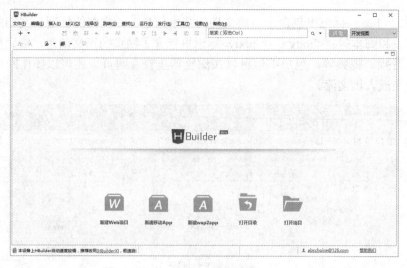

图 1-3　HBuilder 的主界面

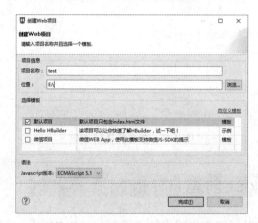

图 1-4　"创建 Web 项目"对话框

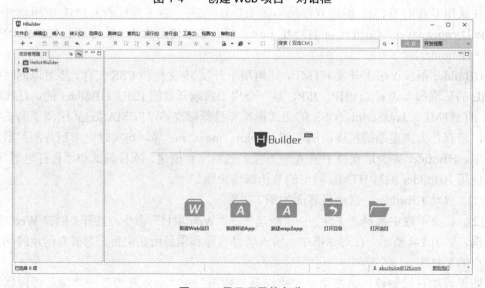

图 1-5　显示项目的名称

（3）在菜单栏中选择"文件"→"新建"→"HTML 文件"，打开"创建文件向导"对话框，如图 1-6 所示。在该对话框中，输入文件目录和文件名，创建所需的 HTML 文件。

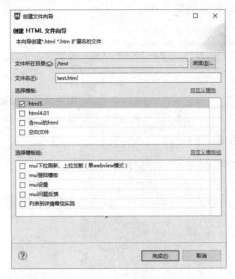

图 1-6　"创建文件向导"对话框

（4）HTML 文件创建结束，在菜单栏中选择"文件"→"打开文件"命令，打开已创建的 HTML 文件，可以进行 HTML 文件的编辑。HBuilder 有四种编辑模式，分别为开发视图模式、边改边看模式、WebView 调试模式和团队同步模式。

开发视图界面如图 1-7 所示。

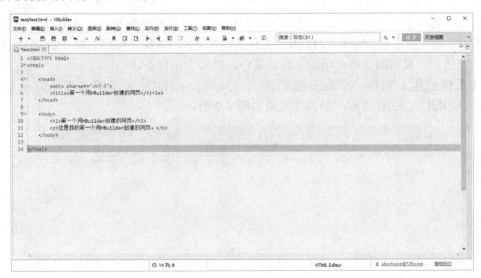

图 1-7　开发视图效果

边改边看模式可以使得开发人员不用打开浏览器就可以同时查看左边的源代码和右边的显示效果，每次保存文件时，显示效果都会自动更新，界面如图 1-8 所示。

（5）HTML 文件编辑结束后，在菜单栏中选择"运行"→"浏览器运行"命令，可以选择需要的浏览器来浏览页面效果。HBuilder 中可以选择的浏览器包括 Chrome、Edge、IE、

Safari、Firefox，在选择前务必确认系统内已正确安装了该浏览器，否则会显示"HBuilder 无法在这台计算机上的默认位置找到××浏览器"的提示信息。本书中除非做了特别说明，各实例均采用 Chrome 浏览器来浏览页面。

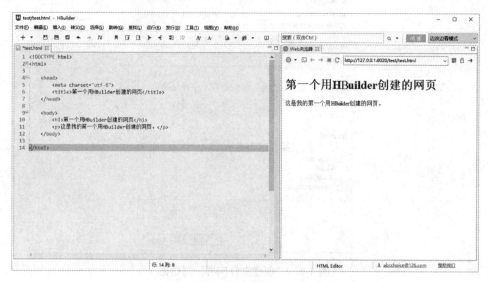

图 1-8　边改边看视图效果

 ## 1.4　回到工作场景

　　通过 1.2、1.3 节内容的学习，已经学习了 Web 的相关术语和 HTML 的相关术语，了解了 HTML5 的发展现状，明确了 HTML5 文件的基本结构，掌握了使用 HBuilder 创建 HTML 页面的方法。下面回到前面介绍的工作场景中，完成工作任务。

　　【工作过程】制作一个最基础的网页《Hello, world!》，里面只显示简单的文字"Hello,world!"。工作过程一的页面效果如图 1-9 所示。

图 1-9　最基本的网页的页面效果

创建网页，文件名为 chapter1.2.html，内容如下所示：

```
<!DOCTYPE html>
<html>
    <head>
        <meta charset="UTF-8">
        <title>实例 1.2</title>
    </head>
    <body>
        <p> Hello World! </p>
    </body>
</html>
```

 ## 1.5　工作实训营

1.5.1　训练实例——自行设计一个简单的网页

1. 训练内容

自行设计一个页面，带有多行文字，内容为自己喜爱的一首古诗。

2. 训练目的

➢　掌握 HTML 网页的基本结构。
➢　掌握 HBuilder 的使用。

3. 训练过程

参照 1.4 节中的操作步骤。

4. 技术要点

熟悉 HBuilder 各菜单的使用。

1.5.2　工作实践常见问题解析

【常见问题 1】HBuilder 左边的项目管理器不见了怎么办？

【答】在菜单栏中选择"视图"→"显示视图"→"项目管理器"命令，就可以打开项目管理器。

【常见问题 2】在 HBuilder 中打开的网页文件中，中文出现乱码，怎么办？

【答】这是由于网页在创建时没有正确设置编码格式引起的。解决方法如下：

(1)　查看网页文件中是否有如下代码，如缺少则加上。

```
<meta charset="UTF-8" />
```

这段代码应该位于<head>和</head>之间。

(2) 如果问题仍未解决，那么需要使用记事本把网页文件打开，然后另存为 UTF-8 格式的文件。"另存为"对话框的右下角有"编码"选项，如果网页文件中的中文出现乱码，往往是因为编码格式设置成了"ANSI"，改为"UTF-8"即可。

1.6 本章小结

万维网中的所有电脑可以相互沟通，所有的计算机使用 HTTP 的通信标准。万维网的各个节点中包含了大量的网页以及网络资源，为用户提供丰富的信息。Web 标准的存在意义是使得浏览器开发商和 Web 程序开发人员在开发新的应用程序时遵守指定的标准。URL(Uniform Resource Location，统一资源定位符)是万维网上标准资源的地址。HTTP(HyperText Transfer Protocol，超文本传输协议)是万维网上应用最为广泛的一种网络协议，是用于从 WWW 服务器传输超文本到 Web 客户端的浏览器的传输协议。TCP(Transmission Control Protocol，传输控制协议)是一种面向连接的、可靠的、基于字节流的传输层通信协议。

超链接(Hyperlink)是网页上的一个图标或一段文字，对应特定的网页或是所在网页的特定位置。超文本采用超链接将文字信息组织在一起，其中的文字可以链接到其他位置或者文档。HTML(HyperText Markup Language，超文本标记语言) 是一种简单、通用的用来描述网页的标记语言，通过标记来标示要显示的网页中的各个部分。网页是一个包含 HTML 标记的纯文本文件，它由文字、图片、音频、视频等多种媒体信息以及链接组成，是用 HTML 编写的，通过链接实现与其他网页或网站的关联和跳转。网站由众多不同内容的网页构成，网页的内容可体现网站的全部功能。浏览器是指可以显示网页服务器或者文件系统的 HTML 文件(标准通用标记语言的一个应用)内容，并让用户与这些文件交互的一种软件。

HTML5 是万维网联盟(W3C)和网页超文本技术工作小组(WHATWG)合作的产物，是 HTML 标准的下一个重要版本，用来替代 HTML 4.01、XHTML 1.0 以及 XHTML 1.1。

标准的 HTML 文件中包含若干标记，而且大多数标记都是成对出现。<html>…</html> 标记中，往往还包含<head>…</head>标记和<body>…</body>标记。这三个标记是网页文件中必须包含的标记。

HBuilder 不仅用于开发 HTML，还可用于开发 JS 文件和 CSS 文件，还可以同时配合 HTML 的后端脚本语言如 PHP、JSP，是一个用于前端开发的 IDE。

1.7 习　题

一、单项选择题

1. 目前在 Internet 上应用最为广泛的服务是(　　)。
   A. FTP　　　　　　B. WWW　　　　　　C. Telnet　　　　　　D. Gopher
2. 为了标识一个 HTML 文件开始应该使用的 HTML 标记是(　　)。
   A. <table>　　　　B. <body>　　　　C. <html>　　　　D. <a>

3.　如果站点服务器支持安全套接层(SSL),那么连接到安全站点上的所有 URL 开头是( )。

  A. HTTP   B. HTTPS   C. SHTTP   D. SSL

4.　HTML 的英文全称是( )。

  A. Hypertext Markup Language   B. High Text Movie Language

  C. Hypertransfer Movie Language   D. Hightext Markup Language

5.　网页的主体内容将写在什么标记内部? ( )。

  A. <body>…</body>   B. <head>…</head>

  C. <html>…</html>   D. <p>…</p>

二、填空题

1.　WWW 是_____的缩写,其含义是_____。

2.　我们访问网页使用_____协议。

3.　_____采用_____将各种不同空间的文字信息组织在一起,其中的文字可以链接到其他位置或者文档。

4.　HTML 文件的扩展名可以用_____或_____。

5.　_____是一个包含 HTML 标记的纯文本文件,它由_____、_____、_____、_____等多媒体信息以及链接组成。

三、操作题

使用给定的素材创建网页《美丽的格桑花》,文件名为 ex1.1.html,文件内容如下:

```
<!DOCTYPE html>
<html>
    <head>
        <meta charset="UTF-8">
        <title>美丽的格桑花</title>
    </head>
    <body bgcolor="gray">
        <h1 align="center">美丽的格桑花</h1>
        <video src="image/gesanghua.MOV" width="800px" height="400px"
controls="controls" loop="loop" autoplay="autoplay"></video>
        <br>
        <audio src="image/gesanghua.mp3" controls="controls" loop="loop"
autoplay="autoplay"></audio>
        <form>
            <input type="button" value="关闭当前页面"
onclick="javascript:window.close();"/>
        </form>
    </body>
</html>
```

文件 ex1.1.html 的页面效果如图 1-10 所示。

图 1-10　文件 ex1.1.html 的页面效果

第 2 章

HTML5 文件的基本标记

 本章要点

- HTML5 文件的基本结构标记
- HTML5 文本排版
- HTML5 图像
- HTML5 列表

技能目标

- 掌握使用文件基本结构标记来设置 HTML5 文件。
- 掌握使用文本排版标记来设置 HTML5 文本段落。
- 掌握使用 img 标记来设置图像。
- 掌握使用 <ul><ol> 标记来设置 HTML5 中的列表。

2.1　工作场景导入

【工作场景】

网站中的网页内容丰富多彩，有文本、图片和列表等信息。文本内容为网页提供了丰富的信息；网页中的图像不仅使页面更加美观，也会让内容更加丰富；一些网站中的新闻，导航栏都是采用列表来排列内容，应用非常广泛。

下面制作一个显示文字、图片和列表排版效果的页面。

【引导问题】

(1) 如何设置文本排版效果？
(2) 如何添加图片及图片与文本的排版效果？
(3) 如何设置列表？

2.2　HTML5 文件的基本结构标记

一个 HTML 文件都有固定的结构，HTML 文档最基本的结构主要包括文档类型说明、文档开始标记、元信息、主体标记和页面注释标记。在 HTML5 文档中第一行使用 <!DOCTYPE html> 声明这个文档是 HTML5 文件，浏览器按照 HTML5 准备进行解析显示。一个 HTML 文档都是以<html>开始，</html>结束，其文档结构如下：

```
<!DOCTYPE HTML>
<html>
    <head>
        <meta charset="UTF-8">
        <title>HTML 文档</title>
    </head>
    <body>
        文档的内容是......
    </body>
</html>
```

2.2.1　head 标记

head 标记用于定义文档头部元素。位于 <head> 内部的元素可以包含要执行的脚本、指引浏览器找到样式表的标记以及文档的各种属性和信息等。比如文档的标题 title、网页信息(meta)的名称、关键字、作者等。

2.2.2　title 标记

<title>标记定义文档的标题。<title> 标记在所有 HTML 文档中是必需的。它是页面被添加到收藏夹时的标题，显示在搜索引擎结果中的页面标题。title 标记的语法格式如下：

```
<head>
   <title>标题文字</title>
</head>
```

【实例 2.1】设置页面的 title 标题，文件名称为 chapter2.1.html，内容如下：

```
<!DOCTYPE html>
<html>
   <head>
       <meta charset="UTF-8">
       <title>第一个网页</title>
   </head>
   <body>
   </body>
</html>
```

在浏览器中打开网页文件 chapter2.1.html，页面效果如图 2-1 所示。

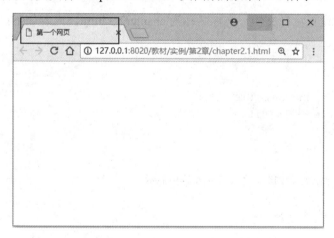

图 2-1　设置页面 title 的页面效果

2.2.3　body 标记

body 标记设置定义文档的主体。该标记里面包含网页的所有内容，比如文本、超链接、图像、表格、表单、列表等。其语法格式如下：

```
<body>网页内容</body>
```

【实例 2.2】设置页面的 body，文件名称为 chapter2.2.html，内容如下：

```
<!DOCTYPE html>
<html>
    <head>
        <meta charset="UTF-8">
        <title>body 标记</title>
    </head>
    <body>
        文档的内容
    </body>
</html>
```

在浏览器中打开网页文件 chapter2.2.html，页面效果如图 2-2 所示。

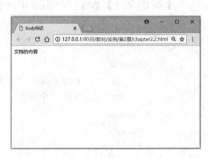

2.2.4　HTML 注释标记

在 HTML 脚本代码中，使用<!-- 和 -->标记来对文档进行注释，两标记之间的文本是文档的注释内容，其内容不会被显示在浏览器页面上，在文本代码编辑器中，或在浏览器中使用"查看源代码"命令打开文档时，即可看到注释。

图 2-2　设置页面 body 内容的页面

【实例 2.3】设置注释文档，文件名称为 chapter2.3.html，内容如下：

```
<!DOCTYPE html>
<html>
    <head>
        <meta charset="UTF-8">
        <title>注释</title>
    </head>
    <body>
        <!--
        这是一段注释内容，不会在浏览器中显示。
        -->
        <h1>注释代码</h1>
    </body>
</html>
```

在浏览器中打开网页文件 chapter2.3.html，页面效果如图 2-3 所示。

2.2.5　meta 标记

meta 标记用于描述有关页面的元信息，比如针对搜索引擎和更新频度的描述和关键词。<meta> 标记位于文档的头部<head></head>之

图 2-3　设置页面注释的效果

间，不包含任何内容。<meta>标记的属性定义了与文档相关联的名称/值对。meta 标记的语法格式如下所示：

```
<meta content=" " http-equiv=" " name=" " charset =" ">
```

meta 标记有三个可选属性(http-equiv、name 和 charset(HTML5 不支持 scheme)和一个必选属性(content)，如表 2-1 所示。

表 2-1　meta 标记的属性表

属　　性	值	描　　述
content	some_text	该属性设置定义与 http-equiv 或 name 属性相关的元信息
http-equiv	content-type	把 content 属性关联到 HTTP 头部
	expires	设置页面到期时间
	refresh	设置 n 秒页面重新刷新并跳转
	set-cookie	设置 cookie
name	author	设置页面作者
	description	设置页面的描述
	keywords	设置搜索引擎的关键词
	revised	定义页面的最新版本
charset	character encoding	定义文档的字符编码

【实例 2.4】设置页面的 name 和 http-equiv 相关属性，文件名称为 chapter2.4.html，内容如下：

```
<!DOCTYPE html>
<html>
  <head>
    <!—搜索页面的关键字 -->
    <meta name="keywords" content="meta 标记总结 meta 标记"/>
    <!-- 页面作者 -->
    <meta name="author" content="html 编辑"/>
    <!-- 页面描述 -->
    <meta name="description" content="这里添加对页面的描述"/>
    <!-- 字符编码 -->
    <meta http-equiv="content-type" content="text/html; charset=UTF-8"/>
    <!-- 页面重刷新，5 秒后刷新并跳转 url 指定的网址 -->
    <meta http-equiv="refresh" content="5;URL='http://www.njcit.cn'" />
  </head>
<body>
    设置页面的 name 和 http-equiv 属性
</body>
</html>
```

在浏览器中打开网页文件 chapter2.4.html，页面效果如图 2-4 所示。

图 2-4　设置页面的 name 和 http-equiv 属性的页面效果

2.2.6　style 标记

style 标记用于设置 HTML 文档定义样式的信息，位于<head></head>之间，type 属性是必需的，定义 style 元素的内容。其语法格式如下：

```
<style type=" text/css">  </style>
```

【实例 2.5】设置页面字体的颜色样式，文件名称为 chapter2.5.html，内容如下：

```
<!DOCTYPE html>
<html>
    <head>
        <meta charset="UTF-8">
        <title>style 设置</title>
        <style>
          body{color:red;}
        </style>
    </head>
    <body>
        hello world!
    </body>
</html>
```

在浏览器中打开网页文件 chapter2.5.html，页面效果如图 2-5 所示。

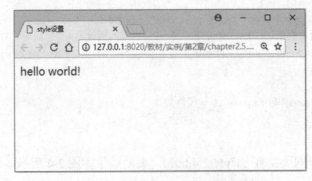

图 2-5　设置页面 style 的效果

2.2.7　script 标记

script 标记用于设置定义客户端脚本代码。比如 JavaScript 脚本。script 既可包含脚本语句，也可以通过 "src" 属性指向外部脚本文件。其语法格式如下：

```
<script  src="脚本文件的地址 " >    </script>
```

或者

```
<script > 脚本代码</script>
```

【实例 2.6】设置页面执行的脚本代码，文件名称为 chapter2.6.html，内容如下：

```
<!DOCTYPE html>
<html>
    <head>
        <meta charset="UTF-8">
        <title>插入 JavaScript 脚本代码</title>
        <script>
            alert("hello world");
        </script>
    </head>
    <body>
    </body>
</html>
```

在浏览器中打开网页文件 chapter2.6.html，页面效果如图 2-6 所示。

图 2-6　设置执行客户端脚本的效果

2.2.8　link 标记

link 标记用于设置文档的外部资源，位于 head 部分，link 标记没有对应的结束标记，它可出现任何次数，常用于链接样式表文件。其语法格式如下：

```
<link rel="当前文档与被链接文件之间的关系"  type="被链接文档 MIME 类型"  href="外部
源文件的地址"  />
```

link 标记的属性如表 2-2 所示。

表 2-2 link 标记的属性

属 性	值	描 述
rel	alternate author help icon licence next pingback prefetch prev search sidebar stylesheet tag	定义显示外部样式表
type	MIME_type	
href		

【实例 2.7】设置文档的外部资源，文件名称为 chapter2.7.html，内容如下：

```
<head>
<link rel="stylesheet" type="text/css" href="css01.css" />
</head>
```

2.2.9 base 标记

<base>标记用于设置页面上的所有链接的默认地址。<base> 标记必须位于 head 元素内部。

【实例 2.8】设置默认链接地址，文件名称为 chapter2.8.html，内容如下：

```
<!DOCTYPE html>
<html>
    <head>
        <meta charset="UTF-8">
        <title>base</title>
        <base href="http://www.w3school.com.cn/i/" />
        <base target="_blank" />
    </head>
    <body>
        <a href="#">单击该文字链接到默认的 w3school</a>
    </body>
</html>
```

在浏览器中打开网页文件 chapter2.8.html，页面效果如图 2-7、图 2-8 所示。

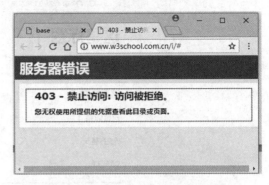

图 2-7　设置客户端脚本的效果　　　　　　图 2-8　设置执行客户端脚本的效果

2.3　HTML5 文本排版

2.3.1　标题

标题文字由<h1> ～ <h6> 标记定义。<h1> 定义的标题最大，<h6> 定义最小的标题，依次逐渐减小。具体语法如下：

```
<h1 align=" left|right|center">标题内容</h1>
```

【实例 2.9】设置 6 个 h1～h6 标题，文件名称为 chapter2.9.html，内容如下：

```
<!DOCTYPE html>
<html>
    <head>
        <meta charset="UTF-8">
        <title>标题标记</title>
    </head>
    <body>
        <h1>这是标题 1</h1>
        <h2>这是标题 2</h2>
        <h3>这是标题 3</h3>
        <h4>这是标题 4</h4>
        <h5>这是标题 5</h5>
        <h6>这是标题 6</h6>
    </body>
</html>
```

在浏览器中打开网页文件 chapter2.9.html，页面效果如图 2-9 所示。

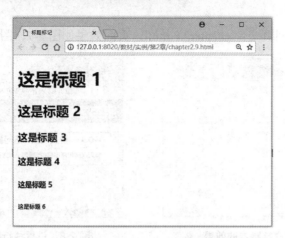

图 2-9　设置标题标记的页面效果

2.3.2　段落

网页文档内容可以分成若干段落。可以使用\<p>\</p>标记来定义段落。其语法格式如下：

```
<p align="left|right|center ">段落内容</p>
```

其中 align 属性是设置段落文字内容的对齐方式，主要是居左、居中和居右。

【实例 2.10】设置网页文档段落格式，文件名称为 chapter2.10.html，内容如下：

```
<!DOCTYPE html>
<html>
    <head>
        <title>段落</title>
        <meta http-equiv="content-type" content="text/html;charset=UTF-8">
    </head>
    <body>
        <p>春眠不觉晓，</p>
        <p>处处闻啼鸟。</p>
        <p>夜来风雨声，</p>
        <p>花落知多少。</p>
    </body>
</html>
```

在浏览器中打开网页文件 chapter2.10.html，
页面效果如图 2-10 所示。

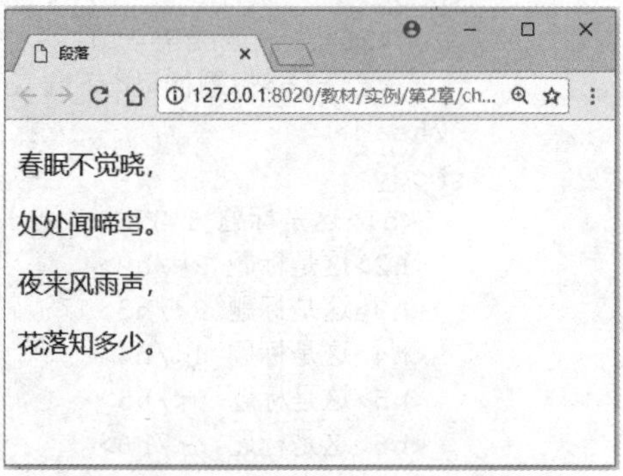

图 2-10　使用\<p>标记划分段落的页面效果

2.3.3　换行与水平线

\
标记是 HTML 标记中实现在页面中插入简单的换行符，其是单独标记，没有结束标记。

【实例 2.11】使用\
标记实现换行效果，文件名称为 chapter2.11.html，内容如下：

```
<!DOCTYPE html>
<html>
  <head>
    <title>换行</title>
    <meta http-equiv="content-type" content="text/html;charset=UTF-8">
  </head>
  <body>
        春眠不觉晓，<br/>
        处处闻啼鸟。<br/><br/>
        夜来风雨声，<br/>
        花落知多少。<br/>
  </body>
</html>
```

在浏览器中打开网页文件 chapter2.11.html，页面效果如图 2-11 所示。

<hr>标记是 HTML 标记中实现在页面中插入一条水平线分割线，可以设置该线的宽度和粗细、水平线的对齐方式。其语法格式如下：

```
<hr size=" "  width=" "   align=" "  >
```

其中，属性 size 设置水平线的粗细，width 设置水平线的宽度，align 设定水平线的对齐方式。

【实例 2.12】使用<hr>标记分割标题与段落，文件名称为 chapter2.12.html，内容如下：

```
<!DOCTYPE html>
<html>
  <head>
    <title>水平线</title>
    <meta http-equiv="content-type" content="text/html;charset=UTF-8">
  </head>
  <body>
    <h2>标题</h2>
    <hr width = "100%"  size = "5" align = "center"  noshade="noshade"/>
    <p>段落</p>
  </body>
</html>
```

在浏览器中打开网页文件 chapter2.12.html，页面效果如图 2-12 所示。

图 2-11　使用
标记插入换行符的页面效果

图 2-12　使用<hr>标记设置分割线

2.3.4 文本格式化标记

1. 修饰字体标记<font>

修饰字体标记<font>用于设置文本的字体、尺寸、颜色。

【**实例 2.13**】使用<font>标记控制文本的显示效果，文件名称为 chapter2.13.html，内容如下：

```
<!DOCTYPE html>
<html>
    <head>
        <title>font 的使用</title>
        <meta http-equiv="content-type" content="text/html;charset=UTF-8">
    </head>
    <body>
        <font color = "#0066FF">颜色为#0066FF</font><br/>
        <font size="2" color = "red">字号是 2 号</font><br/>
        <font size = "+2" color = "rgb(255,0,255)">字号变大 2 号(5 号)</font><br/>
        <font face = "方正姚体">字体为方正姚体</font><br/>
        <font face = "黑体,方正姚体,仿宋">指定多个字体</font>
    </body>
</html>
```

在浏览器中打开网页文件 chapter2.13.html，页面效果如图 2-13 所示。

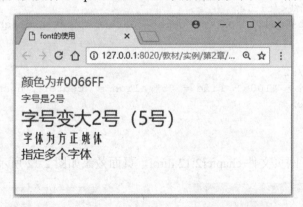

图 2-13 使用<font>标记设置文本的页面效果

2. 修饰文字的标记

修饰文字的标记有粗体字标记<B>、斜体字标记<i>、带下划线的标记<u>、上标标记<sup>、下标标记<sub>。

另有几个特殊符号：小于号用<表示，大于号用>表示，与用&表示，双引号用"表示，空格用 表示。

【**实例 2.14**】使用修饰文字的标记控制文本的显示效果，文件名称为 chapter2.14.html，内容如下：

```
<!DOCTYPE html>
<html>
    <head>
        <title>粗体、斜体等应用</title>
        <meta http-equiv="content-type" content="text/html;charset=UTF-8">
    </head>
    <body>
        <b>这是加粗</b><br/>
        <i>这是斜体</i><br/>
        <u>这是下划线，不建议使用</u><br/>
        <del>这是删除线</del><br/>
            这是<sub>下标</sub><br/>
            这是<sup>上标</sup><br/>
            空    格<br/>
            小于号&lt;<br/>
            大于号&gt;<br/>
            与&amp;<br/>
            双引号&quot;<br/>
    </body>
</html>
```

在浏览器中打开网页文件 chapter2.14.html，页面效果如图 2-14 所示。

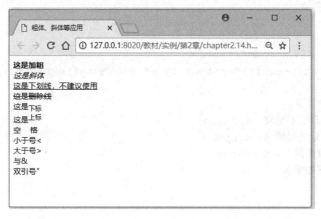

图 2-14　使用修饰文字的标记设置文本的页面效果

3. 原始排版标记<pre>和<code>

原始排版标记<pre>和<code>用于设置文本的原始效果，这些标记用来定义预格式化的文本，一般情况下，文中任何额外的空白字符常常被浏览器忽略，但可以使用<pre></pre>标记保留这些字符，按照原始的排列方式显示。

【实例 2.15】使用<pre></pre>和<code></code>标记控制文本的显示效果，文件名称为chapter2.15.html，内容如下：

```
<!DOCTYPE html>
<html>
    <head>
```

```
    <title>pre</title>
     <meta http-equiv="content-type" content="text/html;charset=UTF-8">
    </head>
    <pre>
      H
        E
          L
            L
              O
    </pre>
    </html>
```

2.3.5 div 与 span 标记

一般 HTML 元素分为块级元素和内联元素。块级元素在浏览器中显示时垂直排列，通常会以新行来开始；内联元素即行内元素，通常在浏览器中显示是水平排列的。例如：div 为块级元素，span 为行内元素。

【实例 2.16】使用 div、span 控制页面的显示效果，文件名称为 chapter2.16.html，内容如下：

```
<!DOCTYPE html>
<html>
    <head>
      <title>div 和 span</title>
       <meta http-equiv="content-type" content="text/html;charset=UTF-8">
    </head>
    <body>
      <span>春眠不觉晓，</span>
      <span>处处闻啼鸟。</span>
      <div>夜来风雨声，</div>
          花落知多少。
    </body>
</html>
```

在浏览器中打开网页文件 chapter2.16.html，页面效果如图 2-15 所示。

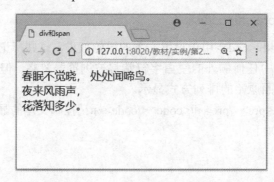

图 2-15　使用<div>、<span>标记设置文本的页面效果

2.4　HTML5 图像

　　网页中常见的网络图像格式包括：GIF(Graphics Interchange Format)，扩展名为.gif，是一种被压缩过的图像格式，只支持 256 种颜色，但可以制作透明图片和 GIF 动画；JPEG(Joint Photographic Experts Group)，扩展名为.jpg 或.jpeg，有损压缩方式，不适合表现线条画或文字图像；PNG(Portable Network Graphics)，扩展名为.png，称为可移动网络图像，兼有 GIF 和 JPEG 的色彩模式，PNG 不仅能储存 256 色以下的图像，最高可储存至 48 位超强色彩图像。

2.4.1　<img>标记

　　在网页中插入图像，其语法格式如下：

```
<img  src="图像文件url"  alt="替代文本"  width />
```

　　src 属性设置为要插入图像文件的 URL，URL 既可以是绝对地址，也可以是相对地址。alt 属性设置为在浏览器无法载入图像时，浏览器将显示这个替代性的文本而不是图像。此标记的属性如表 2-3 所示。

表 2-3　img 标记的属性

属　　性	值	描　　述
src	图片的 URL 地址	该属性设置图片的 URL 地址，可以用绝对地址、相对地址表示
height	高度值(px)	该属性设置图片的高度
width	宽度值(px)	该属性设置图片的宽度
usemap	#mapname	该属性设置将图像定义为客户器端图像映射
ismap	ismap	该属性设置将图像规定为服务器端图像映射

　　【实例 2.17】使用<img>标记在页面上插入图片，文件名称为 chapter2.17.html，其中图片与该 html 文件在同一目录下的 img 文件夹中，内容如下：

```
<!DOCTYPE html>
<html>
    <head>
     <title>插入图像</title>
      <meta http-equiv="content-type" content="text/html;charset=UTF-8">
    </head>
    <body>
      <img src="img/face.jpg" alt = "一张脸"/>
    </body>
</html>
```

　　在浏览器中打开网页文件 chapter2.17.html，页面效果如图 2-16 所示。

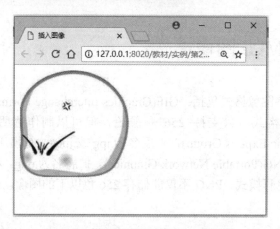

图 2-16　设置图片的效果的页面效果

2.4.2　<map>标记、usemap 属性

在网页中插入图片，使用<map>定义一个客户端图像映射。使用 usemap 属性将图像定义为客户端图像映射。图像映射指的是带有可点击区域的一幅图像。<map>元素应该带有 id 和 name 两个属性。<area> 元素可定义图像映射中的区域嵌套在 map 元素内部。

usemap 属性值与<map>元素的 name 或 id 属性相关联，以建立 <img> 与 <map> 之间的关系。

【实例 2.18】使用<map>标记定义一个客户端图像映射，文件名称为 chapter2.18.html，内容如下：

```
<!DOCTYPE html>
<html>
  <head>
    <title>客户端图像映射</title>
     <meta http-equiv="content-type" content="text/html;
charset=UTF-8">
  </head>
  <body background = "http://www.w3school.com.cn/i/eg_bg_04.gif">
    <p>请单击图像上的星球，把它们放大。</p>
    <img src="img/eg_planets.jpg" usemap="#planetmap" alt="Planets"  />
    <map name="planetmap" id="planetmap">
      <area  shape="circle"  coords="180,139,14"
        href ="chapter2.181.html" target ="_blank" alt="Venus" />
      <area  shape="circle"  coords="129,161,10"
        href ="chapter2.182.html" target ="_blank"  alt="Mercury" />
      <area  shape="rect"  coords="0,0,110,260" href ="chapter2.183.html"
        target ="_blank"  alt="Sun" />
    </map>
    <p><b>注释：</b>img 元素中的 "usemap" 属性引用 map 元素中的 "id" 或 "name"
属性(根据浏览器)，所以我们同时向 map 元素添加了 "id" 和 "name" 属性。</p>
  </body>
</html>
```

在浏览器中打开网页文件 chapter2.18.html，点击图片上的区域链接，页面效果如图 2-17、图 2-18 所示。

图 2-17　设置客户端图像映射的页面效果

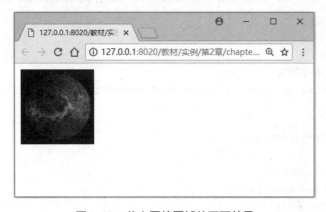

图 2-18　单击图片区域的页面效果

 ## 2.5　HTML5 列表

在 HTML5 网页文件中，列表是一种非常适用的数据排序方式。HTML5 支持的列表分为有序列表、无序列表、嵌套列表和定义列表等。

2.5.1　有序列表

<ol></ol>标记用于定义有序列表。列表项中使用编号来记录项目的顺序。列表的语法格式如下：

```
<ol  type="排序类型 "  start="起始数值 "  >
    <li>列表项 1</li>
```

```
    <li>列表项 2</li>
    ...............
</ol>
```

其中<li></li>代表的是列表项。

其对应的有序列表的属性如表 2-4 所示。

表 2-4　ol 有序列表标记的属性

属　　性	值	描　　述
type	1	该属性设置列表的序号为 1,2,3,…形式
	A	该属性设置列表的序号为 A,B,C,D,…形式
	a	该属性设置列表的序号为 a,b,c,d,…形式
	I	该属性设置列表的序号为 I,II,III,…形式
	i	该属性设置列表的序号为 i,ii,iii,…形式
start	数值	该属性设置列表序号的起始值

【实例 2.19】使用<ol>标记设置有序列表，文件名称为 chapter2.19.html，内容如下：

```
<!DOCTYPE html>
<html>
  <head>
   <title>有序列表</title>
    <meta http-equiv="content-type" content="text/html;charset=UTF-8">
  </head>
  <body>
      从 1 开始的有序列表：
      <ol>
          <li>咖啡</li>
          <li>牛奶</li>
          <li>茶</li>
      </ol>
      从 50 开始的有序列表：
      <ol start="50">
          <li>咖啡</li>
          <li>牛奶</li>
          <li>茶</li>
      </ol>
      字母编号的有序列表：
      <ol type = "a">
          <li>咖啡</li>
          <li>牛奶</li>
          <li>茶</li>
      </ol>
  </body>
</html>
```

在浏览器中打开网页文件 chapter2.19.html，页面效果如图 2-19 所示。

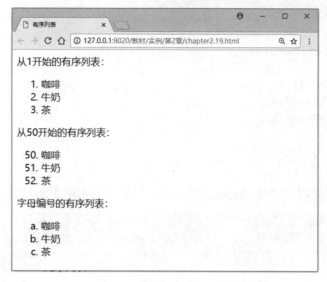

图 2-19 设置有序列表的页面效果

2.5.2 无序列表

<ul></ul>标记用于定义无序列表。列表项中使用 type 来记录项目的顺序。列表的语法格式如下：

```
<ul  type="列表的项目符号的类型">
    <li>列表项 1</li>
    <li>列表项 2</li>
    ..............
</ul>
```

其中<li></li>代表的是列表项。

其对应的无序列表的属性如表 2-5 所示。

表 2-5 ul 无序列表标记的属性

属　性	值	描　述
type		不赞成使用。请使用样式取代它
	disc	使用粗体圆点进行标记
	square	使用空心小矩形进行标记
	circle	使用实心黑点进行标记

【实例 2.20】使用<ul>标记设置无序列表，文件名称为 chapter2.20.html，内容如下：

```
<!DOCTYPE html>
<html>
    <head>
      <meta charset="utf-8">
      <title>无序列表</title>
```

```
    </head>
    <body>
        <h4>无序列表:</h4>
        <ul>
            <li>Coffee</li>
            <li>Tea</li>
            <li>Milk</li>
        </ul>
    </body>
</html>
```

在浏览器中打开网页文件 chapter2.20.html，页面效果如图 2-20 所示。

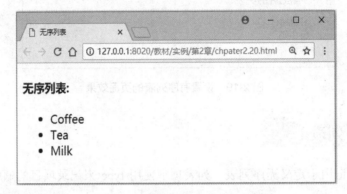

图 2-20　设置无序列表的页面效果

2.5.3　嵌套列表

列表是可以嵌套的，无序列表中嵌套有序列表或无序列表等；有序列表也可以嵌套无序列表或者无序。

【实例 2.21】使用<ul>、<ol>标记设置嵌套列表，文件名称为 chapter2.21.html，内容如下：

```
<!DOCTYPE html>
<html>
    <head>
    <title>嵌套列表</title>
        <meta http-equiv="content-type" content="text/html; charset=UTF-8">
    </head>
    <body>
        <h4>一个嵌套列表: </h4>
        <ul>
            <li>咖啡</li>
            <li>茶
                <ul>
                    <li>红茶</li>
                    <li>绿茶</li>
                </ul>
```

```
        </li>
        <li>牛奶</li>
    </ul>
  </body>
</html>
```

在浏览器中打开网页文件 chapter2.21.html，页面效果如图 2-21 所示。

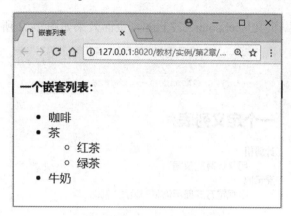

图 2-21　设置嵌套列表的页面效果

2.5.4　定义列表

定义列表通常用于定义名词或者概念，类似名词解释的内容。每一个子项由两部分组成，第一部分是名词或者是概念，第二部分是相应的解释和描述。自定义列表以 <dl> 标记开始，每个自定义列表项以 <dt> 标记开始，每个自定义列表项的定义以 <dd> 标记开始。其语法格式如下：

```
<dl>
<dt>名词或者概念 1</dt>
<dd>解释和描述内容</dd>
<dt>名词或者概念 2</dt>
<dd>解释和描述内容</dd>
. . . . . . . . . . . . . . . . . . . . .
</dl>
```

【实例 2.22】使用<ul>、<ol>标记设置嵌套列表，文件名称为 chapter2.22.html，内容如下：

```
<!DOCTYPE html>
  <head>
    <title>定义列表</title>
    <meta http-equiv="content-type" content="text/html;charset=UTF-8">
  </head>
  <body>
    <h2>一个定义列表：</h2>
    <dl>
```

```
            <dt><b>计算机</b></dt>
               <dd>用来计算的仪器 ... ...</dd>
            <dt><b>显示器</b></dt>
               <dd>以视觉方式显示信息的装置 ... ...</dd>
       </dl>
    </body>
</html>
```

在浏览器中打开网页文件 chapter2.22.html，页面效果如图 2-22 所示。

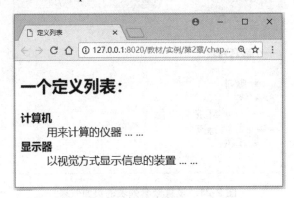

图 2-22　设置定义列表的页面效果

2.6　回到工作场景

通过 2.2~2.5 节内容的学习，已经学习了 HTML5 基本的结构标记、HTML5 文本排版标记的使用，以及 HTML5 图像和列表的插入等。掌握使用这些基本标记来设置页面，下面是综合实例。

【工作过程】显示文字、图片和列表排版效果。

创建网页，文件名为 chapter2.23.html，内容如下：

```
<!DOCTYPE html>
<html>
   <head>
      <meta charset="UTF-8">
      <title>烹调大世界</title>
      <meta http-equiv="content-type" content="text/html;charset=UTF-8">
   </head>
   <body background = "img/back.gif">
   <h1>欢迎来到烹调大世界</h1>
   <h3>烹饪</h3>
   <ol>
      <li><img src = "img/zs.jpg" alt ="竹笋" hspace="10" border = "0"/></a>
竹笋: <br/>
         <p>竹笋是竹子的新枝，呈象牙色。广泛制作成罐装竹笋，新鲜竹笋价格较贵，并有季节
性</p>
```

```
        </li>
        <li><img src = "img/bg.jpg" alt ="饼干" hspace="10"/>开胃饼干：<br/>
          <p>在吐司或饼干等的基础上制作出的一种开胃食品</p>
        </li>
        <li><img src = "img/lb.jpg" alt ="萝卜" hspace="10"/>萝卜：<br/>
          <p>一种流行的根菜类，也称为大白萝卜，质地很硬，需要煮很长时间</p>
        </li>
    </ol>
  </body>
</html>
```

在浏览器中打开网页文件 chapter2.23.html，页面效果如图 2-23 所示。

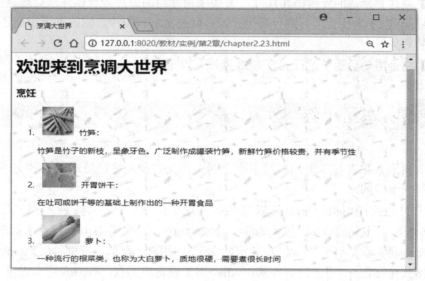

图 2-23　图文列表效果图

 ## 2.7　工作实训营

2.7.1　训练实例——制作一个显示文字、图片和列表排版效果的页面

1. 训练内容

自行设计一个页面，页面中有文本、图像和列表，网页围绕一个主题设计内容。

2. 训练目的

- ➢ 掌握文本排版的方式。
- ➢ 掌握图片的设置。
- ➢ 掌握图文并茂的设置。
- ➢ 掌握列表的使用及设置。

3. 训练过程

参照 2.3～2.5 节中的案例操作步骤。

4. 技术要点

注意图片的选择、图文并茂的排版设置。

2.7.2   工作实践常见问题解析

【常见问题 1】为什么初学者网页的图片大小选择不合适？

【答】要达到合适的分辨率和尺寸，需要采用专门的图片处理软件来处理。

【常见问题 2】为什么学习到目前为止，网页的文本和图片之间的排版布局还是达不到我们希望的效果？

【答】这个需要后期学习样式表 CSS 属性来设定。

2.8   本章小结

网页的页面效果丰富多彩，布局主次分明、图文并茂，往往是通过控制文字和图片的排版效果等来实现的。

文档中的文字字体标记<font>可以控制文字的大小、颜色和字体；字符格式化标记有加粗<b>、斜体<i>、下划线<u>、上标<sub>、下标<sup>，删除线<del>；特殊字符的表示法::如空格用 表示，小于号<用<表示，大于号>用>表示，双引号用"表示。

段落格式化标记<p>用于设置段落：<div>用于设置块元素，<span>用于设置行元素。

标题标记使用<h1>到<h6>(字体大小逐次减小)来设定；换行标记使用
、水平线标记使用<hr>。

通过<ol>标记可设置有序列表，<ul>标记可设置无序列表，<li>标记可设置具体列表项；通过<dl>、<dd>、<dt>设置定义列表。

2.9   习   题

一、单项选择题

1. 在 HTML 语言结构中，(   )是用来指定文件的主体,文字、图形、图像、链接、动画和视频。

    A. <html></html>　　　　　　　　B. <body></body>

    C. <head></head>　　　　　　　　D. <title></title>

2. 当浏览器不能正常显示图像时，会在图像的位置显示内容的(   )。

    A. 目标位置　　　B. 替代文本　　　C. 地图　　　　D. 低品质源

3. HTML 标记中用于设置背景颜色的属性是(   )。

A. alink   B. vlink   C. bgcolor   D. background

4. 创建黑体字的文本标记是(   )。

A. \<pre>\</pre> B. \<h1>\</h1> C. \<h6>\</h6> D. \\

5. 设置水平线高度的 HTML 代码是(   )。

A. \<hr>   B. \<hr size=?> C. \<hr width=?> D. \<hr noshade>

二、填空题

1. HTML 网页文件的标记是_____，网页文件的主体标记是_____，标示页面标题的标记是_____。

2. 在网页中插入背景图案(文件的路径及名称为/img/background.jpg)的语句是_____。

3. 表示空格特殊符号的是_____，定义下标的标记是\<sub>，定义上标的标记是_____。

4. 在 HTML 中有效、规范的注释声明是_____。

5. 自定义列表以_____标记开始，每个自定义列表项以_____开始，每个自定义列表项的定义以_____开始。

三、操作题

创建网页，文件名为 ex2.1.html，页面效果如图 2-24 所示。

图 2-24 图文列表效果图

第 3 章

表 格

 本章要点

- table、tr、th、td、caption 标记
- cellspacing、cellpadding 属性
- colspan、rowspan 属性

技能目标

- 掌握使用表格标记来制作表格。
- 掌握表格各种标记的灵活使用。
- 掌握使用表格来进行页面布局。

3.1　工作场景导入

【工作场景】

表格在网页的设计和制作中有着非常广泛的应用。单元格中不仅可以存放数据、文本，还可以存放图片、超链接等页面元素。表格的一个非常重要的应用就是对要显示的内容进行合理的布局。

下面需要制作网页《我的家乡》，采用表格及表格嵌套完成整体网页布局。

【引导问题】

(1) 怎样创建表格？
(2) 怎样设置表格格式？
(3) 怎样使用表格进行页面合理布局？

 ## 3.2　表格创建

表格是由<table>标记开始，</table>标记结束。定义表格的基本语法如下：

```
<table>
    <caption>表格标题</caption>
    <tr>
        <td>单元格内容</td>
    </tr>
</table>
```

<caption>…</caption>定义表格的标题，<tr>…</tr>定义表格的一行，<td>…</td>或<th>…</th>定义表格的一个单元格。<td>…</td>定义普通单元格，<th>…</th>定义标题单元格。标题单元格默认加粗水平居中显示。<table>…</table>中可以包含多对<tr>…</tr>，<tr>…</tr>中可以包含多对<td>…</td>。

要显示表格的边框不得不提到 border 属性，border 属性用于设置表格边框的宽度，单位像素，默认值为 0，也就是默认不显示边框。

【实例 3.1】表格实例，文件名称为 chapter3.1.html，内容如下：

```
<!DOCTYPE html>
<html>
    <head>
        <meta charset="UTF-8">
        <title>表格</title>
    </head>
    <body>
        <table border="1">
            <caption>学号姓名对照表</caption>
```

```
    <tr>
        <th>学号</th>
        <th>姓名</th>
    </tr>
    <tr>
        <td>170430101</td>
        <td>陆妍霖</td>
    </tr>
    <tr>
        <td>170430102</td>
        <td>冒玉蓉</td>
    </tr>
    </table>
    </body>
</html>
```

在浏览器中打开网页文件 chapter3.1.html，页面效果如图 3-1 所示，从页面效果可以看出表格在不设置宽度时，表格宽度是自适应的。表格的标题默认显示在表格上方。

【**实例 3.2**】添加表格行，文件名称为 chapter3.2.html，内容如下：

```
<!DOCTYPE html>
<html>
    <head>
        <meta charset="UTF-8">
        <title>表格</title>
    </head>
    <body>
        <table border="1">
            <caption>学号姓名对照表</caption>
            <tr>
                <th>学号</th>
                <th>姓名</th>
            </tr>
            <tr>
                <td>170430101</td>
                <td>陆妍霖</td>
            </tr>
            <tr>
                <td>170430102</td>
                <td>冒玉蓉</td>
            </tr>
            <tr>
                <td>170430103</td>
                <td>彭诗瑶</td>
            </tr>
        </table>
    </body>
</html>
```

在浏览器中打开网页文件 chapter3.2.html，页面效果如图 3-2 所示。

图 3-1 学号姓名对照表的页面效果

图 3-2 添加表格行之后的页面效果

【实例 3.3】添加表格列，文件名称为 chapter3.3.html，内容如下：

```html
<!DOCTYPE html>
<html>
    <head>
        <meta charset="UTF-8">
        <title>设置文字滚动的次数</title>
    </head>
    <body>
        <table border="1">
          <caption>学号姓名对照表</caption>
          <tr>
             <th>学号</th>
             <th>姓名</th>
             <th>年龄</th>
          </tr>
          <tr>
             <td>170430101</td>
             <td>陆妍霖</td>
             <td>19</td>
          </tr>
          <tr>
             <td>170430102</td>
             <td>冒玉蓉</td>
             <td>18</td>
          </tr>
          <tr>
             <td>170430103</td>
             <td>彭诗瑶</td>
             <td>19</td>
          </tr>
        </table>
    </body>
</html>
```

在浏览器中打开网页文件 chapter3.3.html，页面效果如图 3-3 所示，从页面效果可以看出普通单元格默认居左显示。

图 3-3　添加表格列的页面效果

 ## 3.3　表格设置

3.3.1　表格宽度和高度

表格宽度使用属性 width 设置，用单位像素或者用占浏览器窗口宽度的百分比来表示。例如设置 width="300"，表示表格宽度是固定值 300 个像素，而 width="30%"则表示表格宽度占浏览器窗口宽度的 30%，会随着浏览器窗口宽度的变化而变化。表格高度使用属性 height 设置，用单位像素或者用占浏览器窗口高度的百分比来表示。例如设置 height="300"，表示表格高度是固定值 300 个像素。在新版本的浏览器中，我们发现使用百分比设置表格高度时，表格的实际显示高度是自适应的，不会随着浏览器窗口高度的变化而变化。

【实例 3.4】设置表格固定尺寸，文件名称为 chapter3.4.html，内容如下：

```
<!DOCTYPE html>
<html>
    <head>
        <meta charset="UTF-8">
        <title>设置表格固定尺寸</title>
    </head>
<body>
    <table border="1" width="300" height="200">
      <tr>
        <th>学号</th>
        <th>姓名</th>
      </tr>
      <tr>
        <td>170430101</td>
        <td>陆妍霖</td>
```

```
        </tr>
        <tr>
         <td>170430102</td>
         <td>冒玉蓉</td>
        </tr>
       </table>
     </body>
   </html>
```

在浏览器中打开网页文件 chapter3.4.html，页面效果如图 3-4 所示。从页面效果可以看出表格的尺寸是固定的，没有随着浏览器窗口的变化而变化。

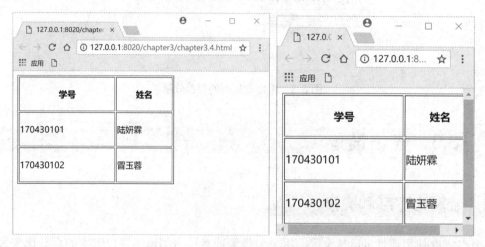

图 3-4　设置表格固定尺寸的页面效果

【实例 3.5】设置表格百分比尺寸，文件名称为 chapter3.5.html，内容如下：

```
<!DOCTYPE html>
<html>
    <head>
        <meta charset="UTF-8">
        <title>设置表格百分比尺寸</title>
    </head>
    <body>
        <table border="1" width="50%" height="80%">
         <tr>
            <th>学号</th>
            <th>姓名</th>
         </tr>
         <tr>
            <td>170430101</td>
            <td>陆妍霖</td>
         </tr>
         <tr>
            <td>170430102</td>
            <td>冒玉蓉</td>
         </tr>
```

```
        </table>
    </body>
</html>
```

在浏览器中打开网页文件 chapter3.5.html，页面效果如图 3-5 所示。从页面效果可以看出表格的宽度尺寸是变化的，随着浏览器窗口的变化而变化，而表格的高度是自适应的，并没有随着浏览器窗口的变化而变化。

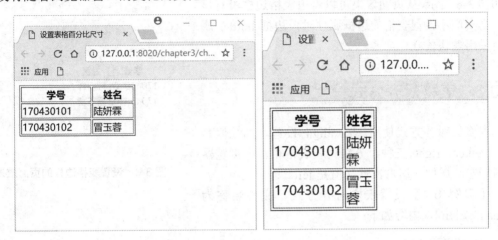

图 3-5　设置表格百分比尺寸的页面效果

3.3.2　表格边框设置

前面已经提到表格的边框宽度使用属性 border 设置，单位像素。默认值为 0，也就是不显示表格边框。边框颜色使用属性 bordercolor 设置，此属性和 border 属性一起使用。

【实例 3.6】设置表格边框，文件名称为 chapter3.6.html，内容如下：

```
<!DOCTYPE html>
<html>
    <head>
        <meta charset="UTF-8">
        <title>设置表格边框</title>
    </head>
    <body>
        <table>
         <tr>
            <th>学号</th>
            <th>姓名</th>
         </tr>
         <tr>
            <td>170430101</td>
            <td>陆妍霖</td>
         </tr>
         <tr>
            <td>170430102</td>
```

```
        <td>冒玉蓉</td>
      </tr>
    </table>
  </body>
</html>
```

在浏览器中打开网页文件 chapter3.6.html，页面效果如图 3-6 所示，从页面效果可以看出表格边框没有显示。当我们不设置表格的边框属性时，边框 border 属性值采用默认值 0。

图 3-6　设置表格边框的页面效果

3.3.3　表格对齐方式

表格的对齐方式使用属性 align 设置，属性值有 left、center、right 三种，分别代表表格相对于浏览器窗口居左、居中、居右，默认值是 left。

【实例 3.7】设置表格对齐方式，文件名称为 chapter3.7.html，内容如下：

```
<!DOCTYPE html>
<html>
    <head>
        <meta charset="UTF-8">
        <title>表格对齐方式</title>
    </head>
<body>
        <table border="1">
          <tr>
            <th>学号</th>
            <th>姓名</th>
          </tr>
            <tr>
            <td>170430101</td>
            <td>陆妍霖</td>
          </tr>
        </table>
        <table border="1" align="center">
          <tr>
            <th>学号</th>
            <th>姓名</th>
          </tr>
            <tr>
            <td>170430102</td>
            <td>冒玉蓉</td>
          </tr>
        </table>
        <table border="1" align="right">
```

```
    <tr>
      <th>学号</th>
      <th>姓名</th>
    </tr>
    <tr>
      <td>170430103</td>
      <td>彭诗瑶</td>
    </tr>
  </table>
</body>
</html>
```

在浏览器中打开网页文件 chapter3.7.html，页面效果如图 3-7 所示，三张表格相对于浏览器窗口居左、居中、居右。

图 3-7　设置表格对齐方式的页面效果

3.3.4　单元格间距和边距

表格的单元格间距使用属性 cellspacing 设置，此属性用来设置表格中相邻两个单元格之间的间距，属性值以像素为单位，默认值是 2 像素。表格的单元格边距使用属性 cellpadding 设置，此属性用来设置表格中单元格边框与单元格中的内容之间的距离，属性值以像素为单位，默认值是 1 像素。

【实例 3.8】设置表格的单元格间距和边距，文件名称为 chapter3.8.html，内容如下：

```
<!DOCTYPE html>
<html>
    <head>
        <meta charset="UTF-8">
        <title>单元格间距和边距</title>
    </head>
    <body>
        <table border="1" cellspacing="5" cellpadding="10">
          <tr>
            <th>学号</th>
```

```
         <th>姓名</th>
      </tr>
      <tr>
        <td>170430101</td>
        <td>陆妍霖</td>
      </tr>
    </table>
  </body>
</html>
```

在浏览器中打开网页文件 chapter3.8.html，页面
效果如图 3-8 所示，单元格间距是 5 像素，单元格边
框与内容之间的间距是 10 像素。

图 3-8　设置表格单元格间距
和边距的页面效果

 ## 3.4　表格背景

3.4.1　背景颜色

表格背景颜色采用 bgcolor 属性进行设置。

【实例 3.9】设置表格背景颜色，文件名称为 chapter3.9.html，内容如下：

```
<!DOCTYPE html>
<html>
  <head>
      <meta charset="UTF-8">
      <title>设置表格背景颜色</title>
  </head>
  <body>
      <table border="3" cellpadding="10" cellspacing="5"
bordercolor="blue" bgcolor="pink">
        <tr>
          <th>学号</th>
          <th>姓名</th>
        </tr>
        <tr>
          <td>170430101</td>
          <td>陆妍霖</td>
        </tr>
      </table>
  </body>
</html>
```

在浏览器中打开网页文件 chapter3.9.html，页面效
果如图 3-9 所示，从浏览器的显示效果可以看出表格的
边框宽度为 3 像素，表格边框用蓝色显示，表格背景

图 3-9　设置表格背景颜色的页面效果

用粉红色显示。

3.4.2　背景图片

表格背景图片采用 background 属性进行设置，属性值需要指定背景图片的 URL 地址。

【实例 3.10】设置表格背景图片，文件名称为 chapter3.10.html，内容如下：

```
<!DOCTYPE html>
<html>
    <head>
        <meta charset="UTF-8">
        <title>设置表格背景图片</title>
    </head>
    <body>
        <table border="3" bgcolor="pink" background="img/bgimg.jpg"
width="300" height="200">
            <tr>
                <th>学号</th>
                <th>姓名</th>
            </tr>
            <tr>
                <td>170430101</td>
                <td>陆妍霖</td>
            </tr>
        </table>
    </body>
</html>
```

在浏览器中打开网页文件 chapter3.10.html，页面效果如图 3-10 所示，表格宽 300 像素，高 200 像素。当同时设置背景颜色和背景图片时，背景图片优先级更高，所以背景颜色没有显示。

图 3-10　设置表格背景图片的页面效果

用来设置表格的 table 标记的常用属性如表 3-1 所示。

表 3-1　table 标记的常用属性

属　性	值	描　述
align	left right center	该属性设置表格对齐方式，默认值为 left
background	URL	该属性设置表格的背景图片
bgcolor	color	该属性设置表格的背景颜色
border	整数值(pixels)	该属性设置表格边框的宽度
bordercolor	color	该属性设置表格边框的颜色，此属性与 border 属性一起使用
width	整数值(pixels)、百分比	该属性设置表格的宽度
height	整数值(pixels)	该属性设置表格的高度
cellpadding	整数值(pixels)	该属性设置单元格内容与边框之间的间距
cellspacing	整数值(pixels)	该属性设置单元格之间的间距

 ## 3.5　单元格设置

3.5.1　单元格高度和宽度

单元格高度与宽度属性设置同表格高度与宽度属性，使用 width 和 height 属性设置，width 属性值可以是具体像素值或占表格宽度百分比，height 属性值是具体像素值。如果一行的不同列设置的高度值不同，按照最高的像素值显示；如果一列不同行设置的宽度值不同，按照最宽的像素值显示。

【实例 3.11】设置单元格高度和宽度，文件名称为 chapter3.11.html，内容如下：

```
<!DOCTYPE html>
<html>
    <head>
        <meta charset="UTF-8">
        <title>设置单元格高度与宽度</title>
    </head>
    <body>
        <table border="3">
         <tr>
            <th width="60%" height="80">学号</th>
            <th>姓名</th>
         </tr>
         <tr>
            <td height="50">170430101</td>
            <td>陆妍霖</td>
```

```
            </tr>
        </table>
    </body>
</html>
```

在浏览器中打开网页文件 chapter3.11.html，
页面效果如图 3-11 所示，整体表格宽度为 300
像素，表格第一列宽度占整体表格宽度的 60%，
表格第一列高度为 80 像素，表格第二行高度为
50 像素。

图 3-11　设置单元格高度与宽度的页面效果

3.5.2　单元格跨行跨列

表格显示有时需要把相邻单元格进行合
并，使用 rowspan 和 colspan 属性进行设置。rowspan 用于设置跨行，属性值是一个具体的
数值，表示单元格占用的行数。colspan 用于设置跨列，属性值也是一个具体的数值，表示
单元格占用的列数。

【实例 3.12】设置单元格跨行，文件名称为 chapter3.12.html，内容如下：

```html
<!DOCTYPE html>
<html>
    <head>
        <meta charset="UTF-8">
        <title>设置单元格跨行</title>
    </head>
    <body>
        <table border="3" width="300">
         <tr>
            <th>姓名</th>
            <th>办公室</th>
         </tr>
         <tr>
            <td>陆莉莉</td>
            <td rowspan="2">405</td>
         </tr>
         <tr>
            <td>凌宝慧</td>
         </tr>
        </table>
    </body>
</html>
```

在浏览器中打开网页文件 chapter3.12.html，页面效果如图 3-12 所示，由于有两个人在
办公室 405，因此 405 所在单元格跨两行。

【实例 3.13】设置单元格跨列，文件名称为 chapter3.13.html，内容如下：

```html
<!DOCTYPE html>
<html>
    <head>
        <meta charset="UTF-8">
        <title>设置单元格跨列</title>
    </head>
    <body>
        <table border="3" width="300">
          <tr>
            <th>办公室</th>
            <td colspan="2">405</td>
          </tr>
          <tr>
            <th>姓名</th>
            <td>陆莉莉</td>
            <td>凌宝慧</td>
          </tr>
        </table>
    </body>
</html>
```

在浏览器中打开网页文件 chapter3.13.html，页面效果如图 3-13 所示，由于有两个人在办公室 405，因此 405 所在单元格跨两列。

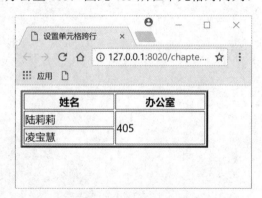

图 3-12　设置单元格跨行　　　　　　　　图 3-13　设置单元格跨列

用来设置单元格的 td 标记的常用属性如表 3-2 所示。

表 3-2　td 标记的常用属性

属　性	值	描　述
align	left right center	该属性设置单元格水平对齐方式，默认值为 left
background	URL	该属性设置单元格的背景图片
bgcolor	color	该属性设置单元格的背景颜色
width	整数值(pixels)、百分比	该属性设置单元格的宽度

续表

属　性	值	描　述
height	整数值(pixels)	该属性设置单元格的高度
rowspan	整数值	该属性设置合并单元格时一个单元格跨越的表格行数
colspan	整数值	该属性设置合并单元格时一个单元格跨越的表格列数
valign	top middle bottom	该属性设置单元格文字的垂直对齐方式，默认值为 middle

 ## 3.6　表格行设置

3.6.1　行高度

表格行通过<tr></tr>定义，在 tr 标记中使用属性 height 可以设置此行的行高度，单位为像素。

【实例 3.14】设置行高度，文件名称为 chapter3.14.html，内容如下：

```
<!DOCTYPE html>
<html>
    <head>
        <meta charset="UTF-8">
        <title>设置行高度</title>
    </head>
    <body>
        <table border="1" width="80%">
          <tr height="60">
            <th>学号</th>
            <th>姓名</th>
          </tr>
          <tr height="40">
            <td>170430101</td>
            <td>陆妍霖</td>
          </tr>
          <tr>
            <td>170430102</td>
            <td>冒玉蓉</td>
          </tr>
        </table>
    </body>
</html>
```

在浏览器中打开网页文件 chapter3.14.html，页面效果如图 3-14 所示，表格第一行高度为 60 像素，

图 3-14　设置行高度的页面效果

第二行高度为 40 像素，第三行没有设置高度属性，所以高度是自适应的。

3.6.2 行背景颜色及背景图

行背景颜色使用 bgcolor 属性设置，行背景图使用 background 属性设置，当某行同时设置了 bgcolor 和 background 属性时，background 属性优先级更高。当 table、tr、td 标记中都设置了 bgcolor 属性时，优先级为 td>tr>table。

【实例 3.15】设置行背景颜色和背景图片，文件名称为 chapter3.15.html，内容如下：

```html
<!DOCTYPE html>
<html>
    <head>
        <meta charset="UTF-8">
        <title>设置行背景颜色和背景图片</title>
    </head>
    <body>
        <table border="1" width="80%" bgcolor="pink">
         <tr height="60" bgcolor="yellow" background="img/bgimg.jpg">
            <th>学号</th>
            <th>姓名</th>
          </tr>
          <tr height="40" bgcolor="yellow">
            <td>170430101</td>
            <td>陆妍霖</td>
          </tr>
          <tr>
            <td>170430102</td>
            <td>冒玉蓉</td>
          </tr>
        </table>
    </body>
</html>
```

在浏览器中打开网页文件 chapter3.15.html，页面效果如图 3-15 所示，整体表格设置了背景颜色 pink，第一行同时设置了背景图片和背景颜色 yellow，第二行设置了背景颜色 yellow。tr 的优先级高于 table，背景图片的优先级高于背景颜色，所以第一行和第二行没有采用 pink 背景色，第一行采用背景图片，第二行采用 yellow，第三行没用设置背景，所以采用 table 中设置的 pink 背景色。

图 3-15　设置行背景颜色和背景图片的页面效果

3.6.3　行文字对齐方式

对齐方式使用 align 属性设置，属性值有 left、center、right，默认为 left。当 tr、td 标记中都设置了 align 属性时，优先级为 td>tr。

【实例 3.16】设置行对齐方式，文件名称为 chapter3.16.html，内容如下：

```
<!DOCTYPE html>
<html>
    <head>
        <meta charset="UTF-8">
        <title>设置行文字对齐方式</title>
    </head>
    <body>
        <table border="1" width="80%">
          <tr>
            <th>学号</th>
            <th>姓名</th>
          </tr>
          <tr align="center">
            <td>170430101</td>
            <td>陆妍霖</td>
          </tr>
          <tr align="right">
            <td>170430102</td>
            <td>冒玉蓉</td>
          </tr>
        </table>
    </body>
</html>
```

在浏览器中打开网页文件 chapter3.16.html，页面效果如图 3-16 所示，第一行由于是标题行，th 标记默认加粗居中，第二行设置居中，第三行设置居右显示，第三行的第二列单元格设置居左显示，由于 td 优先级高于 tr，因此此单元格内容居左，而未采用 tr 中设置的居右。

用来设置表格行的 tr 标记的常用属性如表 3-3 所示。

图 3-16　设置行文字对齐方式的页面效果

表 3-3　tr 标记的常用属性

属　　性	值	描　　述
align	left right center	该属性设置表格行水平对齐方式，默认值为 left

续表

属　性	值	描　述
background	URL	该属性设置表格行的背景图片
bgcolor	color	该属性设置表格行的背景颜色
height	整数值(pixels)	该属性设置表格行的高度
valign	top middle bottom	该属性设置行文字的垂直对齐方式，默认值为 middle

 ## 3.7　回到工作场景

通过 3.2~3.6 节内容的学习，已经学习了 table(表格)标记及属性的使用，掌握了通过使用各种属性来控制表格的显示。下面回到前面介绍的工作场景中，完成工作任务。

【工作过程】制作网站首页，使用表格进行网页布局——《我的家乡》。具体布局如下：整体表格四行三列，第一行单元格跨三列，第二行第一个单元格跨两列，第四行单元格跨三列。第二行第一列的五个菜单是一个嵌套的子表，子表一行五列。网页内容自定，工作过程的页面布局效果如图 3-17 所示。

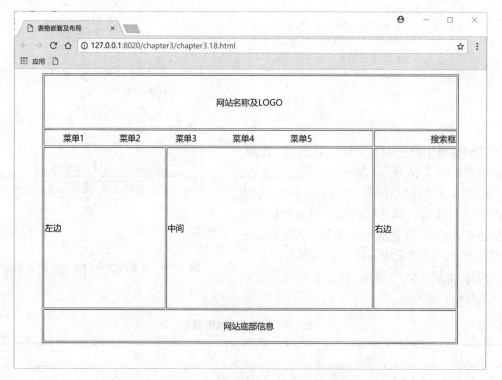

图 3-17　《我的家乡》网页的页面布局效果

创建网页，文件名为 chapter3.17.html，内容如下：

```html
<!DOCTYPE html>
<html>
    <head>
        <meta charset="UTF-8">
        <title>表格嵌套及布局</title>
    </head>
    <body>
        <table align="center" width="800" height="500" border="1">
            <tr height="100">
                <td colspan="3" align="center">网站名称及 LOGO</td>
            </tr>
            <tr>
                <td colspan="2" width="70%" height="25">
                    <table width="550">
                        <tr align="center">
                            <td>菜单 1</td>
                            <td>菜单 2/td>
                            <td>菜单 3</td>
                            <td>菜单 4</td>
                            <td>菜单 5</td>
                        </tr>
                    </table>
                </td>
                <td align="right">搜索框</td>
            </tr>
            <tr  height="300">
                <td width="30%">左边</td>
                <td width="50%">中间</td>
                <td>右边</td>
            </tr>
            <tr height="60">
                <td colspan="3" align="center">网站底部信息</td>
            </tr>
        </table>
    </body>
</html>
```

 # 3.8 工作实训营

3.8.1 训练实例

1. 训练内容

使用表格及表格嵌套完成网页布局，页面布局效果如图 3-18 所示。网页内容自行设计，围绕一个主题进行，如介绍花卉、星座、旅游景点等。

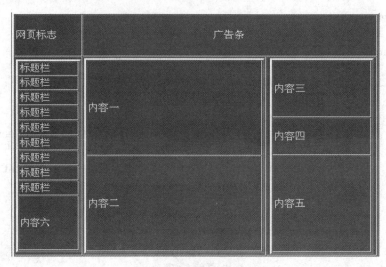

图 3-18　页面布局效果

2. 训练目的

➢　掌握表格跨行跨列。

➢　掌握表格嵌套。

➢　掌握表格布局整体页面。

3. 训练过程

参照 3.7 节中的操作步骤。

3.8.2　工作实践常见问题解析

【常见问题】当表格内容是英文单词时，默认不会换行，整个表格宽度会无限延伸，即使设置表格或单元格宽度也不起作用，如何解决换行问题？

【答】给 table 设置 table-layout: fixed；table 下的 td 设置 word-wrap: break-word;。如下所示。

```
<style>
    table {
        border-collapse: collapse;
        table-layout: fixed;
        width: 300px;
    }
    table td {
        border: solid 1px pink;
        width: 100px;
        word-wrap: break-word;
    }
</style>
```

3.9 本章小结

在网页设计中，表格有着非常广泛的应用，表格的单元格中不仅可以放置文本、超链接，还可以放置图片、音频、视频等，表格的单元格中还可以嵌套表格，所以表格非常重要的作用是进行页面布局，这种布局可以是局部的，也可以是全局的。

表格使用 table 标记，tr 标记表示表格的一行，td 标记表示普通单元格，th 标记表示标题单元格，caption 标记表示表格的标题。

使用 width 和 height 属性设置宽度和高度，使用 bgcolor 属性设置背景颜色，使用 background 属性设置背景图片。如果在 table、tr、td 标记中设置了相同的属性，优先级顺序是 td>tr>table。如果同时设置了 background 和 bgcolor，background 优先级高于 bgcolor。

使用 cellpadding 属性设置单元格边框与内容之间的距离，使用 cellspacing 属性设置单元格与单元格之间的距离。

使用 colspan 属性设置单元格跨列，使用 rowspan 属性设置单元格跨行。

3.10 习 题

一、单项选择题

设置 table、tr、td 的属性时，若都设置了 bgcolor 属性，优先顺序是(　　)。

A. td>table>tr   B. td>tr>table

C. table>tr>td   D. table>td>tr

二、填空题

1. 在网页中创建表格时，使用＿＿＿＿＿＿＿＿＿标记定义表格，＿＿＿＿＿＿＿＿＿标记定义表格行，＿＿＿＿＿＿＿＿＿标记定义单元格，＿＿＿＿＿＿＿＿＿标记定义标题单元格，＿＿＿＿＿＿＿＿＿标记定义表格标题。

2. align 属性取值是＿＿＿＿＿＿＿、＿＿＿＿＿＿＿＿、＿＿＿＿＿＿＿＿＿，默认值是＿＿＿＿＿＿＿＿。

3. 表格单元格间距使用＿＿＿＿＿＿＿＿＿属性设置，单元格内容与边框之间间距使用＿＿＿＿＿＿＿属性设置。

4. 表格单元格跨行使用＿＿＿＿＿＿＿＿＿属性设置，单元格跨列使用＿＿＿＿＿＿＿属性设置。

三、操作题

1. 创建网页《值班表》，文件名为 ex3.1.html，页面效果如图 3-19 所示。

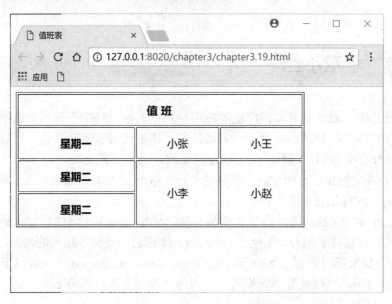

图 3-19　《值班表》页面效果

2.　创建网页《我的爱好》，文件名为 ex3.2.html，介绍你的个人爱好，使用表格及表格嵌套完成页面布局，页面内容自行设置。

第 4 章

超 链 接

 本章要点

- a 标记
- iframe 标记

技能目标

- 掌握使用 a 标记来实现外部链接和锚点链接。
- 掌握使用 a 标记来实现邮件链接。
- 掌握使用 iframe 标记来实现框架链接。

4.1　工作场景导入

【工作场景】

如何让多个孤立的网页之间产生一定的联系，网页之间可以相互访问，并且网页之间可以嵌套子窗口链接。

下面需要制作三种类型的网页，其中，第一种类型的网页实现链接到其他网页或外部文件上，第二种类型的网页实现电子邮件链接，第三种类型的网页实现网页内部的锚点链接。

【引导问题】

(1) 怎样实现外部链接？

(2) 怎样实现锚点链接？

(3) 怎样实现邮件链接？

(4) 怎样实现浮动框架？

 4.2　超链接

超链接是指从一个网页指向一个目标的链接关系，这个目标可以是另一个网页，也可以是相同网页上的不同位置，还可以是一个图片、一个电子邮件地址、一个文件，甚至是一个应用程序，当鼠标单击一些文字、图片或其他网页元素时，浏览器会根据其指示载入一个新的页面或跳转到页面的其他位置。超链接除了可链接文本外，还可以链接各种多媒体，如声音、图像、动画等，通过它们可享受丰富多彩的多媒体世界。

建立超链接所使用的 HTML 标记为<a></a>。超链接最重要的两个要素为：超链接指向的目标地址和设置为超链接的网页元素。基本的超链接结构如下：

```
<a  href=URL>网页元素</a>
```

表 4-1 所示为 a 标记的常用属性。

表 4-1　a 标记的常用属性

属　　性	值	描　　述
charset	char_encoding	规定被链接文档的字符集。HTML5 中不支持该属性
coords	coordinates	规定链接的坐标。HTML5 中不支持该属性
download	filename	规定被下载的超链接目标
href	URL	规定链接指向的页面的 URL
media	media_query	规定被链接的文档为何种媒介/设备优化的
name	section_name	规定锚的名称。HTML5 中不支持该属性

续表

属　　性	值	描　　述
rel	text	规定当前文档与被链接文档之间的关系
shape	rect	规定链接的形状。HTML5 中不支持该属性
	circle	
	poly	
type	MIME type	规定被链接文档的 MIME 类型
target	_blank	规定在何处打开链接文档
	_parent	
	_self	
	_top	

4.2.1　外部链接

超链接中外部链接的语法格式如下：

```
<a href="外部页面链接地址">链接文本</a>
```

外部链接的文件可以是某个外部网址、某个文件、某个图片、某个应用程序。

【实例 4.1】外部链接到其他网站和 FTP 服务器上，文件名称为 chapter4.1.html，内容如下：

```
<!DOCTYPE html>
<html>
    <head>
        <meta charset="UTF-8">
        <title>外部链接到其他网站和 FTP 服务器上</title>
    </head>
    <body>
        <p><a href="http://www.baidu.com/">点我，链接到百度上</a></p>
        <p><a href="ftp://172.18.32.16">点我，链接到 FTP 服务器上</a></p>
        <br/>
    </body>
</html>
```

在浏览器中打开网页文件 chapter4.1.html，页面效果如图 4-1 所示，单击链接文本，可以链接到百度网站和 FTP 服务器上(见图 4-2、图 4-3)。

说明：

(1) 这些 FTP 服务器使用的是 IP 地址，为了确保代码的正确性，请读者务必填写有效的 FTP 服务器地址。

(2) target 属性有 4 个：_blank、_self、_top、_parent。由于 HTML5 不再支持框，因此_top、_parent 这两个取值不常用。_blank 表示在新窗口中显示超链接页面；_self 表示在当前窗口中显示超链接页面。当省略 target 属性时，默认取值为_self。

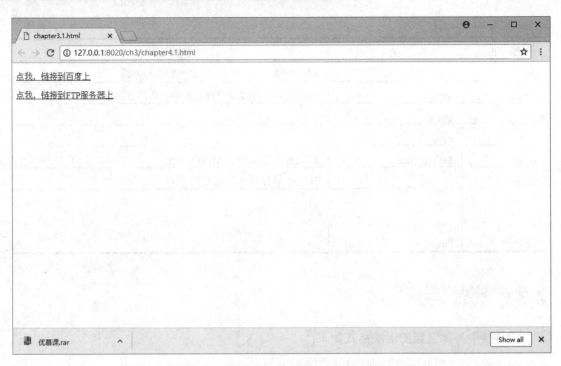

图 4-1　在浏览器中链接到外部网站和 FTP 服务器的页面效果

图 4-2　在浏览器中链接到百度网站上

【实例 4.2】外部链接到外部文件上，文件名称为 chapter4.2.html，内容如下：

```
<!DOCTYPE html>
<html>
    <head>
        <meta charset="UTF-8">
        <title> chapter4.2 html </title>
```

```
    </head>
    <body>
        <a href="chapter4.1 html">点我，链接到 chapter4.1.html 这个文件上</a>
        <br/>
    </body>
</html>
```

在浏览器中打开网页文件 chapter4.2.html，页面效果如图 4-4 所示，单击链接文本，可以链接到刚才编写的 chapter4.1.html 文件上。

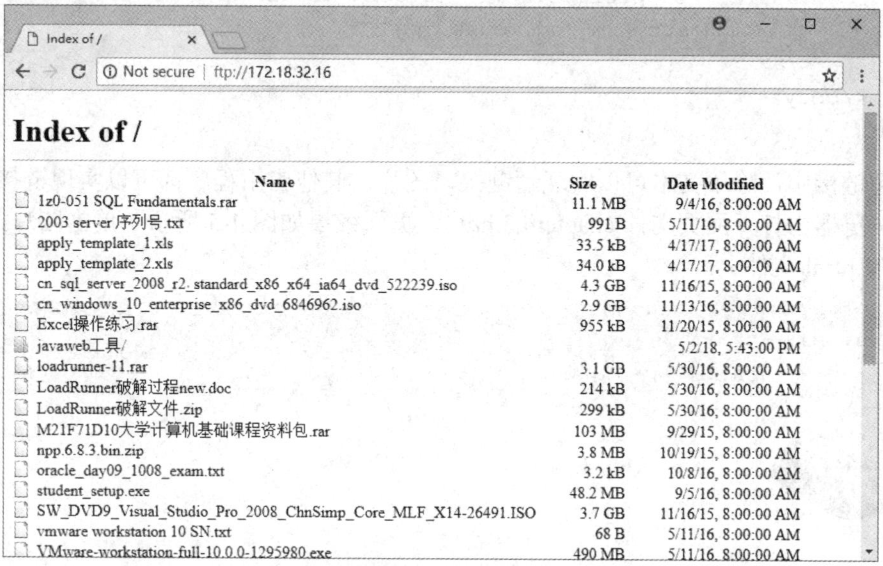

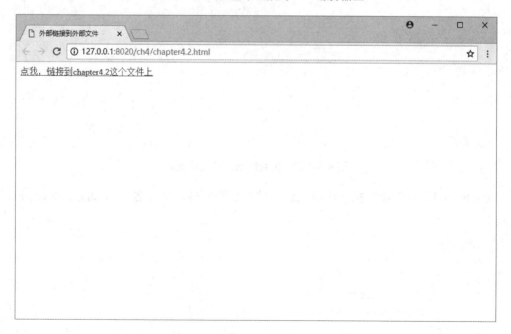

图 4-3　在浏览器中链接到 FTP 服务器上

图 4-4　链接到外部文件的页面效果

【实例 4.3】设置图片的超链接，文件名称为 chapter4.3.html，内容如下：

```
<!DOCTYPE html>
<html>
    <head>
        <meta charset="UTF-8">
        <title> chapter4.3.html </title>
    </head>
    <body>
        <a href="chapter4.1.html" target="_blank">
            <img src="img/eg_mouse.jpg"/>
        </a>
    </body>
</html>
```

在超链接中，除了文本可以实现超链接，图片、其他应用程序都可以实现链接功能。

在浏览器中打开网页文件 chapter4.3.html，页面效果如图 4-5 所示，单击图片，链接到 chapter4.1.html 文件上。

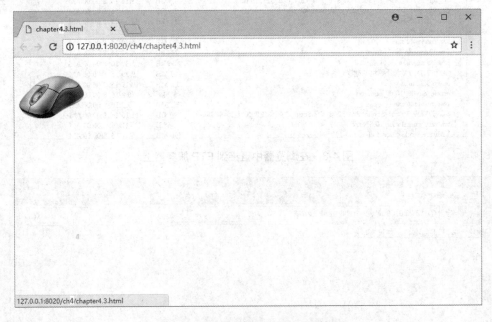

图 4-5　实现图片超链接的页面效果

【实例 4.4】设置超链接，可链接到各种类型的文件，文件名称为 chapter4.4.html，内容如下：

```
<!DOCTYPE html>
<html>
    <head>
        <meta charset="UTF-8">
        <title> chapter4.4.html </title>
    </head>
    <body>
```

```
<p><a href="img/map.jpg">点我链接到图片上</a></p>
<p><a href="media/SHE-不想长大.wav">点我链接到声音上</a></p>
<p><a href="media/LX92.AVI">点我链接到视频上</a></p>
<p><a href="test.docx">点我链接到 word 文件上</a></p>
</body>
</html>
```

在超链接中，除了文本可以实现超链接，图片、音频、视频、其他应用程序都可以实现链接功能。如果是浏览器不能识别的类型，一般浏览器会弹出文件下载对话框，进行提示。

超链接<a>中的 href 属性指向链接的目标，目标可以是各种类型的文件(文本、图片、音频、视频等)。如果是浏览器能够识别的类型，会直接在浏览器中显示；如果是浏览器不能识别的类型，在浏览器，比如 IE 浏览器中就会弹出文件下载对话框。

在浏览器中打开网页文件 chapter4.4.html，页面效果如图 4-6 所示，超链接分别链接到图片、声音、视频和其他应用程序。

图 4-6　链接到各种类型文件的页面效果

4.2.2　电子邮件链接

在某些网页中，当访问者单击某个链接以后，会自动打开电子邮件客户端软件(如 Outlook 或 Foxmail 等)向某个特定的 E-mail 地址发送邮件，这个链接就是电子邮件链接。电子邮件链接的格式如下：

```
<a href="mailto:电子邮件地址">链接文本</a>
```

【实例 4.5】电子邮件链接，文件名称为 chapter4.5.html，内容如下：

```
<!DOCTYPE html>
<html>
    <head>
        <meta charset="UTF-8">
        <title>电子邮件链接</title>
    </head>
    <body>
        <p>南京信息职业技术学院</p>
        <p>通信地址：南京仙林大学城文澜路 99 号/p>
        <p>邮编：210023</p>
        <p>主页地址：http://www.njcit.cn</p>
        <p><a href="mailto:zhangwen@njcit.cn">联系我们</a></p>
    </body>
</html>
```

在浏览器中打开网页文件 chapter4.5.html，页面效果如图 4-7 所示，单击"联系我们"，会自动弹出电子邮件客户端窗口以编写电子邮件。

图 4-7 链接到电子邮件的页面效果

4.2.3 锚点链接

如果网页内容较多，页面过长，浏览网页时就需要不断地拖动滚动条，来查看所需要的内容，这样效率较低且不方便。为了加快信息检索的速度，HTML 提供了一种特殊的链接——锚点链接，通过创建锚点链接，能够较快定位到目标内容。

锚点链接的格式如下：

```
<a href="#id 名">链接文本</a>
```

【实例 4.6】锚点链接，文件名称为 chapter4.6.html，内容如下：

```
<!doctype html>
<html>
<head>
<meta charset="utf-8">
<title>chapter4.5 html</title>
</head>
<body>
课程介绍：
<ul>
<li><a href="#one">平面广告设计</a></li>
<li><a href="#two">网页设计与制作</a></li>
<li><a href="#three">Flash 互动广告动画设计</a></li>
<li><a href="#four">用户界面(UI)设计</a></li>
<li><a href="#five">JavaScript 与 JQuery 网页特效</a></li>
</ul>
<h3 id="one">平面广告设计</h3>
<p>课程涵盖 Photoshop 图像处理、Illustrator 图形设计、平面广告创意设计、字体设
计与标志设计。</p>
<br /><br /><br /><br /><br /><br /><br /><br /><br /><br /><br /><br
/><br /><br />
<h3 id="two">网页设计与制作</h3>
<p>课程涵盖 DIV+CSS 实现 Web 标准布局、Dreamweaver 快速网站建设、网页版式构图与
设计技巧、网页配色理论与技巧。</p>
<br /><br /><br /><br /><br /><br /><br /><br /><br /><br /><br /><br
/><br /><br />
<h3 id="three">Flash 互动广告动画设计</h3>
<p>课程涵盖 Flash 动画基础、Flash 高级动画、Flash 互动广告设计、Flash 商业网站设
计。</p>
<br /><br /><br /><br /><br /><br /><br /><br /><br /><br /><br /><br
/><br /><br />
<h3 id="four">用户界面(UI)设计</h3>
<p>课程涵盖实用美术基础、手绘基础造型、图标设计与实战演练、界面设计与实战演练。</p>
<br /><br /><br /><br /><br /><br /><br /><br /><br /><br /><br /><br
/><br /><br />
<h3 id="five">JavaScript 与 JQuery 网页特效</h3>
<p>课程涵盖 JavaScript 编程基础、JavaScript 网页特效制作、JQuery 编程基础、JQuery
网页特效制作。</p>
</body>
</html>
```

在浏览器中打开网页文件 chapter4.6.html，页面效果如图 4-8 所示。

创建锚点链接分为两步：

(1) 使用<a href="#id 名">链接文本</a> 创建链接文本。

(2) 使用相应的 id 名标注跳转目标的位置。

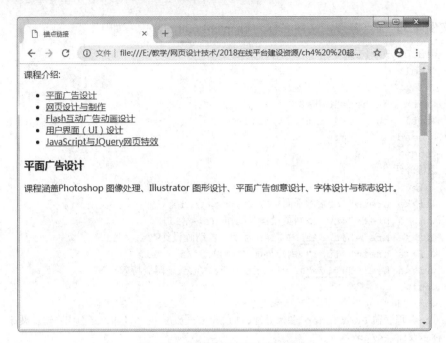

图 4-8   创建锚点链接的页面效果

 ## 4.3   浮动框架 iframe

HTML5 中已经不支持 frameset 框架，但是它仍然支持 iframe 浮动框架的使用。浮动框架可以自由控制窗口大小，可以配合表格随便地在网页中的任何位置插入窗口。实际上就是在窗口中再创建一个窗口。

使用 iframe 创建浮动框架的语法格式如下：

```
<iframe src="链接对象"></iframe>
```

其中 src 表示浮动框架中显示对象的路径，可以是绝对路径，也可以是相对路径。

【实例 4.7】用浮动框架显示百度网站，文件名称为 chapter4.7.html，内容如下：

```
<!DOCTYPE html>
<html>
    <head>
        <meta charset="UTF-8">
        <title>chapter4.7.html</title>
    </head>
    <body>
      <iframe src="http://www.baidu.com/"></iframe>
    </body>
</html>
```

在浏览器中打开网页文件 chapter4.7.html，页面效果如图 4-9 所示，单击链接文本，可以链接到百度网站。

图 4-9 设置 iframe 浮动框架的页面效果

从预览结果可见，浮动框架在页面中又创建了一个窗口，默认情况下浮动框架的宽度和高度为 220px×120px。如果需要调整浮动框架尺寸，请使用 CSS 样式。修改上述浮动框架尺寸，需在<head>标记部分增加如下 CSS 代码。页面效果如图 4-10 所示。

```
<style>
    iframe{
        width:1000px;
        height:600px;
        border:none;
    }
</style>
```

图 4-10 修改高度和宽度的浮动框架效果

说明：在 HTML4.0 中 iframset 支持很多其他的属性，比如 align、frameborder、height、scrolling，但是在 HTML5 中，iframe 仅支持 src 属性，不支持其他属性。

4.4　回到工作场景

通过 4.2~4.3 节内容的学习，已经学习了 a 标记、iframe 标记的使用，掌握了使用 a 标记来实现各种链接、使用 iframe 标记来实现网页的插入。下面回到前面介绍的工作场景中，完成工作任务。

【工作过程一】通过超链接，来实现不同网页之间的跳转。

创建网页，文件名为 chapter4.8.html，内容如下：

```
<!DOCTYPE html>
<html>
    <head>
        <meta charset="UTF-8">
        <title>chapter4.8.html</title>
    </head>
<body bgcolor="#000000">
    <center>
    <font color="#FFFFFF" size="+5" face="华文仿宋"> Flash Mx</font><br/>
    <hr/>
    <a href="chapter4.8.1.html"><img src="img/406.jpg" /></a> 
    <a href=" chapter4.8.2.html"><img src="img/407.jpg" /></a> 
    <a href=" chapter4.8.4.html"><img src="img/405.jpg" /></a><br/>
    <img src="img/408.GIF" />
    </center>
</body>
</html>
```

页面效果如图 4-11 所示。

图 4-11　超链接首页页面效果

其中"内容简介""素材说明""实例欣赏"是图片链接，分别链接到不同的页面上。
单击"内容简介"，进入到 chapter4.8.1.html 文件，代码如下：

```
<!DOCTYPE html>
<html>
    <head>
        <meta charset="UTF-8">
        <title>chapter4.8.1.html</title>
    </head>
<body>
    <center>
    <h2>音乐的表现力</h2>
    </center>
    <pre>
    <font size="5">
    汉语、英语和德语都是语言，音乐也是一种语言。虽然这两类语言的构成和表现力不同，但都
是人的心声。作为音响诗人，莫扎特是了解自己的，他是一位善于扬长避短、攀上音乐艺术高峰的旷
世奇才。他自己也说过：
    <img src="img/402.GIF" align="left">
    <font face="黑体" size="5">
    "我不会写诗，我不是诗人也不是画家。我不能用手势来表达自己的感情：我不是舞蹈家。但
我可以用声音来表达这些：因为，我是一个音乐家。"
    </pre>
</body>
</html>
```

实现效果如图 4-12 所示。

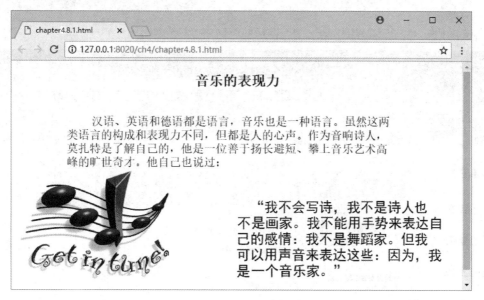

图 4-12　超链接子页面效果(1)

单击"素材说明"，进入到 chapter4.8.2.html 文件，实现效果如图 4-13 所示。

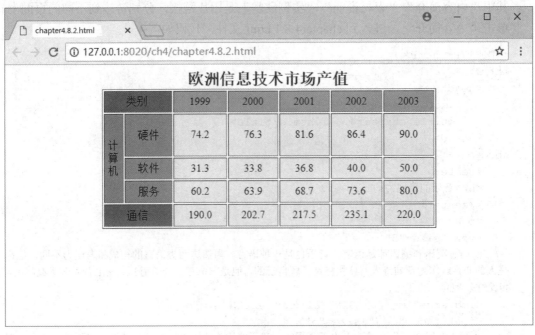

图 4-13　超链接子页面效果(2)

【工作过程二】使用 iframe 标记，配合表格来实现超链接。

本实例主要通过表格和 iframe 标记实现一个个人静态网站，其中 ifame 控制主页面和菜单栏，用表格实现菜单栏的对齐页面效果如图 4-14 所示。

图 4-14　个人网站首页效果

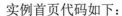

实例首页代码如下：

```
<!doctype html>
<html>
<head>
<meta charset="utf-8">
<title>综合实例 2-首页</title>
</head>
<body>
<table width="1281" height="561" border="0" cellspacing="0">
  <tr>
    <td height="194" colspan="2"><img src="image/main_img.jpg" width=1263px
height=194px;></td>
  </tr>
    <tr>
<td width="169" height="400">
<iframe src="left.html" width="169" height="600" ></iframe>
</td>
<td width="1112">
<iframe src="main.html" width="1102" height="600" name="display" ></iframe>
</td>
  </tr>
    <tr>
    <td colspan="2" bgcolor="#FFFFFF"><font color="#FF00FF" size="+2">欢迎
光临本网站，版权所有：*****</font></td>
  </tr>
</table>
</body>
</html>
```

实例左侧菜单栏代码如下：

```
<!doctype html>
<html>
<head>
<meta charset="utf-8">
<title>综合实例 2-左侧菜单栏</title>
</head>
<body bgcolor="#FFFFCC">
<table width="148" height="564" align="center" >
<tr>
<td height="73"><a href="introduce.html" target="display" > 自我介绍
</a></td>
</tr>
<tr>
<td height="61"><a href="photo.html" target="display" > 个人写真</a></td>
</tr>
<tr>
<td height="54"><a href="input.html" target="display" > 用户注册</a></td>
</tr>
```

```
<tr>
<td height="61"><a href="diary.html" target="display" >我的日志</a></td>
</tr>
<tr>
<td height="62"><a href="Forecast.html" target="display" >给我留言</a></td>
</tr>
<tr>
<td><p><a href="Forecast.html" target="display" >友情链接</a></p></td>
</tr>
</table>
</body>
</html>
```

本实例内容较多，其他部分的代码和实现结果请读者下载源代码进行学习。

 ## 4.5 工作实训营

4.5.1 训练实例

1．训练内容

自行设计一个页面，创建嵌套表格，在表格中加入图像和超链接，网页围绕一个主题合理布局。

2．训练目的

➢ 掌握外部链接的使用。
➢ 掌握锚点链接的使用。
➢ 掌握浮动框架的使用。

3．训练过程

参照 4.3 节中的操作步骤。

4．技术要点

注意网页上超链接的格式和浮动框架属性的设置。

4.5.2 工作实践常见问题解析

【常见问题】为什么初学者网页的超链接样式和我们平时看到网站的不一样？

【答】目前，各大浏览器对于 a 标签都是支持的，但对于某些属性，较高版本的浏览器是不支持的。此外，在所有浏览器中，链接的默认外观是：
➢ 未被访问的链接带有下划线而且是蓝色的。
➢ 已被访问的链接带有下划线而且是紫色的。

> 活动链接带有下划线而且是红色的。

如果想更改超链接的属性，可以在后面 CSS 部分进行修改超链接的各种设置。

 ## 4.6　本章小结

一个网站通过各种形式的超链接将各个页面联系起来，形成一个整体，这样浏览者可以通过单击网页中的超链接找到自己所需的网页和信息。

a 标记是 HTML 标签中实现超链接的重要标签。通过 a 标记可以实现网页之间的链接，网页与图片、多媒体元素等各种应用程序之间的链接；同时可以实现电子邮件链接、锚点链接等。

通过 iframe 标记可以创建包含另外一个文档的内联框架(即行内框架)，可以在 iframe 标记中实现图片、文件的嵌入；iframe 标记也可以和表格等配合使用，实现网页框架的控制。

4.7　习　题

一、单项选择题

1. 如果在 catalog.htm 中包含如下代码: <A HREF="#novel">小说</a>，则该 HTML 文档在浏览器中打开后，用户单击此链接将(　　)。

    A. 使页面跳转到同一文件夹下名为 "novel.html" 的 HTML 文档

    B. 使页面跳转到同一文件夹下名为 "小说.html" 的 HTML 文档

    C. 使页面跳转到 catalog.htm 包含名为 "novel" 的锚记处

    D. 使页面跳转到同一文件夹下名为 "小说.html" 的 HTML 文档中名为 "novel" 的锚记处

2. 若超链接的 href 属性，需要链接到 list 页面中的 one 锚点，以下书写正确的是(　　)。

    A. list.html　　　　B. #one.list　　　　C. list#one　　　　D. list.html#one

3. 下列选项中，不属于 "target" 属性值的是(　　)。

    A. _double　　　　B. _self　　　　C. _new　　　　D. _blank

二、填空题

1. 创建邮件链接时，a 元素的 href 属性应以＿＿＿＿＿＿＿开头。

2. 在新的窗口打开链接时，target 属性值为＿＿＿＿＿＿＿；在父窗口打开链接时，target 属性值为＿＿＿＿＿＿＿；在原来的窗口打开链接时，target 属性值为＿＿＿＿＿＿＿。

3. 在指定页内超链接时，若在某一个位置使用<a ＿＿＿＿＿＿＿="target">锚点</a>语句定义了锚点，那么应使用以下语句，以便在单击超链接时跳转到锚点定义的位置: <a href=＿＿＿＿＿＿＿>锚点链接。

三、操作题

1. 实现网址链接，文件名为 ex4.1.html，页面效果如图 4-15 所示。单击主页的网址 http://www.phei.com.cn 到指定的网页。

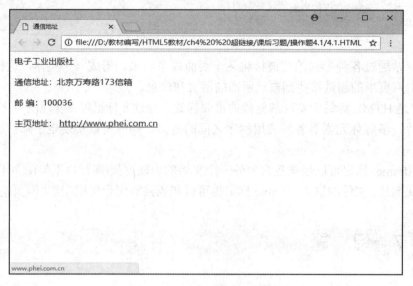

图 4-15　网址链接的效果图

2. 创建网页实现图片链接，文件名为 ex4.2.html，页面效果如图 4-16 所示。单击页面上的图片链接到指定的网页。

图 4-16　图片链接的效果图

3. 创建页面实现嵌套表格，文件名为 ex4.3.html，页面效果如图 4-17 所示。在表格中加入图像和超链接，网页围绕一个主题合理布局。

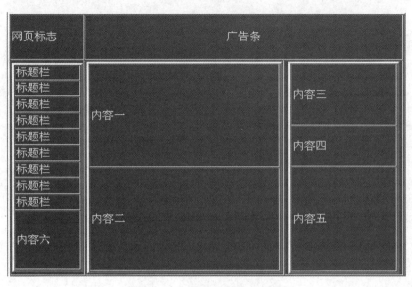

图 4-17　表格嵌套的效果图

第 5 章

表　单

 本章要点

- 表单 form 标记与基本属性
- 表单控件与相关属性

📖 技能目标

- 掌握使用标记 form 创建表单。
- 掌握表单元素 input 类控件的使用。
- 掌握列表与下拉菜单的使用。
- 掌握多行文本框的使用。
- 掌握表单元素的布局。

5.1 工作场景导入

【工作场景】

如何接收客户端不同用户类型的输入，向服务器端提交数据，服务器根据用户提交的信息将处理或者保存。表单由不同类型的数据输入框、控件、单选按钮和提交按钮等组成，提供与用户进行交互的手段或方式。

表单常常用于实现用户注册、登录页面。下面就利用表单中的元素控件完成用户登录、注册页面。

【引导问题】

(1) 如何设置 action、method、name 等属性？

(2) 如何添加\<input\>元素到页面并设置属性？

(3) 如何添加\<select\>元素(下拉列表)到页面并设置属性？

(4) 如何添加\<textarea\>元素定义多行输入字段(文本域)到页面并设置属性？

(5) 如何使用\<fieldset\>元素组合表单中的相关数据？

 ## 5.2 表单标记

表单是 HTML5 中非常重要的控件，表单的主要功能是接收用户的输入，及向服务器传输数据，实现用户浏览器与服务器之间信息的交互。要创建一个完整的表单，使用\<form\>标签开始，\</form\>结束，即定义表单域；如果不定义表单域，表单中的信息就无法传递到后台服务器。表单就像一个容器，可包含许多表单控件。本章首先介绍表单 form 标签及相关属性，如输入类元素、多行文本框控件、表单布局元素以及 HTML5 新增的元素及属性。

其对应的语法格式如下：

```
<form  name="表单名称"  action="表单处理程序 URL 地址"  method="提交方式">
    表单控件
</form>
```

5.2.1 设置表单名称的 name 属性

为了便于访问表单域中的数据，区分每个表单，每个表单需定义名称，name 属性用于给表单命名，一般会设置一个与表单完成功能相符合的名称。例如，注册页面可以命名为 register。登录页面可以命名为 login，其语法格式如下：

```
<form  name="login">
    表单控件
</form>
```

5.2.2　表单的 action 属性

表单接收到用户输入的数据后，需要发送到服务器端处理，属性 action 用于设置 Web 服务器端处理脚本程序的地址。这个地址可以是绝对地址、相对地址、邮件地址等。例如：

```
<form action="http://sem.buaa.edu.cn/get.jsp">
```

这段代码指定了处理此表单的程序 get.jsp，它位于服务器 sem.buaa.edu.cn 的根目录下。

5.2.3　设置表单提交方式的 method 属性

属性 method 用于设置表单的数据提交方式，当获取到表单中数据并单击"提交"按钮时，它决定表单是以什么形式传递数据，其值可为 post 或者 get。其默认值为 get。

当 method="get"时，表单中要提交的数据会附加在地址栏 URL 之后，发送到服务器，这种方式数据不安全，保密性差，并且对数据的长度有限制。例如以下标记

```
<form  action="URL"  method = "get">
```

提交给服务器的形式是：

```
"URL? name1 = value1 & name2 = value2 …"
```

其提交数据总量被限制在 255 个字符以内。

当 method="post"时，发送的数据与 URL 地址是分开传输的，对数据长度没有限制，浏览器将与 action 属性中指定的表单处理服务器建立联系，一旦建立连接之后，浏览器就会按分段传输的方法将数据发送给服务器。传输的速度比 get 慢，但数据安全保密性要比 get 高。

设置表单提交方式的语法格式如下：

```
<form  name="login"  method="提交方式">
    表单控件
</form>
```

5.3　设置表单输入的 input 标记

表单的 input 标记用于搜集用户信息，限定表单内的输入区域，不同的输入方式可以表示成文本框、密码框、单选按钮、复选框、隐藏域、文件域、图片形式的图像按钮、"提交"按钮、"重置"按钮或"取消"按钮。以上这些是由属性 type 指定的，type 属性的值可为 text、radio 和 checkbox 等。input 标记的属性如表 5-1 所示。

表 5-1　input 标记的属性

属性名	描述说明
type	text、password、radio、checkbox、hidden、file、submit、reset、button
name	控件名称
size	该控件在页面中显示的宽度
maxlength	type=text、password 时，用户在该控件中输入的信息的最大长度
value	该控件显示的默认值
readonly	该文本框中的内容只能读

5.3.1　文本框

input 标记中的 type 属性为 text 时，表单输入控件为文本框，允许用户输入单行的文本，输入的内容为文本、数字或者字母。一般这个控件用来输入用户名、地址和电子邮件等信息。其语法格式如下：

```
<input type="text"  name=""  size=" "  maxlength=" "  value=" " readonly=" "
disable=" "  checked=" " >
```

其中的属性如表 5-2 所示。

表 5-2　文本框的属性

属性名	描述说明
type	值为 text 表示文本框
name	文本框名称，用于区别不同的文本框
size	文本框在页面中显示的宽度
maxlength	用户在文本框中输入信息的最大长度
value	文本框初始显示的默认值
readonly	此属性设置为真时，文本框中的内容只能读，不能修改编辑
disable	此属性设置为真时，禁用文本框，该文本框内容不可控，不可选择或修改

【实例 5.1】设置添加用于输入用户相关信息的文本框，文件名称为 chapter5.1.html，内容如下：

```
<html>
  <head>
    <title>文本域</title>
      <meta http-equiv ="content-type" content="text/html;charset=UTF-8" >
  </head>
<body>
    <form name="myform">
      <p>姓名: <input type="text" name="name" value = "请输入姓名"/></p>
```

```
      <p>性别: <input type="text" name="gender" maxlength = "1"/></p>
      <p>Email: <input type="text" name="email" size="35" /></p>
      <p>PIN: <input type="text" name="pin" size="18" /></p>
      <input type="submit" value="Submit" />
    </form>
  </body>
</html>
```

在浏览器中打开网页文件chapter5.1.html，页面效果如图 5-1 所示。

5.3.2　密码框

表单中密码框表示的是用户输入的内容，在页面上内容以 "*" 或者黑色实心圆点显示。其语法格式如下：

图 5-1　设置单行文本框的页面效果

```
<input type="password" name="密码
控件名称" size="显示的长度"
maxlength=" " value=" " readonly="
" disable=" " checked=" ">
```

其属性基本同文本框一样，具体属性参数如表 5-3 所示。

表 5-3　密码框的属性

属性名	描述说明
type	值为 password，表示密码框类型
name	密码框名称
size	密码框在页面中显示的宽度
maxlength	用户在密码框中输入密码的最大长度
value	密码框初始显示的默认值
readonly	该属性设置为真时，密码框中的内容只能读，不能修改或编辑
disable	该属性设置为真时，禁用密码框，该密码框内容不可用，并且不可选择或修改

【实例5.2】设置添加密码框，文件名称为 chapter5.2.html，内容如下：

```
<html>
  <head>
    <title>密码域</title>
    <meta http-equiv="content-type" content="text/html;charset=UTF-8">
  </head>
  <body>
    <form
action="http://www.w3school.com.cn/example/html/form_action.asp">
      <p>用户名: <input type="text" name="username"/></p>
      <p>密码: <input type="password" name="password" maxlength = "8"/></p>
```

```
          <input type="submit" value="Submit" />
    </form>
    </body>
</html>
```

在浏览器中打开网页文件 chapter5.2.html，页
面效果如图 5-2 所示。

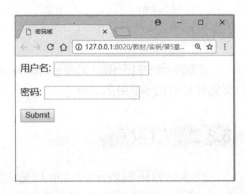

图 5-2　表单中的密码框

5.3.3　单选按钮

单选按钮也是设计表单时常用的控件，使用
<input>标记创建，type 取值为"radio"，在页面
上以圆框表示。如在用户填写信息时，有些内容
需要在多项中选择一个，则采用单选按钮来实现。
一般选项都是成组出现的，一组单选按钮有相同
的 name 值，每个 radio 设置不同的 value 值(传送
到服务器中)，但只能选择一个。其对应的语法格式如下：

```
<input type="radio" name="radio1" value="value1" />选项 1
<input type="radio" name="radio1" value="value2" />选项 2
<input type="radio" name="radio1" value="value3" />选项 3
```

其属性对应参数如表 5-4 所示。

表 5-4　单选按钮的属性

属 性 名	描述说明
type	值为 radio，表示单选按钮
name	单选按钮名称，用于区别不同组单选按钮，同一组 name 要求相同，必须相同，它们才能互斥
value	表示提交时传到服务器上的值
readonly	单选按钮的内容只能读，不能修改或编辑
checked	当值为"checked"表示该单选按钮被选中，其中用圆点标注

【实例 5.3】设置添加用于选择性别的单选按钮，文件名称为 chapter5.3.html，内容如下：

```
<!DOCTYPE html>
<html>
   <head>
      <title>单选按钮</title>
       <meta http-equiv="content-type" content="text/html;charset=UTF-8">
   </head>
   <body>
      <form action="http://www.w3school.com.cn/example/html/form_action.asp">
         男: <input type="radio" name="gender" value="male" checked="checked"/>
         女: <input type="radio" name="gender" value="female" />
```

```
      <input type="Submit" value="Submit" />
    </form>
  </body>
</html>
```

在浏览器中打开网页文件 chapter 5.3.html，页面效果如图 5-3 所示。

图 5-3 设置单选按钮的页面效果

5.3.4 复选框

在网页上，经常要进行多项选择，如在用户网上购物时，用户可以同时挑选多个商品，一般可以采用复选框来实现。又如当用户注册会员时，系统会保存用户的爱好，爱好可以是多个，则可采用复选框来实现。将复选框添加到网页上，type 取值为“checkbox”，其实现的语法如下：

```
<input type="checkbox" name="checkbox1" vlaue="value1" checked >或
<input type="checkbox" name="checkbox1" vlaue="value1" checked="checked" >
```

其属性对应参数如表 5-5 所示。

表 5-5 复选框的属性

属 性 名	描述说明
type	值为 checkbox，表示复选框
name	复选框名称，用于区别不同组复选框
value	表示提交时传到服务器上的值
readonly	复选框的内容只能读，不能修改、编辑
checked	当值为“checked”表示该复选框被选中，其中用对号标注

【实例 5.4】设置用于选择运动类型的复选框，文件名称为 chapter5.4.html，内容如下：

```
<html>
  <head>
    <title>复选框</title>
    <meta http-equiv="content-type" content="text/html;charset=UTF-8">
```

```
    </head>
    <body>
        <form
action="http://www.w3school.com.cn/example/html/form_action.asp">
        选择你喜欢的运动：<br/>
            <input type="checkbox" name="football" value = "f"/>足球<br/>
            <input type="checkbox" name="basketball" value = "b"/>篮球<br/>
            <input type="checkbox" name="volleyball" value = "v"/>排球<br/>
            <input type="submit" value="Submit" />
        </form>
    </body>
</html>
```

在浏览器中打开网页文件 chapter5.4.html，
页面效果如图 5-4 所示。

图 5-4　设置复选框的页面效果

5.3.5　文件域

在网页上，定义文件域，type 的取值为
"file"。一般是上传文件传送给服务器时，
需要填写文件的路径，可以采用此控件完成。
其语法格式如下：

```
<input type="file" name="field-id"  size="n"  accept="file-type">
```

对应属性参数如表 5-6 所示。

表 5-6　文件域的属性

属　性　名	描述说明
type	值为 file，表示文件域
name	控件名称
size	输入框的实际大小
accept	上传文件的类型

【实例 5.5】设置上传文件控件，文件名称为 chapter5.5.html，内容如下：

```
<!DOCTYPE html>
<html>
    <head>
        <title>文件上传</title>
            <meta http-equiv="content-type" content="text/html;charset=UTF-8">
    </head>
    <body>
    <form
action="http://www.w3school.com.cn/example/html/form_action.asp">
        <input type="file" name="f"/>
        <input type="submit" value="提交" />
```

```
        </form>
    </body>
</html>
```

在浏览器中打开网页文件 chapter5.5.html，
页面效果如图 5-5 所示。

5.3.6　按钮

图 5-5　设置文件域的页面效果

1. Button 按钮

在网页中，普通按钮也是常见的，普通按钮一般是通过使用脚本来确定按钮的功能。
其语法格式如下：

```
<input type = "button" name="button-id"  value="button-label-text"
onclick="script">
```

或者：

```
<button type ="button|submit|reset"  name="button-id"
value="init-label-text" onclick="script">按钮上显示内容
</button>
```

onclick 属性：给出了当按钮被单击时激活脚本的名称，script 为执行的脚本内容。

<button>标记等价于<input type ="button">，但<button>标记提供了更为灵活的样式
定义。

2. 图片按钮

图片按钮是指可以用在"提交"按钮位置的图片，这个图片有按钮的功能。为了使页
面更丰富、更美观，可以使用图片作为提交按钮，其语法格式为：

```
<input  type="image" src="image-url" height="n"  width="m"
alt="alternative-text" border="0">
```

其中的属性如表 5-7 所示。

表 5-7　图片按钮的属性

属 性 名	描述说明
type	值为 image，表示在默认情况下只可用作提交按钮，而不能作为重置按钮
src	源图片文件的 URL
width	图片的宽度
height	图片的高度
alt	设置此属性，当无法看到图片时，仍然可以提交表单

3. 提交、重置按钮

单击"提交"按钮，会把表单中的信息提交到<form>标记的 action 属性所指定的 URL

程序中处理，并按照<form>标记中 method 属性所指定的 http 查询类型的方式进行提交。其语法格式如下：

```
<input type="submit" value="提交">
```

重置按钮，是把表单中的所有控件设置为初始状态。其语法格式如下：

```
<input type="reset" value="重置">
```

【实例 5.6】实现四种不同类型的按钮，文件名称为 chapter5.6.html，内容如下：

```
<html>
  <head>
    <title>按钮</title>
    <meta http-equiv="content-type" content="text/html;charset=UTF-8">
    <script type="text/javascript">
      function msg() {
        alert("Hello world!");
      }
    </script>
  </head>
  </head>
  <body>
  <form action="http://www.w3school.com.cn/example/html/form_action.asp">
    <p>First name: <input type="text" name="fname" /></p>
    <p>Last name: <input type="text" name="lname" /></p>
    <input type="submit" value="提交" />
    <input type="reset" value="重置" />
    <input type="button" value="按这里" onclick="msg()"/>
    <input type="image"  src = "img/hand.png" alt="提交"/>
  </form>
 </body>
</html>
```

在浏览器中打开网页文件 chapter5.6.html，页面效果如图 5-6 所示。

图 5-6　设置不同类型的按钮的页面效果

5.3.7　隐藏域

在网页中添加隐藏域，其 type 的取值为"hidden"。隐藏域的内容不在页面中显示出来，用户在屏幕上不会看到该控件的任何迹象，也无法更改该控件的内容，但<input>标记的 value 属性作为表单数据随着 name 属性传送出去。其语法格式如下：

```
<input type="hidden"  name="名称"  value="值"/>
```

【实例 5.7】实现隐藏域，文件名称为 chapter5.7.html，内容如下：

```html
<!DOCTYPE html>
<html>
  <head>
    <title>隐藏域</title>
      <meta http-equiv="content-type" content="text/html;charset=UTF-8">
  </head>
  <body>
    <form action="http://www.w3school.com.cn/example/html/form_action.asp">
      <p>First name: <input
type="text" name="fname" /></p>
      <p>Last name: <input
type="text" name="lname" /></p>
      <input type = "hidden" name
= "type" value = "secret"/>
      <input type="submit"
value="提交" />
    </form>
  </body>
<html>
```

在浏览器中打开网页文件 chapter5.7.html，
页面效果如图 5-7 所示。

图 5-7　设置隐藏域的页面效果

 ## 5.4　下拉列表框

下拉列表框，一般是在选择项比较多的时候用到，比单选按钮节省页面空间。表单中
下拉列表框是采用标记<select>和<option>实现的，其对应的语法格式如下：

```html
<select  name="text-id"  size="n" multiple>
  <option value="choice-id 1" selected>textlabel1</option>
   ……
  <option value="choice-id m" selected>textlabel</option>
</select>
```

其中的属性如表 5-8 所示。

表 5-8　下拉列表框的属性

属　性　名	描述说明
size	窗口中显示的选项数，默认值为1<size>，则下拉列表将变为滚动菜单
multiple	将选择区域设置为可以接收任意数目的选项，按下 Ctrl 键单击选项即可选择多个选项
option	具体设置选项
value	标示列表中的项目，被选中选项的 value 属性与表单数据一起发送给表单处理程序。如果没有设置 value 属性，那么将用选项的内容代替
selected	指定默认选项，可以设置多个默认项，但必须使用 multiple

【**实例** 5.8】添加选择球类型的下拉列表，文件名称为 chapter5.8.html，内容如下：

```html
<html>
   <head>
     <title>下拉列表框</title>
       <meta http-equiv="content-type" content="text/html;charset=UTF-8">
   </head>
   <body>
    <form action="http://www.w3school.com.cn/example/html/form_action.asp">
       <select name = "sports">
          <option value = "football">足球</option>
          <option value = "basketball">篮球</option>
          <option value = "volleyball"
selected="selected">排球</option>
       </select>
       <input type="submit" value=
"提交" />
    </form>
   </body>
</html>
```

在浏览器中打开网页文件 chapter5.8.html，
页面效果如图 5-8 所示。

图 5-8　设置下拉列表框的页面效果

5.5　文本域

在网页中，一般用来发表评论或者是输入较多的内容时，可采用文本域(也称多行文本框)标记<textarea></textarea>来实现。其对应的语法格式如下：

```html
<textarea name="text-id" rows="n" cols="m" wrap="virtual|physical|off"
readonly>
    initial content
</textarea>
```

其中的属性如表 5-9 所示。

表 5-9　属性表

属 性 名	描述说明
name	控件名称
rows	rows 指定文本域的高度
cols	cols 指定文本域的宽度
wrap	wrap 属性设置为 virtual 或 physical。当用户输入的一行文本长于文本域的宽度时，浏览器会自动将多余的文字挪到下一行，在文字中最近的那一点换行
readonly	表示只能读内容，不能修改编辑

【实例 5.9】添加用于评论的文本域，文件名称为 chapter5.9.html，内容如下：

```html
<!DOCTYPE html>
<html>
  <head>
    <title>文本域</title>
      <meta http-equiv="content-type" content="text/html;charset=UTF-8">
  </head>
  <body>
    <form action="http://www.w3school.com.cn/example/html/form_action.asp">
          评论：<br/>
      <textarea name = "comment" rows = "8" cols = "15">请在这里输入</textarea>
      <br/>
      <input type="submit" value="提交" />
    </form>
  </body>
</html>
```

在浏览器中打开网页文件 chapter5.9.html，页面效果如图 5-9 所示。

图 5-9　设置文本域的页面效果

5.6　表单分组

<fieldset>元素可将表单内的相关元素分组。<legend>元素为 fieldset 提供了标题。其语法格式如下：

```html
<fieldset>
    <legend>标题</legend>
</fieldset>
```

【实例 5.10】设置表单元素的分组，文件名称为 chapter5.10.html，内容如下：

```html
<!DOCTYPE html>
<html>
  <head>
    <title>表单分组</title>
      <meta http-equiv="content-type" content="text/html;charset=UTF-8">
```

```
     </head>
     <body>
       <form>
         <fieldset>
           <legend>health information</legend>
           height: <input type="text"/><br/>
           weight: <input type="text"/>
         </fieldset>
       </form>
     </body>
</html>
```

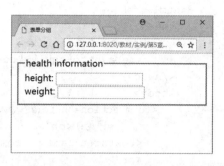

在浏览器中打开网页文件 chapter5.10.html，页面
效果如图 5-10 所示。

图 5-10 设置表单分组的页面效果

 ## 5.7 快捷键及提示

accesskey 属性可以按照 Tab 键的跳转顺序，或者设置 accesskey = "字母" 时可以通过直接按 Alt + 字母访问该表单项。

【实例 5.11】设置 Tab 键，可以实现按 tabindex 属性值的顺序跳转访问该表单项，同时也可以直接点击 Alt + 字母访问该表单项，文件名称为 chapter5.11.html，内容如下：

```
<!DOCTYPE html>
<html>
  <head>
    <title>快捷键</title>
      <meta http-equiv="content-type" content="text/html; charset=UTF-8">
  </head>
  <body>
  <form>
    <fieldset>
      <legend>health information</legend>
        age:<input type="text"
accesskey = "a"/><br/>
        gender:<input type=
"text"  accesskey = "g" title =
"请输入男或者女"/><br/>
        height: <input  accesskey =
"h" type="text"/><br/>
    </fieldset>
  </form>
  </body>
</html>
```

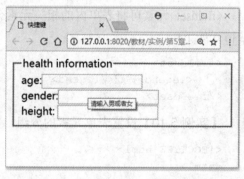

在浏览器中打开网页文件 chapter5.11.html，
页面效果如图 5-11 所示。

图 5-11 设置快捷键及提示的页面效果

5.8　HTML5 新增元素

5.8.1　input 元素

1. url 类型

input 元素里的 type="url"表示该文本框是专门用来输入 URL 地址的。表单提交时，若输入的不是 URL 时，则提示内容不符合要求。其语法格式如下：

```
<input type="url"  name="user_url" />
```

【实例 5.12】设置 url 类型控件，文件名称为 chapter5.12.html，内容如下：

```
<!DOCTYPE html>
<html>
    <head>
        <meta charset="UTF-8">
        <title>URL</title>
    </head>
    <body>
        <form  method="get">
            某网址: <input type="url" name="URL" /><br />
            <input type="submit" value="提交"/>
        </form>
    </body>
</html>
```

在浏览器中打开网页文件 chapter5.12.html，页面效果如图 5-12 所示。

2. email 类型

input 元素里的 type="email"，则表示用户在文本框中输入的 E-mail 地址，只是验证是否符合 E-mail 地址的要求，不对地址是否存在进行验证；若不是 E-mail 地址，提示不允许提交表单。其语法格式如下：

图 5-12　设置输入 url 类型控件的页面效果

```
<input type="email"  name="user_email" />
```

【实例 5.13】实现了用于输入 E-mail 地址的文本框，并且在点击提交按钮时，会对在该文本框中输入的内容是否为邮件地址进行验证，文件名称为 chapter5.13.html，内容如下：

```
<!DOCTYPE html>
<html>
    <head>
        <meta charset="UTF-8">
```

```
        <title>E-mail</title>
    </head>
    <body>
        <form method="get">
           E-mail: <input type="email"
name="user_email" /><br />
           <input type="submit" />
        </form>
    </body>
</html>
```

图 5-13　设置 email 类型控件的页面效果

在浏览器中打开网页文件 chapter5.13.html，页面效果如图 5-13 所示。

3. date 类型

input 元素中 type="date"表示该控件用于输入日期，例如要输入购物日期、发布日期等。以弹出日历的形式由用户选择填入。其语法格式如下：

```
<input type="date"  name="date" />
```

【实例 5.14】设置 date 日期控件，文件名称为 chapter5.14.html，内容如下：

```
<!DOCTYPE html>
<html>
  <head>
      <meta charset="UTF-8">
      <title>Date</title>
  </head>
  <body>
    <form method="get">
        订购日期: <input type="date" name="date" /><br />
    <input type="submit" />
    </form>
  </body>
</html>
```

在浏览器中打开网页文件 chapter5.14.html，页面效果如图 5-14 所示。

4. time 类型

Input 元素中 type="time"表示该文本框控件用于输入时间。会对文本框中的时间有效性进行验证。

【实例 5.15】设置 time 类型控件，文件名称为 chapter5.15.html，内容如下：

```
<!DOCTYPE HTML>
<html>
  <head>
    <title>time</title>
    <meta http-equiv="content-type" content="text/html;charset=UTF-8">
  </head>
  <body>
```

```
<form method="get">
        提交时间：<input type="time" name="time" /><br />
    <input type="submit" value="提交" />
    </form>
  </body>
</html>
```

在浏览器中打开网页文件 chapter5.15.html，页面效果如图 5-15 所示。

input 中 type="datetime-local"表示该文本框控件用于输入本地日期和时间；表单提交时，会对文本框中的日期和时间的有效性进行验证。

图 5-14 设置 date 类型控件的页面效果

图 5-15 设置 time 类型控件的页面效果

【实例 5.16】设置 datetime-local 控件，文件名称为 chapter5.16.html，内容如下：

```
<!DOCTYPE HTML>
<html>
    <head>
    <title>datetime-local</title>
        <meta http-equiv="content-type" content="text/html;charset=UTF-8">

    </head>
<body>
    <form method="get">
        提交时间：<input type="datetime-local" name="datetime" /><br />
            <input type="submit" value="提交" />
    </form>
</body>
</html>
```

在浏览器中打开网页文件 chapter5.16.html，页面效果如图 5-16 所示。

5. month 类型

input 中 type="month"表示的是用户输入月份的文本框；当表单提交时也同样会对该文本框中的数据进行验证。

【实例 5.17】设置 month 类型的控件，文件名称为 chapter5.17.html，内容如下：

```
<!DOCTYPE HTML>
<html>
```

```
    <head>
        <meta http-equiv="content-type"
content="text/html;charset=UTF-8">
</head>
<body>
    <form  method="get">
        月份: <input type="month"  name="month1" /><br />
            <input type="submit" />
    </form>
</body>
</html>
```

在浏览器中打开网页文件 chapter5.17.html，页面效果如图 5-17 所示。

图 5-16 设置 datetime-local 类型控件的页面效果   图 5-17 设置 month 类型控件的页面效果

6. week 类型

input 中 type="week"表示是一种专门用来输入多少周的文本框，当表单进行提交时会对该文本框中的数据进行验证。

【实例 5.18】设置 week 类型的控件，文件名称为 chapter5.18.html，内容如下：

```
<!DOCTYPE HTML>
<html>
    <head>
        <title>week</title>
    <meta http-equiv="content-type"
content="text/html;charset=UTF-8">
    </head>
    <body>
        <form  method="get">
            <input type="week" /><br />
            <input type="submit" />
        </form>
    </body>
</html>
```

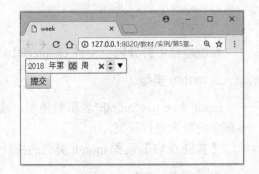

图 5-18 设置 week 类型控件的页面效果

在浏览器中打开网页文件 chapter5.18.html，页面效果如图 5-18 所示。

5.8.2 input 属性

1. formaction 属性

在 HTML5 中，formaction 属性是表示单击不同按钮(适用 submit、image)，实现重新定义表单的 action 属性，单击不同的按钮可以把表单提交到不同的页面。

【实例 5.19】设置 formaction 属性：单击"登录"按钮，表单提交到 login.html 页面；单击"注册"按钮，表单提交到 register.html。文件名称为 chapter5.19.html，内容如下：

```
<!DOCTYPE HTML>
<html>
    <head>
      <meta http-equiv="content-type" content="text/html;charset=UTF-8">
      <title>formaction 属性</title>
    </head>
<body>
    <form  method="get">
     <input type="submit" name="submit" value="登录"
formaction="login.html"/><br />
     <input type="submit" name="submit" value="注册"
formaction="register.html"/>
    </form>
</body>
</html>
```

2. formmethod 属性

在 HTML5 中，formmethod 属性是指定表单的提交方法。

【实例 5.20】设置 formmethod 属性，文件名称为 chapter5.20.html，内容如下：

```
<!DOCTYPE HTML>
<html>
    <head>
        <title>formmethod</title>
        <meta http-equiv="content-type" content="text/html; charset=UTF-8">
    </head>
    <body>
      <form  method="get">
        <input  type="submit"  name="submit"  value="登录"
formaction="login.html" formmethod="get" />
        <br />
        <input type="submit"   name="submit"  value="注册"
formaction="register.html"  formmethod="post" />
      </form>
    </body>
</html>
```

3. placeholder 属性

placeholder 属性表示当文本框处于未获得焦点时，提示用户信息，具体信息内容由 placeholder 指定；当文本框获得焦点时，提示文本信息消失。

【实例 5.21】设置 placeholder 属性，文件名称为 chapter5.21.html，内容如下：

```
<!DOCTYPE html>
<html>
    <head>
        <meta charset="UTF-8">
        <title>placeholder</title>
    </head>
    <body>
        <form id="myform" method="get">
        用户名:<input type="text" placeholder="请输入用户名">
        </form>
    </body>
<html>
```

当页面初始显示时，文本框中显示 placeholder 中的提示信息，当鼠标指针在文本框中，提示信息消失。其运行效果如图 5-19 所示。

4. autofocus 属性

autofocus 属性表示表单元素获得焦点。一般会在 form 表单第一元素上。

【实例 5.22】设置 autofocus，文件名称为 chapter5.22.html，内容如下：

```
<html>
    <head>
        <title>autofocus</title>
        <meta http-equiv="content-type" content="text/html;charset=UTF-8">
    </head>
    <body>
        <form  method="get">
        用户名:<input type="text" name="username"  autofocus="autofocus"/><br />
        密   码:<input type="password" name="username" /><br />
        </form>
    </body>
</html>
```

在浏览器中打开网页文件 chapter5.22.html，页面效果如图 5-20 所示。

5. list 属性

list 属性是为单行文本框添加一个属性 list，该 list 的值对应着 datalist 元素中的 id 的值。该文本框

图 5-19　设置 placeholder 属性的页面效果

图 5-20　设置 autofocus 属性的页面效果

类似于下拉列表框 select。

【实例 5.23】设置 list 属性，文件名称为 chapter5.23.html，内容如下：

```html
<!DOCTYPE html>
<html>
  <head>
    <title>datalist</title>
    <meta http-equiv="content-type" content="text/html;charset=UTF-8">
  </head>
  <body>
    <form method="get">
      <input type="" list="course">
      <datalist id="course">
        <option>HTML5</option>
        <option>css3</option>
        <option>javaScript</option>
      </datalist>
    </form>
  </body>
</html>
```

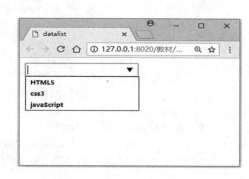

在浏览器中打开网页文件 chapter5.23.html，
页面效果如图 5-21 所示。

图 5-21　设置 list 属性的页面效果

 ## 5.9　回到工作场景

前面几节介绍了如何创建表单、文本框、下
拉列表框以及文本域等，下面是几个综合示例，
回到前面介绍的工作场景中，完成工作任务。

【工作过程一】完成某购物网站的用户登录
页面，页面中有"账号"文本框、"密码"文本
框和"登录"按钮。在浏览器中打开网页文件
chapter5.24.html，页面效果如图 5-22 所示。

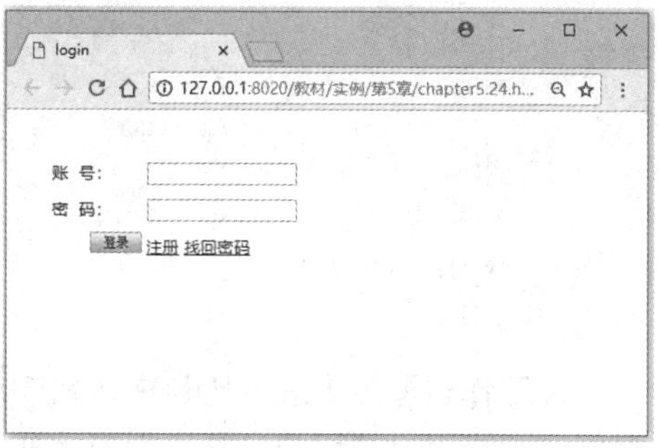

创建网页文件，其名称为 chapter5.24.html，
样式表文件为 css01.css，内容如下：

图 5-22　用户登录页面效果

```html
<!DOCTYPE html>
<html>
  <head>
    <meta charset="UTF-8">
    <title>login</title>
    <link rel="stylesheet" type="text/css" href="js/css5.24.css" />
  </head>
  <body>
    <div>
```

```
        <table width="300" height="138" border="0" cellpadding="0"
cellspacing="0" >
            <form name="userform" method="post" >
                <tr height="25" align="center">
                    <td height="5" align="center" valign="middle">

                    <td align="center" valign="middle"></td>
                </tr>
                <tr align="center">
                    <td width="129" height="25" align="center" valign="middle">
账  号：</td>
                    <td width="171" height="25" align="left"
valign="middle">
                        <input name="name" type="text" size="17">
                    </td>
                </tr>
                <tr align="center"><td height="25" align="center"
valign="middle">
密  码：</td>
                    <td align="left" valign="middle">
<input name="password" type="password" size="17"></td>
                </tr>
                <tr align="center">
                    <td height="25" align="center" valign="middle"
colspan="3">
                    <input type="image"  src="img/fg-land.gif" width="51"
height="20">

                        <a href="#">注册</a>
                        <a href="#">找回密码</a>
                    </td>
                </tr>
                </form>
        </table>
    </div>
    </body>
</html>
```

【工作过程二】完成某购物网站的用户注册页面，设置用户的用户名称、用户密码、密码确认、真实姓名、手机号码及邮件地址，并且添加"提交"按钮、"重置"按钮和"返回"按钮。在浏览器中打开网页文件 chapter5.25.html，页面效果如图 5-23 所示。

创建网页文件，其名称为 chapter5.25.html，内容如下：

图 5-23 用户注册页面

```
<!DOCTYPE html>
<html>
```

```html
<head>
    <meta charset="UTF-8">
    <title>register</title>
</head>
<body>
    <div><table align="center" width="700px">
        <tr align="left">
            <td colspan="2"><img src="img/fg1.jpg"></td>
        </tr>
        </table>
        <table align="center">
        <tr>
            <td width="20%" align="center">
             用户名称：
            </td>
            <td>
                <input type="text">
            </td>
        </tr>
            <tr>
            <td width="20%">
                用户密码：
            </td>
            <td>
                <input type="text">
            </td>
        </tr>
            <tr>
             <td width="20%">密码确认：</td>
             <td><input type="password"></td>
            </tr>
            <tr>
                <td width="20%">真实姓名</td>:
                <td><input type="text" value="user"></td>
            </tr>
            <tr>
                <td width="20%">手机号码：</td>
                <td ><input type="text" value="15350505056"></td>
        </tr>
            <tr>
                <td width="20%">邮件地址：</td>
                <td><input type="text" value="user"></td>
        </tr>
            <tr>
              <td colspan="2" >    
                <input type="image" src="img/save.jpg">
                 <input type="image" src="img/clear.gif">
                 <input type="image" src="img/back.gif">
            </td>
```

```
            </tr>
        </table>
        </div>
    </body>
</html>
```

 ## 5.10 工作实训营

5.10.1 训练实例

1. 训练内容

自行设计一个页面，其中有文本框、密码框、单选按钮、复选框、多行文本框、下拉列表框和按钮。

2. 训练目的

➢ 掌握不同输入控件的添加。

➢ 掌握下拉列表框的添加及设置。

➢ 掌握各种不同按钮的设置及作用。

3. 训练过程

参照 5.2～5.6 节中的操作步骤。

4. 技术要点

注意一些表单及表单元素属性的设定。

5.10.2 工作实践常见问题解析

【常见问题】经常会出现页面上有两个单选按钮，能同时选中吗？

【答】<input type="radio" name=" ">单选按钮标记中 name 属性值不一致，会导致不是一组单选按钮，如下所示。

```
<form>
    <input type="radio" name="gender1">男
    <input type="radio" name="gender2">女
</form>
```

其效果图如图 5-24 所示。

图 5-24　选中两个单选按钮的效果图

这样，两个单选按钮可以被同时选中。因此可以修改两个单选按钮中属性 name="gender"，即可设置同一组单选按钮。

 ## 5.11　本章小结

表单是网页上用于用户与服务器端交互，接收用户输入信息的元素，用<form>标记来定义。表单中的控件很多，主要有如下几个。

(1)　<input>,可以通过属性 type 表示类型设置不同的控件，有文本框、密码框、隐藏域、单选按钮、复选框、"提交"按钮(也可以用图片来代替)、"重置"按钮和普通按钮。

➢　tabindex 属性：指定在表单中访问各个控件的顺序。

➢　accesskey 属性：为访问者提供键盘上的某个按键，以便直接访问表单标记。

(2)　通过<select><option></option></select>标记实现下拉列表框控件。

(3)　通过<textarea></textarea>实现多行文本框。

(4)　<form>标记有两个重要的属性：action 和 method。

➢　action 属性：指定表单处理程序的 URL。

➢　method 属性：指定如何将表单数据发送给服务器。

 ## 5.12　习　题

一、选择题

1.　下列表示图片按钮的 type 属性值的是(　　　)。

　　A. button　　　　　　B. submit　　　　　　C. reset　　　　　　D. image

2.　表单提交的方式是(　　　)。

　　A. action　　　　　　B. method　　　　　　C. name　　　　　　D. class

3.　设置单选按钮为同一组，哪个属性的值必须相同？(　　　)

　　A. text　　　　　　　B. name　　　　　　　C. value　　　　　　D. type

4. "重置"按钮的 type 属性值是(　　)。

A. button　　　　B. submit　　　　C.image　　　　D. reset

5. <input accesskey="u"/>该控件的快捷键组合是(　　)。

A. Alt+U　　　　B. Ctrl+U　　　　C. Ctrl+Alt+U　　　D. Shift+U

二、填空题

1. 表单是 Web_____和 Web_____之间实现信息交流和传递的桥梁。

2. 表单是由_____标记设定；提交方法是由_____属性设定；表单提交后，交给指定的程序处理，由_____属性指定。

3. 表单元素为单选按钮组的 type 类型设置为_____复选框 type 类型设置为_____。

4. 用来输入密码的表单标记是_____。

5. 创建下拉列表使用_____和_____标记。

三、操作题

创建网页，文件名为 ex5.1.html，页面效果如图 5-25 所示，完成该表单设计。

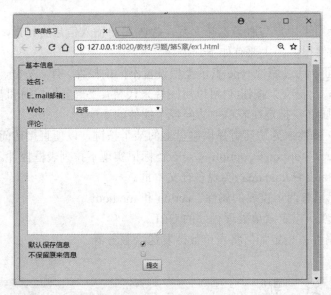

图 5-25　表单设计

第6章

HTML5 中的多媒体

 本章要点

- marquee 标记
- audio 标记
- video 标记

技能目标

- 掌握使用 marquee 标记来设置文字滚动显示。
- 掌握使用 audio 标记来设置播放音频。
- 掌握使用 video 标记来设置播放视频。

6.1　工作场景导入

【工作场景】

网页效果丰富多彩，除了精美的图片和文字，也离不开炫动的效果，例如：文字能否滚动起来？网页中是否能播放音频和视频？

下面需要制作两个网页，其中，《运动中的动物》带有滚动的文字和图片，《海滩》有可播放的音频和视频。

【引导问题】

(1) 怎样设置文字滚动显示？
(2) 怎样设置播放音频？
(3) 怎样设置播放视频？

 ## 6.2　设置文字滚动

marquee 标记是 HTML 标记中滚动显示文字的标记。marquee 标记的语法格式如下：

```
<marquee>滚动显示文字</marquee>
```

marquee 标记可以用来设置滚动显示文字的多个属性，内容包括滚动的方向、滚动的方式、循环次数、滚动速度、停顿时间、水平对齐和垂直对齐，以及滚动区域的背景色、宽度和高度等。marquee 标记的属性如表 6-1 所示。

表 6-1　marquee 标记的属性

属　性	值	描　述
direction	left right up down	该属性设置文字滚动的方向，默认值为 left
behavior	alternate scroll slide	该属性设置文字滚动的方式，默认值为 scroll。alternate 指文字来回交替滚动，scroll 指文字循环滚动，slide 指文字滚动一次即停止滚动
loop	正整数值	该属性设置文字滚动的次数
scrollamount	正整数值(pixels)	该属性设置文字滚动的速度
scrolldelay	正整数值(毫秒数)	该属性设置文字滚动的延时
bgcolor	color	该属性设置文字滚动范围的背景颜色
width	整数值(pixels)	该属性设置文字滚动范围的宽度

续表

属　　性	值	描　　述
height	整数值(pixels)	该属性设置文字滚动范围的高度
hspace	整数值(pixels)	该属性设置文字滚动范围距周围的空白区域的高度
wspace	整数值(pixels)	该属性设置文字滚动范围距周围的空白区域的宽度
align	left center right	该属性设置滚动文字的水平对齐方式，默认值为 left
valign	top middle bottom	该属性设置滚动文字的垂直对齐方式，默认值为 middle

【实例 6.1】设置文字滚动的方向，文件名称为 chapter6.1.html，内容如下：

```html
<!DOCTYPE html>
<html>
    <head>
        <meta charset="UTF-8">
        <title>设置文字滚动的方向</title>
    </head>
    <body>
        <marquee>默认的文字滚动方向</marquee>
        <marquee direction="left">文字向左滚动</marquee>
        <marquee direction="up">文字向上滚动</marquee>
        <marquee direction="right">文字向右滚动</marquee>
        <marquee direction="down">文字向下滚动</marquee>
    </body>
</html>
```

在浏览器中打开网页文件 chapter6.1.html，页面效果如图 6-1 所示，默认的文字滚动方向是自右向左。

图 6-1　设置文字滚动的方向的页面效果

【**实例** 6.2】设置文字滚动的方式，文件名称为 chapter6.2.html，内容如下：

```
<!DOCTYPE html>
<html>
    <head>
        <meta charset="UTF-8">
        <title>设置文字滚动的方式</title>
    </head>
    <body>
        <marquee>默认的文字滚动方式</marquee>
        <marquee behavior="alternate">文字来回交替滚动</marquee>
        <marquee behavior="scroll">文字循环滚动</marquee>
        <marquee behavior="slide">文字滚动一次即停止滚动</marquee>
    </body>
</html>
```

在浏览器中打开网页文件 chapter6.2.html，页面效果如图 6-2 所示，默认的文字滚动方式是文字来回交替滚动。

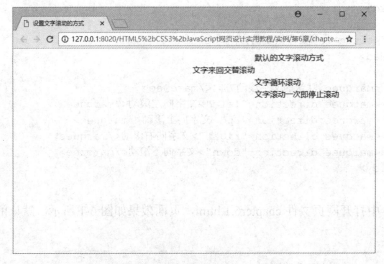

图 6-2　设置文字滚动方式的页面效果

【**实例** 6.3】设置文字滚动的次数，文件名称为 chapter6.3.html，内容如下：

```
<!DOCTYPE html>
<html>
    <head>
        <meta charset="UTF-8">
        <title>设置文字滚动的次数</title>
    </head>
    <body>
        <marquee>默认的文字滚动次数</marquee>
        <marquee loop="1">文字滚动 1 次</marquee>
        <marquee loop="3">文字滚动 3 次</marquee>
    </body>
</html>
```

在浏览器中打开网页文件 chapter6.3.html，页面效果如图 6-3 所示，默认的文字滚动次数是无穷次。

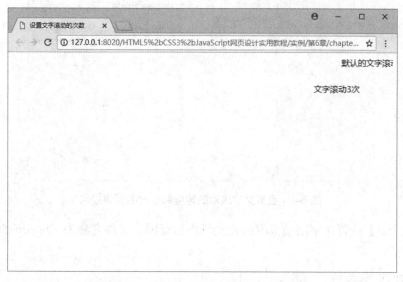

图 6-3　设置文字滚动次数的页面效果

【实例 6.4】设置文字滚动的速度和延时，文件名称为 chapter6.4.html，内容如下：

```
<!DOCTYPE html>
<html>
    <head>
        <meta charset="UTF-8">
        <title>设置文字滚动的速度和延时</title>
    </head>
    <body>
        <marquee>默认的文字滚动速度和延时</marquee>
        <marquee scrollamount="3">文字滚动速度为 3 像素</marquee>
        <marquee scrollamount="5">文字滚动速度为 5 像素</marquee>
        <marquee scrollamount="3" scrolldelay=30>文字滚动速度为 3 像素，滚动延
时为 30 毫秒</marquee>
        <marquee scrollamount="3" scrolldelay=100>文字滚动速度为 3 像素，滚动延
时为 100 毫秒</marquee>
    </body>
</html>
```

在浏览器中打开网页文件 chapter6.4.html，页面效果如图 6-4 所示。

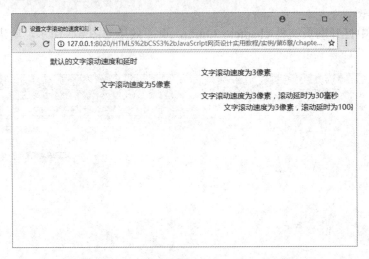

图 6-4　设置文字滚动的速度和延时的页面效果

【实例 6.5】设置文字滚动范围的背景颜色和范围，文件名称为 chapter6.5.html，内容如下：

```
<!DOCTYPE html>
<html>
    <head>
        <meta charset="UTF-8">
        <title>设置文字滚动范围的背景颜色和范围</title>
    </head>
    <body>
        <marquee bgcolor="aqua" width="200" height="50">文字滚动范围
</marquee>
    </body>
</html>
```

在浏览器中打开网页文件 chapter6.5.html，页面效果如图 6-5 所示。

图 6-5　设置文字滚动的背景颜色和范围的页面效果

6.3　设置多媒体

6.3.1　插入音频

audio 标记是 HTML 标记中播放音频的标记。audio 标记的语法格式如下：

```
<audio>不支持 audio 元素的浏览器的显示文字</audio>
```

audio 标记可以用于设置音频播放的多个属性，内容包括开始播放的时间、是否显示播放控件、播放模式、是否静音、音频加载方式和音频文件的 URL。audio 标记的属性如表 6-2 所示。

表 6-2　audio 标记的属性

属　性	值	描　述
autoplay	autoplay	该属性设置音频在就绪后马上播放
controls	controls	该属性设置向用户显示播放控件
loop	loop	该属性设置音频循环播放
muted	muted	该属性设置音频输出为静音
preload	auto metadata none	该属性表示音频在页面加载时进行加载，并预备播放。如果使用"autoplay"，则忽略该属性
src	URL	该属性设置要播放的音频文件的 URL

目前，各大浏览器对于 audio 标记中的 src 属性可以使用的音频格式支持不一，具体内容如表 6-3 所示。其中的 OGG Vorbis 格式是类似于 MP3 等的音乐格式，但它是完全免费、开放和没有专利限制的。

表 6-3　各浏览器中 audio 标记支持的音频格式

浏览器\音频格式	MP3	WAV	OGG
IE 9 及以上	支持	不支持	不支持
Chrome 6 及以上	支持	支持	支持
Firefox 3.6 及以上	不支持	支持	支持
Safari 5 及以上	支持	支持	不支持
Opera 10 及以上	不支持	支持	支持

【**实例 6.6**】显示音频控件和设置音频文件的 URL，文件名称为 chapter6.6.html，内容如下：

```
<!DOCTYPE html>
<html>
```

```
<head>
    <meta charset="UTF-8">
    <title>播放音频</title>
</head>
<body>
    <audio controls="controls" src="image/dance.mp3">
        您的浏览器不支持该音频文件的播放。
    </audio>
</body>
</html>
```

在浏览器中打开网页文件 chapter6.6.html，页面效果如图 6-6 所示，可以在页面中控制音频的播放和停止，并调整音量。

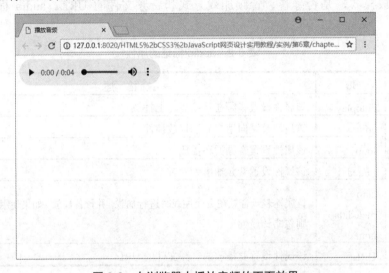

图 6-6　在浏览器中播放音频的页面效果

【实例 6.7】设置自动循环播放音频且静音，文件名称为 chapter6.7.html，内容如下：

```
<!DOCTYPE html>
<html>
    <head>
        <meta charset="UTF-8">
        <title>设置自动循环播放音频且静音</title>
    </head>
    <body>
        <audio controls="controls" src="image/dance.mp3"
autoplay="autoplay" loop="loop" muted="muted">
            您的浏览器不支持该音频文件的播放。
        </audio>
    </body>
</html>
```

在浏览器中打开网页文件 chapter6.7.html，页面效果如图 6-7 所示，音频自动循环播放，且为静音。注意：目前，Chrome 浏览器已取消了自动播放音频的功能，而其他浏览器仍可以自动播放。

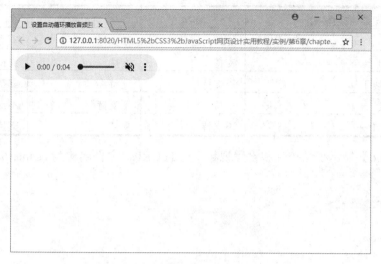

图 6-7　在浏览器中设置自动循环播放音频且静音的页面效果

6.3.2　插入视频

video 标记是 HTML 标记中播放视频的标记。video 标记的语法格式如下：

`<video>不支持 video 元素的浏览器的显示文字</video>`

video 标记可以用于设置视频播放的多个属性，内容包括开始播放的时间、是否显示播放控件、视频播放器的高度和宽度、播放模式、视频加载方式和视频文件的 URL。video 标记的属性如表 6-4 所示。

表 6-4　video 标记的属性

属　　性	值	描　　述
autoplay	autoplay	该属性设置视频在就绪后马上播放
controls	controls	该属性设置向用户显示播放控件
width	数值(pixels)	该属性设置视频播放器的宽度
height	数值(pixels)	该属性设置视频播放器的高度
loop	loop	该属性设置视频循环播放
preload	auto metadata none	该属性表示视频在页面加载时进行加载，并预备播放。如果使用"autoplay"，则忽略该属性
src	URL	该属性设置要播放的视频文件的 URL

目前，各大浏览器的不同版本对于 video 标记中的 src 属性可以使用的视频格式支持不一，具体内容如表 6-5 所示。

表 6-5　各浏览器中 video 标记支持的视频格式

浏览器\视频格式	MP4	WebM	OGG
IE 9 及以上	支持	不支持	不支持
Chrome 6 及以上	支持	支持	支持
Firefox 3.6 及以上	不支持	支持	支持
Safari 5 及以上	支持	不支持	不支持
Opera 10 及以上	不支持	支持	支持

【实例 6.8】显示视频控件和设置视频文件的 URL，文件名称为 chapter6.8.html，内容如下：

```
<!DOCTYPE html>
<html>
    <head>
        <meta charset="UTF-8">
        <title>播放视频</title>
    </head>
    <body>
        <video controls="controls" src="image/waterfall.mp4">
            您的浏览器不支持该视频文件的播放。
        </video>
    </body>
</html>
```

在浏览器中打开网页文件 chapter6.8.html，页面效果如图 6-8 所示，可以在页面中控制视频的播放和停止，并调整音量。

图 6-8　在浏览器中播放视频的页面效果

【实例 6.9】设置视频的宽度和高度并自动循环播放，文件名称为 chapter6.9.html，内容如下：

```
<!DOCTYPE html>
<html>
    <head>
        <meta charset="UTF-8">
        <title>设置视频的宽度和高度并自动循环播放</title>
    </head>
    <body>
        <video controls="controls" src="image/summer.mp4" width="320"
height="200" autoplay="autoplay"  loop="loop">
            您的浏览器不支持该视频文件的播放。
        </video>
    </body>
</html>
```

在浏览器中打开网页文件 chapter6.9.html，页面效果如图 6-9 所示，视频的宽度为 320 像素，高度为 200 像素，视频自动循环播放。注意：目前，Chrome 浏览器已取消了自动播放视频的功能，而其他浏览器仍可以自动播放。

图 6-9　在浏览器中设置视频的宽度和高度并自动循环播放的页面效果

 ## 6.4　回到工作场景

6.2~6.3 节介绍了 marquee 标记、audio 标记、video 标记的使用，掌握了使用 marquee 标记来滚动显示文字、使用 audio 标记来播放音频和使用 video 标记来播放视频的方法。下面回到前面介绍的工作场景中，完成工作任务。

【工作过程一】制作一个有滚动的文字和图片的网页——《运动中的动物》。网页具体内容如下：第一行文字滚动速度为 20；第二行文字来回交替滚动，滚动速度为 20；第三行文字来回交替滚动，滚动速度为 200；第四行文字滚动一次即停止。网页中还有四张图片，分为两组，第一组的两张图片分别自右向左和自左向右滚动，第二组的两张图片分别自上向下和自下向上滚动。工作过程一的页面效果如图 6-10 所示。

图 6-10　《运动中的动物》的页面效果

创建网页，文件名为 chapter6.10.html，内容如下所示：

```
<!DOCTYPE html>
<html>
    <head>
        <meta charset="UTF-8">
        <title>滚动文字实例</title>
    </head>
    <body>
        <marquee scrollamount="20">文字滚动速度为20</marquee>
        <marquee behavior="alternate" scrollamount="20">文字来回交替滚动，速
度为20</marquee>
        <marquee behavior="alternate" width="200">文字来回交替滚动，宽度为
200</marquee>
        <marquee behavior="slide">两张图片，分别自右向左和自左向右滚动</marquee>
        <marquee>
            <IMG width="100" height="99" src="image/stork.gif">
        </marquee>
        <marquee direction="right" scrollamount="20">
            <IMG width="100" height="50" src="image/dog.gif">
        </marquee>
        <marquee scrollamount="20" loop="3">两张图片，分别自下向上和自上向下滚
动</marquee>
        <marquee direction="up">
            <IMG width="100" height="99" src="image/stork.gif">
        </marquee>
        <marquee direction="down" scrollamount="20">
            <IMG width="100" height="50" src="image/dog.gif">
        </marquee>
    </body>
</html>
```

【工作过程二】制作一个插入可播放的音频和视频的网页——《海滩》。工作过程二

的页面效果如图 6-11 所示。

图 6-11　《海滩》的页面效果

创建网页，文件名为 chapter6.11.html，内容如下所示：

```
<!DOCTYPE html>
<html>
    <head>
        <meta charset="UTF-8">
        <title>音频和视频实例</title>
        <h1 align="center">海滩</h1>
        <video src="image/beach.mp4" controls="controls" width="400"
height="200"></video>
        <audio src="image/beach.mp3" controls="controls"
loop="loop"></audio></head>
    <body>
    </body>
</html>
```

 ## 6.5　工作实训营

6.5.1　训练实例

1. 训练内容

自行设计一个页面，带有滚动的文字，具备可播放的音频和视频。页面美观，文字滚动效果涵盖所学的所有设置选项，并与音频和视频有机结合地服务于页面主题。

2. 训练目的

➢　掌握设置文字滚动显示。

➢　掌握播放音频。

➢ 掌握播放视频。

3. 训练过程

参照 6.4 节中的操作步骤。

4. 技术要点

注意网页上使用的音频和视频文件的格式。

6.5.2 工作实践常见问题解析

【常见问题】能不能不考虑浏览器而始终能够成功播放音频？

【答】目前，由于专利权和特许使用费的法律和财务问题，各大浏览器均不能支持全部的音频格式。尽管如此，HTML5 提供了一个解决方案，可以将<source>标记嵌套在<audio>容器内。先获取同一首乐曲的三种类型的音乐文件，并将这些音乐文件与 HTML5文件放在同一个文件夹内。网页源文件中，将每个音乐文件名放在单独的<source>标记中，并且音频容器中的所有源标记都由<audio></audio> 构成，如下所示：

```
<audio controls>
    <source src="take_you_fly.ogg" />
    <source src="take_you_fly.mp3" />
    <source src=" take_you_fly.wav" />
</audio>
```

这样，无论访问者使用什么浏览器，它都将自动选择所读取的第一个文件类型，并播放音乐文件。

6.6 本章小结

网页的页面效果丰富多彩，往往是通过文字滚动和图片、音频、动画、视频等来实现的。

marquee 标记是 HTML 标记中滚动显示文字的标记。marquee 标记可以用于设置滚动显示文字的多个属性，内容包括滚动的方向、滚动的方式、循环次数、滚动速度、停顿时间、水平对齐和垂直对齐，以及滚动区域的背景色、宽度和高度等。

audio 标记是 HTML 标记中播放音频的标记。audio 标记可以用于设置音频播放的多个属性，内容包括开始播放的时间、是否显示播放控件、播放模式、是否静音、音频加载方式和音频文件的 URL。

video 标记是 HTML 标记中播放视频的标记。video 标记可以设置视频播放的多个属性，内容包括开始播放的时间、是否显示播放控件、视频播放器的高度和宽度、播放模式、视频加载方式和视频文件的 URL。

6.7　习　题

一、单项选择题

1. marquee 标记的属性 behavior 用于设置文字的滚动方式，取值为(　　)。
   A. alternate　　　　　B. scroll　　　　　C. slide　　　　　D. 以上都是
2. 在网页中最为常用的两种音频格式是(　　)。
   A. JPEG 和 MPEG　　B. JPEG 和 PSD　　C. MPEG 和 MP3　　D. MP3 和 WAV
3. 在网页中最为常用的两种视频格式是(　　)。
   A. MP4 和 MOV　　　B. JPEG 和 MP4　　C. MPEG 和 MP4　　D. MP3 和 MP4

二、填空题

1. marquee 标记设置文字滚动方向的属性是_____，取值是_____、_____、_____或_____，默认值是_____。
2. 在追求速度为先的网页设计时，可以多用_____，在追求美观为先的网页设计时，可以多用_____、_____和_____。

三、操作题

1. 创建网页《滚动》，文件名为 ex6.1.html，页面效果如图 6-12 所示。其中，"相反方向的文字滚动"两侧的左右箭头分别向左右两侧滚动，"ZigZag Marquee"在表格中左右交替滚动，两个图片自左向右滚动和自上向下滚动。其中的图片内容可以自行设置。

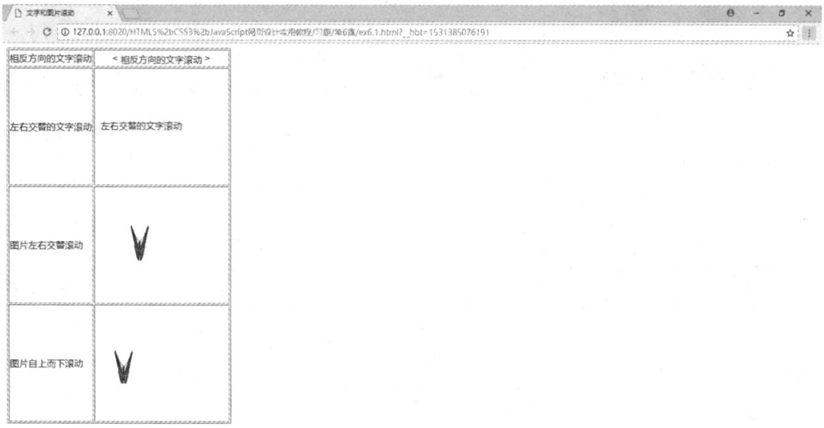

图 6-12　在浏览器中打开文件 ex6.1.html 的页面效果

2. 创建网页《我最爱的……》，文件名为 ex6.2.html，以"我最爱的……"来介绍一个事物，配以简要的文字、音频和视频，某个页面效果如图 6-13 所示。其中的文字、音频和视频可以自行设置。

图 6-13　在浏览器中打开文件 ex6.2.html 的页面效果

第 7 章

CSS 介绍

 本章要点

- CSS 概念、语法和作用
- 引入样式表的方法
- 选择器分类和使用
- CSS 文本段落属性
- CSS 列表属性
- CSS 背景属性
- CSS 表单属性

- CSS 常用单位
- 选择器
- CSS 字体属性
- CSS 表格属性
- CSS 图片属性
- CSS 超链接属性

技能目标

- 掌握样式表的使用方法。
- 掌握不同类别的选择器的使用方法。
- 掌握使用样式表来设置字体属性。
- 掌握使用样式表来设置文本段落属性。
- 掌握使用样式表来设置表格属性。
- 掌握使用样式表来设置列表属性。
- 掌握使用样式表来设置图片属性。
- 掌握使用样式表来设置背景属性。
- 掌握使用样式表来设置超链接属性。
- 掌握使用样式表来设置表单属性。

7.1 工作场景导入

【工作场景】

每个网站往往需要制作多个网页，而其背景、布局、字体等的设置往往类似或相同，这样一来，每个网页都需要进行重复的设置。如果需要网站的背景、布局、字体等的设置做统一调整，那么工作量必然是极大的。能不能采取什么方法使得网页中各对象的重复设置简捷方便而易于修改？

下面需要制作网页《多变超链接》《带水平导航栏的网站首页》《带垂直导航栏的网站首页》《带完全样式的横向导航栏的网站首页》和《用户个人资料》。

【引导问题】

(1) 什么是样式表？

(2) 样式表的引入方法有哪些？

(3) 有哪些不同类别的选择器？如何使用？

(4) 怎样使用样式表来设置字体？

(5) 怎样使用样式表来设置文本段落？

(6) 怎样使用样式表来设置表格？

(7) 怎样使用样式表来设置列表？

(8) 怎样使用样式表来设置图片？

(9) 怎样使用样式表来设置背景？

(10) 怎样使用样式表来设置超链接？

(11) 怎样使用样式表来设置表单？

 # 7.2 CSS 简介

7.2.1 什么是 CSS

HTML 文件由各种各样的标记组成，而标记中丰富多彩的属性及其设置赋予网页多样的外观和功能。随着页面结构日益复杂以及 HTML 标准的增加，HTML 文件越来越长，而其中的标记结构和设置越来越复杂，导致页面的设计、制作和维护越来越困难。基于解决以上问题的缘由，1996 年 12 月，CSS 的第一份正式标准完成，成为 W3C 的推荐标准。目前 CSS 的最新版本是 CSS3。

CSS 的中文名称为层叠样式表或级联样式表，英文全称为 Cascading Style Sheets。CSS 是一种定义样式结构如字体、颜色、位置等的语言，能够对网页中元素位置的排版进行像素级精确控制，支持几乎所有的字体字号样式，拥有对网页对象和模型样式编辑的能力。CSS 不仅可以静态地修饰网页，还可以配合各种脚本语言动态地对网页各元素进行格式化。

CSS 样式表中的样式规则形成一个层次结构，不同层次的样式规则的优先级不同，因此通过样式规则的层次结构来设置其优先级的顺序，从而实现级联效果。

7.2.2　CSS 的语法

CSS 样式表中包含了多个样式规则，这些样式规则是可应用于网页中元素的格式化指令。每个样式规则由选择器、属性及属性值组成，基本格式如下：

选择器{属性:值}

其中，选择器是需要改变样式的 HTML 元素，属性是选择器指定的标记所包含的属性，值是属性所设置的值。

一个选择器可以同时设置一至多条样式规则，如果是多条样式规则，那么规则之间用分号分隔。CSS 中也可以写注释，注释以"/*"开始，以"*/"结束。例如：

```
h1{color:red}
p{color:blue; text-align:center;}
h2
{
color:blue;
text-align:center;
/* 下面是字体的样式 */
font-family:"隶书";
}
```

7.2.3　CSS 的作用

CSS 为 HTML 提供了一种样式描述，定义了其中元素的显示方式。CSS 在 Web 设计领域是一个突破。总体来说，CSS 具有以下特点：

> 丰富的样式规则。CSS 提供了丰富的文档样式外观，以及设置文本和背景属性的能力，能够对网页中元素位置的排版进行像素级精确控制。
> 样式之间可层叠。CSS 样式规则之间的层级关系使与之相关联的 HTML 元素的属性设置更灵活和方便。
> 样式和内容相分离。可以将相同样式规则的元素进行归类，使用同一个样式规则进行定义，也可以将某个样式规则应用到所有同名的 HTML 标记中，或是将一个 CSS 样式规则指定到某个页面元素中。如果要修改样式，只需要在样式列表中找到相应的样式规则进行修改，这对于网站中具有相同风格的多个页面的设计、制作和维护有着极大的便利，可大大提高工作效率。

7.2.4　CSS 的常用单位

CSS 中的常用单位包括长度单位和颜色单位，CSS 样式规则中的长度设置和颜色设置必须以此来描述。

CSS 中的长度单位如表 7-1 所示。其中的 ex 在 CSS 中是非常有用的单位，因为可以自适应各种字体。

表 7-1　CSS 中的长度单位表

单　位	描　述	举　例
%	百分比	50%
in	英寸	3in
cm	厘米	5cm
mm	毫米	10mm
em	当前的字体尺寸的倍数	2.5em
ex	一个 ex 是一个字体的 x-height(x-height 通常是字体的一半)	3ex
pt	磅(1pt 等于 1/72 英寸)	5pt
pc	12 点活字(1pc 等于 12 点)	2pc
px	像素	300px

CSS 中的颜色可以是 CSS 预定义颜色、十六进制颜色、RGB 颜色、RGBA 颜色、HSL 颜色和 HSLA 颜色。

CSS 预定义颜色共 147 种，其中有 17 种是标准色，如表 7-2 所示。在 CSS 中直接使用命名颜色的名称，就可以设置相应的颜色。

表 7-2　CSS 标准色数值对照表

颜　色	名　称	十六进制值	RGB 值
aqua	水绿	#00FFFF	0, 255, 255
black	黑色	#000000	0, 0, 0
blue	蓝色	#0000FF	0, 0, 255
fuchsia	紫红色	#FF00FF	255, 0, 255
gray	灰色	#808080	128, 128, 128
green	绿色	#008000	0, 128, 0
lime	浅绿	#00FF00	0, 255, 0
maroon	栗色	#800000	128, 0, 0
navy	海军色	#000080	0, 0, 128
olive	橄榄色	#808000	128, 128, 0
orange	橙色	#FFA500	255, 165, 0
purple	紫色	#800080	128, 0, 128
red	红色	#FF0000	255, 0, 0
silver	银色	#C0C0C0	192, 192, 192
teal	水鸭色	#008080	0, 128, 128
white	白色	#FFFFFF	255, 255, 255
yellow	黄色	#FFFF00	255, 255, 0

十六进制颜色的基本格式为#RRGGBB，其中 RR 表示红色，GG 表示绿色，BB 表示蓝色。十六进制颜色值是由红、绿、蓝三种颜色的数值组合而成，每种颜色的数值最小为 00，最大为 FF。17 种标准色的十六进制颜色值如表 7-2 所示。

RGB 颜色的基本格式为 RGB(R,G,B)，其中 R 表示红色，G 表示绿色，B 表示蓝色。RGB 颜色值是由红、绿、蓝三种颜色的数值组合而成，每种颜色的取值范围是 0 到 255。17 种标准色的 RGB 颜色值如表 7-2 所示。

RGBA 颜色是在 RGB 颜色值之上添加 alpha 通道，基本格式为 RGB(R,G,B,alpha)，其中 alpha 表示对象透明度，值在 0 到 1 之间，0 表示完全透明，1 表示完全不透明。

HSL 颜色的基本格式为 HSL(Hue,Saturation,Lightness)，其中 Hue 表示色调，Saturation 表示饱和度，Lightness 表示亮度。色调是色轮上的度数，取值范围是 0 到 360，0 表示红色，120 表示绿色，240 表示蓝色。饱和度是颜色的深浅程度，取值范围是 0 到 100，0 表示灰色，100 表示全彩色。亮度的取值范围是 0 到 100，0 表示最暗，100 表示最亮。

HSLA 颜色是在 HSL 颜色值之上添加 alpha 通道，基本格式为 HSL(Hue,Saturation,Lightness,alpha)，其中 alpha 表示对象透明度，值在 0 到 1 之间，0 表示完全透明，1 表示完全不透明。

7.3　引入样式表的方法

CSS 样式表保存了多个样式规则，用来对页面的不同元素设置属性，达到丰富页面的效果。浏览器读入样式表后，会根据其中的样式规则来设置 HTML 页面中的元素。CSS 样式表根据其在 HTML 页面中的位置，分为内联样式、内部样式表和外部样式表三种。

7.3.1　内联样式

内联样式是在 HTML 标记里面直接使用样式规则，而不用写选择器名称。定义内联样式的语法格式如下所示：

```
<标记名 style="属性:值;"></标记名>
```

如果同时设置多条样式规则，那么规则之间用分号分隔。

内联样式将 HTML 元素的属性设置和内容放在一起，导致页面 body 部分不够简洁。但是如果页面中某个样式规则在 HTML 页面中仅使用一次，那么内联样式的灵活性则恰到好处地满足使用要求。

【实例 7.1】内联样式的使用，文件名称为 chapter7.1.html，内容如下：

```
<!DOCTYPE html>
<html>
    <head>
        <meta charset="UTF-8">
        <title>内联样式的使用</title>
    </head>
```

```
    <body>
        <h1>内联样式的使用</h1>
        <p>这一段没有使用样式</p>
        <p style="color:red;margin: 20px;">这一段使用了内联样式</p>
        <p>这一段没有使用样式</p>
    </body>
</html>
```

在浏览器中打开网页文件 chapter7.1.html，页面效果如图 7-1 所示。三个段落标记中，只有第二个使用了内联样式，设置了字的颜色和边距，但该内联样式对另外两个段落标记没有任何作用。

图 7-1　内联样式的使用的页面效果

7.3.2　内部样式表

内部样式表是在 HTML 文件的 head 部分里面嵌入 style 标记来给出样式规则。定义内部样式表的语法格式如下所示：

```
<style> 样式规则名 {属性:值;} </style>
```

内部样式表将样式规则集中到 HTML 文件的 head 部分，使得页面主体部分简洁。如果某个页面中多次使用某个样式规则，那么可以在该 HTML 文件中使用内部样式表。

【实例 7.2】内部样式表的使用，文件名称为 chapter7.2.html，内容如下：

```
<!DOCTYPE html>
<html>
    <head>
        <meta charset="UTF-8">
        <style>
            p{
                color:red;margin: 20px;
```

```
            }
        </style>
        <title>内部样式表的使用</title>
    </head>
    <body>
        <h1>内部样式表的使用</h1>
        <p>这一段使用了内部样式表</p>
        <p>这一段使用了内部样式表</p>
        <p>这一段使用了内部样式表</p>
    </body>
</html>
```

在浏览器中打开网页文件 chapter7.2.html，页面效果如图 7-2 所示。该内部样式表对所有的段落标签均发生了影响。

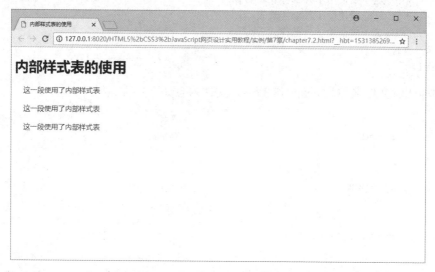

图 7-2　内部样式表的使用的页面效果

7.3.3　外部样式表

外部样式表是在 HTML 文件的 head 部分里面嵌入 link 标记来给出存有样式规则的外部样式表文件，文件后缀名是.css。定义外部样式表文件的语法格式如下所示：

```
<link rel="stylesheet" type="text/css" href="外部样式表文件名">
```

外部样式表中的内容是样式规则的集合，如果样式规则过多，在使用内部样式表时会导致 HTML 文件长度过长，不方便编辑。在页面中存在大量的样式规则时，可以将其存放在外部样式表文件中，再对 HTML 文件进行编辑，可同时打开外部样式表文件，样式和内容分别在不同的文件中，可方便编辑操作。如果不需要修改内容，只需要修改相应的页面元素外观，那么只要修改外部样式表中的样式规则即可，不需要修改 HTML 文件。更为方便的是，一个 HTML 文件中可以使用多个外部样式表文件，可以根据样式规则的内容对其进行分类，放在不同的外部样式表文件中，方便管理。在创建外部样式表文件前，通常在网页所在文件夹中创建名为 "css" 的子文件夹，所有的外部样式表文件都保存在该子文件夹内。

【实例 7.3】外部样式表的使用，文件名称为 chapter7.3.html，文件内容如下：

```
<!DOCTYPE html>
<html>
    <head>
        <meta charset="UTF-8">
        <link rel="stylesheet" type="text/css" href="css/chapter7.3.css" />
        <title>外部样式表的使用</title>
    </head>
    <body>
        <h1>外部样式表的使用</h1>
        <p>这一段使用了外部样式表</p>
        <p>这一段使用了外部样式表</p>
        <p>这一段使用了外部样式表</p>
    </body>
</html>
```

外部样式表文件名称为 chapter7.3.css，文件内容如下：

```
h1 {
    color: red;
}
p {
    margin: 20px;
}
body {
    background: sienna;
}
```

在浏览器中打开网页文件 chapter7.3.html，页面效果如图 7-3 所示。外部样式表文件中分别有三个样式规则，对应标签 body、h1 和 p，相应网页文件中的三个标签均受到影响。

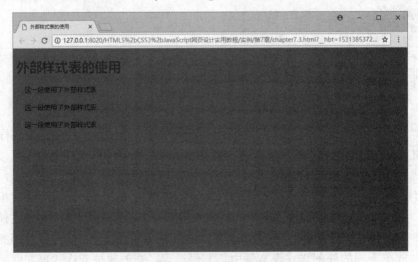

图 7-3　外部样式表的使用的页面效果

7.4　选择器

CSS 样式表中设置了多个样式规则，根据其对于 HTML 页面中元素的影响范围，将选择器分为 id 选择器、类选择器、标记选择器、全局选择器、群组选择器、后代选择器和伪类选择器等类别。

7.4.1　id 选择器

id 选择器可以为标有特定 id 值的 HTML 元素指定特定的样式。定义 id 选择器的语法格式如下所示：

`#id 选择器名{属性:值;}`

使用 id 选择器的语法格式如下所示：

`<标签名 id="id 选择器名">…</标签名>`

使用 id 选择器后，该 HTML 元素将会受到相应的 id 选择器中样式规则的影响。

HTML 页面中的每个元素的 id 值通常是独一无二的，这是为了在编制相应的程序时可以自由控制 HTML 页面上的每个元素。如果两个元素的 id 值相同，在编制 HTML 页面时不会出现问题，但这不是一个良好的编程习惯，因此应尽量保证各元素 id 值互不相同。

【实例 7.4】id 选择器的使用，文件名称为 chapter7.4.html，内容如下：

```
<!DOCTYPE html>
<html>
    <head>
        <meta charset="UTF-8">
        <style>
            #id1 {
                color: red;
            }
            #id2 {
                color: green;
            }
        </style>
        <title>id 选择器的使用</title>
    </head>
    <body>
        <h1>id 选择器的使用</h1>
        <p id="id1">这里的 id 是 id1。</p>
        <p id="id2">这里的 id 是 id2。</p>
        <p id="id1">这里的 id 是 id1。</p>
        <p id="id3">这里的 id 是 id3。</p>
    </body>
</html>
```

在浏览器中打开网页文件 chapter7.4.html，页面效果如图 7-4 所示。四个段落标签中，第一个和第三个的 id 值都是 id1，因此使用了 id 选择器 id1 的样式规则，第二个的 id 值是 id2，因此使用了 id 选择器 id2 的样式规则，第四个因为 id 选择器 id3 不存在，因此使用的是默认设置。

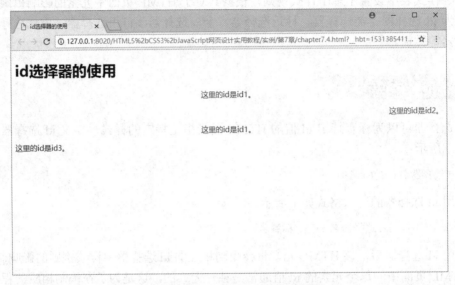

图 7-4　id 选择器的使用的页面效果

7.4.2　类选择器

类选择器可以为标有特定 class 值的 HTML 元素指定样式规则。定义类选择器的语法格式如下所示：

.类选择器名{属性:值;}

使用类选择器的语法格式如下所示：

<标签名 class="类选择器名">...</标签名>

使用类选择器后，该 HTML 元素将会受到相应的类选择器中样式规则的影响。

类选择器可以为具有相同属性特征的一类 HTML 元素指定样式规则。在使用时，只要将该类 HTML 元素的 class 值设置为类选择器名称即可。类选择器中的样式规则可以作用于不同类别的 HTML 元素。

【实例 7.5】类选择器的使用，文件名称为 chapter7.5.html，内容如下：

```
<!DOCTYPE html>
<html>
    <head>
        <meta charset="UTF-8">
        <style>
            .class1 {
                color: red;
```

```
                text-align: center;
            }
            .class2 {
                color: green;
                text-align: right;
            }
        </style>
        <title>类选择器的使用</title>
    </head>
    <body>
        <h1 class="class1">类选择器的使用</h1>
        <p class="class1">这里是 class1。</p>
        <p class="class2">这里是 class2。</p>
        <p>这里没有 class。</p>
    </body>
</html>
```

在浏览器中打开网页文件 chapter7.5.html，页面效果如图 7-5 所示。四个标记中，标题标记和第一个段落标记的 class 值都是 class1，因此使用了类选择器 class1 的样式规则，第二个段落标记的 class 值是 class2，因此使用了类选择器 class2 的样式规则，第四个标记因为类选择器 class3 不存在，因此使用的是默认设置。

图 7-5　类选择器的使用的页面效果

7.4.3　标记选择器

标记选择器，也称为元素选择器，可以为现有的 HTML 标记指定样式规则。定义标记选择器的语法格式如下所示：

标记选择器名{属性:值;}

使用标记选择器的语法格式如下：

<标记名>...</标记名>

使用标记选择器后，凡使用该 HTML 标记的元素将会受到相应的标记选择器中样式规则的影响。

标记选择器可以为整个页面中的特定标记指定样式规则。

【实例 7.6】标记选择器的使用，文件名称为 chapter7.6.html，内容如下：

```html
<!DOCTYPE html>
<html>
    <head>
        <meta charset="UTF-8">
        <style>
            p {
                color: red;
                text-align: center;
            }
        </style>
        <title>标记选择器的使用</title>
    </head>
    <body>
        <h1>标记选择器的使用</h1>
        <p>这里是 p 标记。</p>
        <p>这里也是 p 标记。</p>
        这里没有 p 标记。
    </body>
</html>
```

在浏览器中打开网页文件 chapter7.6.html，页面效果如图 7-6 所示。除标题外，前两行文字使用了段落标记，因此都使用了标记选择器 p 的样式规则，第三行文字没有使用段落标记，因此和前两行文字明显外观不同。

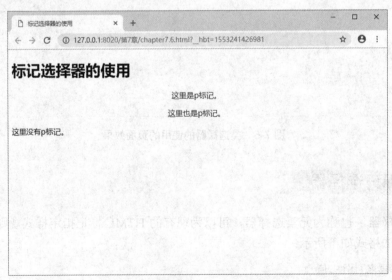

图 7-6　标记选择器的使用的页面效果

7.4.4 全局选择器

全局选择器，也称为通配选择器，可以为页面中所有的 HTML 元素指定样式规则。定义全局选择器的语法格式如下所示：

```
*{属性:值;}
```

定义标记选择器后，该页面中所有的 HTML 元素将会受到全局选择器中样式规则的影响。如果需要对页面中所有的 HTML 元素指定相同的样式规则，那么可以定义全局选择器。

【实例 7.7】全局选择器的使用，文件名称为 chapter7.7.html，内容如下：

```html
<!DOCTYPE html>
<html>
    <head>
        <meta charset="UTF-8">
        <style>
            * {
                color: red;
                text-align: center;
            }
        </style>
        <title>全局选择器的使用</title>
    </head>
    <body>
        <h1>这里是标记 h1。</h1>
        <h2>这里是标记 h2。</h2>
        <p>这里是段落标记 p。</p>
        这里没有标记。
    </body>
</html>
```

在浏览器中打开网页文件 chapter7.7.html，页面效果如图 7-7 所示。所有的 HTML 元素都使用了全局选择器的样式规则。

图 7-7　全局选择器的使用的页面效果

7.4.5　群组选择器

群组选择器可以为页面中多个 id 选择器、类选择器或标记选择器同时指定相同内容的样式规则。定义群组选择器的语法格式如下所示：

选择器名 1,选择器名 2,……{属性:值;}

定义群组选择器后,该群组选择器名称中的各个选择器在使用时,页面中相关的 HTML 元素将会受到群组选择器中样式规则的影响。

使用群组选择器,将会大大地简化 CSS 代码。如果多个选择器具有相同属性,可以将其合并为群组选择器,定义同样的 CSS 属性,这可大大地提高编码效率,同时也可减少 CSS 文件的体积。

【实例 7.8】群组选择器的使用,文件名称为 chapter7.8.html,内容如下:

```
<!DOCTYPE html>
<html>
    <head>
        <meta charset="UTF-8">
        <style>
            #id1,
            .class1,
            p {
                color: red;
                text-align: center;
            }
        </style>
        <title>群组选择器的使用</title>
    </head>
    <body>
        <h1>群组选择器的使用</h1>
        <h2 id="id1">这里使用了群组选择器中的 id 选择器。</h2>
        <h2>这里什么都没有用。</h2>
        <h2 class="class1">这里使用了群组选择器中的类选择器。</h2>
        <h2>这里什么都没有用。</h2>
        <p>这里使用了群组选择器中的标记选择器。</p>
        这里什么都没有用。
    </body>
</html>
```

在浏览器中打开网页文件 chapter7.8.html,页面效果如图 7-8 所示。可以看到使用了 id 选择器、类选择器和标记选择器的三个 HTML 元素都使用了群组选择器的样式规则。

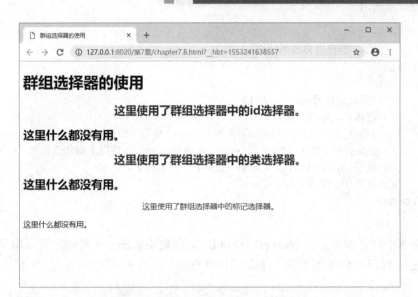

图 7-8　群组选择器的使用的页面效果

7.4.6　后代选择器

后代选择器也称为包含选择器，用来选择特定元素或元素组的后代，将对父元素的选择器放在前面，对子元素的选择器放在后面，中间加一个空格分开。定义后代选择器的语法格式如下：

父选择器名　子选择器名......{属性:值;}

后代选择器中的元素个数不限于两个，对于多层祖先后代关系，只要对祖先元素的选择在后代元素之前，中间以空格分开即可。

【实例 7.9】后代选择器的使用，文件名称为 chapter7.9.html，内容如下：

```
<!DOCTYPE html>
<html>
    <head>
        <meta charset="UTF-8">
        <style>
            #id1 span {
                color: red;
                font-size: 20px;
            }
            .class1 span {
                color: green;
                font-size: 24px;
            }
            p span {
                color: blue;
                font-size: 30px;
            }
```

```
            </style>
            <title>后代选择器的使用</title>
        </head>
        <body>
            <h1>后代选择器的使用</h1>
            <p>这里什么都没有用。</p>
            <p id="id1">这里<span>新内容</span>使用了后代选择器。</p>
            <p class="class1">这里<span>新内容</span>使用了后代选择器。</p>
            <p>这里<span>新内容</span>使用了后代选择器。</p>
            <p>这里什么都没有用。</p>
        </body>
</html>
```

在浏览器中打开网页文件 chapter7.9.html，页面效果如图 7-9 所示，可以看到三个段落标记中的 span 标记分别使用了三个不同的样式规则。

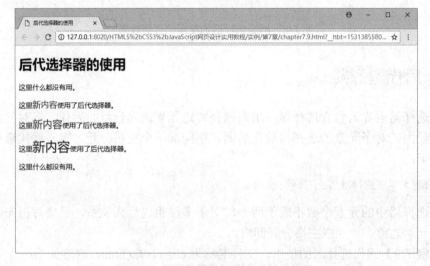

图 7-9　后代选择器的使用的页面效果

7.4.7　伪类选择器

伪类选择器用来添加选择器的一些特殊效果，例如 HTML 元素在不同状态下使用不同的样式。伪类选择器中使用最多的是链接的伪类选择器。页面中链接的状态共有四种：未访问链接(link)、已访问链接(visited)、鼠标指针悬停在链接上面 (hover) 、活动链接(active)。定义链接伪类选择器的语法格式如下：

```
a:link{属性:值;}
a:visited{属性:值;}
a:hover{属性:值;}
a:active{属性:值;}
```

链接伪类选择器在书写时，请按照 link、visited、hover、active 的顺序来写，否则可能出现选择器无效的现象，但四个状态可根据需要来写，不一定要全部写出来。

【**实例 7.10**】链接伪类选择器的使用，文件名称为 chapter7.10.html，内容如下：

```html
<!DOCTYPE html>
<html>
    <head>
        <meta charset="UTF-8">
        <style>
            a:link {
                color: red;
            }
            a:visited {
                color: green;
            }
            a:hover {
                color: blue;
            }
            a:active {
                color: black;
            }
        </style>
        <title>链接伪类选择器的使用</title>
    </head>
    <body>
        <a href=#>链接伪类选择器的使用</a>
    </body>
</html>
```

在浏览器中打开网页文件 chapter7.10.html，页面效果如图 7-10 所示，可以看到链接在四种状态下分别呈现四种不同的颜色。

图 7-10　使用链接伪类选择器的页面效果

7.4.8　选择器优先级

假如同时有两个选择器给同一个元素设置相同的属性，那么最终设置为哪个呢？如果遇到以上情况，那么按照以下规则来处理。

➢　优先级顺序：内联样式 > id 选择器 > 类选择器 > 标记选择器 >全局选择器

➢　如果使用相同优先级的两个选择器先后为同一个元素的同一个属性设置样式规则，那么前一个起作用。

【**实例 7.11**】选择器优先级的使用，文件名称为 chapter7.11.html，内容如下：

```
<!DOCTYPE html>
<html>
    <head>
        <meta charset="UTF-8">
        <style>
            #id1 {
                color: red;
            }
            #id2 {
                color: gray;
            }
            .class1 {
                color: green;
            }
            p {
                color: blue;
            }
            * {
                color: orange;
            }
        </style>
        <title>选择器优先级的使用</title>
    </head>
    <body>
        这里使用了全局选择器。
        <p>这里使用了标记选择器。</p>
        <p class="class1">这里添加了类选择器。</p>
        <p id="id1" class="class1">这里添加了 id 选择器。</p>
        <p style="color:black;" id="id1" class="class1">这里添加了内联样式。
</p>
        <p id="id1" id="id2">这里使用了两个 id 选择器。</p>
    </body>
</html>
```

在浏览器中打开网页文件 chapter7.11.html，页面效果如图 7-11 所示，可以看到第五行的段落标记中的文字显示为内联样式规则，最后一行的段落标记中的文字显示为第一个 id 选择器的样式规则。

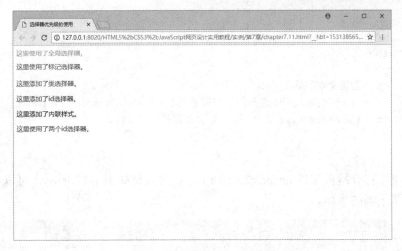

图 7-11　使用选择器优先级的页面效果

7.5　设置字体

CSS 字体属性定义字体类型、大小、风格和颜色。

7.5.1　字体类型

font-family 属性用来设置文本的字体系列。font-family 属性的语法格式如下：

```
{font-family:字体名称;}
```

在 CSS 中，除了各种特定的字体系列外，可以使用的通用字体系列包括 Serif 字体(Times New Roman、Georgia)、Sans-serif 字体(Arial、Verdana)、Monospace 字体(Courier New、Lucida Console)、Cursive 字体和 Fantasay 字体。

字体名称如果超过一个字，则必须在字体名称前后使用引号。建议 font-family 属性设置多个字体名称，这样使得如果浏览器不支持第一种字体时可以由其他字体来替代，多个字体名称之间用逗号分隔。

【实例 7.12】设置文本字体，文件名称为 chapter7.12.html，内容如下：

```
<!DOCTYPE html>
<html>
    <head>
        <meta charset="utf-8">
        <title>设置文本字体</title>
        <style>
            p.serif {
                font-family: "Times New Roman", Times, serif;
            }
            p.sansserif {
                font-family: Arial, Helvetica, sans-serif;
```

```
        }
    </style>
</head>
<body>
    <h1>设置文本字体</h1>
    <p class="serif">这一段的字体是 Times New Roman 。</p>
    <p class="sansserif">这一段的字体是 Arial 。</p>
</body>
</html>
```

在浏览器中打开网页文件 chapter7.12.html，页面效果如图 7-12 所示，可以看到两段文字分别使用了不同的字体。

图 7-12　设置文本字体的页面效果

7.5.2　字体大小

font-size 属性用来设置文本的大小。文本的大小可以使用绝对值(像素值)，或是相对值(em 值或百分比)。em 值是当前字体大小的倍数，1emp 和当前的字体大小相等，在浏览器中默认的文字大小是 16px。百分比是当前字体大小的百分比值。文本的大小还可以使用表7-3 中的值来描述。

表 7-3　font-size 值列表

值	描　述
xx-small	
x-small	
small	
medium	把字体的尺寸设置为不同的尺寸，从 xx-small 到 xx-large。默认值：medium
large	
x-large	
xx-large	

续表

值	描　述
smaller	把 font-size 设置为比父元素更小的尺寸
larger	把 font-size 设置为比父元素更大的尺寸
length	把 font-size 设置为一个固定的值
%	把 font-size 设置为基于父元素的一个百分比值
inherit	从父元素继承

在设置文本的大小之前，先确定文本的类型，是标题还是普通的文字段落，从而确定使用标题标记<h1>～<h6>还是使用段落标记<p>。

【实例 7.13】设置文本大小，文件名称为 chapter7.13.html，内容如下：

```
<!DOCTYPE html>
<html>
    <head>
        <meta charset="utf-8">
        <title>设置文本大小</title>
        <style>
            #id1 {
                font-size: x-small;
            }
            #id2 {
                font-size: medium;
            }
            #id3 {
                font-size: x-large;
            }
            #id4 {
                font-: smaller;
            }
            #id5 {
                font-size: larger;
            }
            #id6 {
                font-size: 24px;
            }
            #id7 {
                font-size: 1.5em;
            }
            #id8 {
                font-size: 70%;
            }
        </style>
    </head>
    <body>
        <h1>设置文本大小</h1>
        <p>这一段文本大小未设置。</p>
```

```
            <p id="id1">这一段的文本大小是 x-small。</p>
            <p id="id2">这一段的文本大小是 medium。</p>
            <p id="id3">这一段的文本大小是 x-large。</p>
            <p id="id4">这一段的文本大小是 smaller。</p>
            <p id="id5">这一段的文本大小是 larger。</p>
            <p id="id6">这一段的文本大小是 24px。</p>
            <p id="id7">这一段的文本大小是 1em。</p>
            <p id="id8">这一段的文本大小是 70%。</p>
    </body>
</html>
```

在浏览器中打开网页文件 chapter7.13.html，页面效果如图 7-13 所示，可以看到文字大小不同的效果。

图 7-13　设置文本大小的页面效果

7.5.3　字体风格

font-style 属性用来设置文本的风格。font-style 属性可以使用表 7-4 中的值来描述。

表 7-4　font-style 值列表

值	描　　述
normal	默认值。浏览器显示标准字体样式
italic	浏览器显示斜体字体样式
oblique	浏览器显示倾斜字体样式
inherit	从父元素继承

【实例 7.14】设置文本风格，文件名称为 chapter7.14.html，内容如下：

```
<!DOCTYPE html>
<html>
    <head>
```

```
        <meta charset="utf-8">
        <title>设置文本风格</title>
        <style>
            #id1 {
                font-style: normal;
            }
            #id2 {
                font-style:italic;
            }
            #id3 {
                font-style: oblique;
            }
        </style>
    </head>
    <body>
        <h1>设置文本风格</h1>
        <p>这一段文本风格未设置。</p>
        <p id="id1">这一段的文本风格是 normal。</p>
        <p id="id2">这一段的文本风格是 italic。</p>
        <p id="id3">这一段的文本风格是 oblique。</p>
    </body>
</html>
```

在浏览器中打开网页文件 chapter7.14.html，页面效果如图 7-14 所示，可以看到文本风格不同的效果。

图 7-14　设置文本风格的页面效果

7.5.4　字体颜色

color 属性用来设置文本的颜色。color 属性可以使用表 7-5 中的值类型来描述。

表 7-5　color 值类型列表

值	描　述
color_name	颜色值为颜色名称
hex_number	颜色值为十六进制值的颜色
rgb_number	颜色值为 RGB 代码的颜色
inherit	从父元素继承

【实例 7.15】设置文本颜色，文件名称为 chapter7.15.html，内容如下：

```
<!DOCTYPE html>
<html>
    <head>
        <meta charset="utf-8">
        <title>设置文本颜色</title>
        <style>
            body {
                color: cyan;
            }
            p {
                color: #808080;
            }
            p span {
                color: rgb(255, 0, 0);
            }
        </style>
    </head>
    <body>
        <h1>设置文本颜色</h1>
        <p>这一段文本<span>新内容</span>。</p>
    </body>
</html>
```

在浏览器中打开网页文件 chapter7.15.html，页面效果如图 7-15 所示，可以看到文字颜色不同的效果。

图 7-15　设置文本颜色的页面效果

7.6　设置文本段落

　　CSS 文本段落属性定义首行缩进、对齐方式、文本修饰、行高、字间距、词间距和其他段落格式。

7.6.1　首行缩进

　　text-indent 属性用来设置文本块中首行文本的缩进。text-indent 属性可以使用表 7-6 中的值来描述。

表 7-6　text-indent 值列表

值	描　　述
length	首行缩进值设置为一个固定的值，默认值为 0
%	首行缩进值设置为基于父元素的一个百分比值
inherit	从父元素继承

　　【实例 7.16】设置文本段落首行缩进，文件名称为 chapter7.16.html，内容如下：

```
<!DOCTYPE html>
<html>
    <head>
        <meta charset="utf-8">
        <title>设置文本段落首行缩进</title>
        <style>
            #id1 {
                text-indent: 10px;
            }
            #id2 {
                text-indent: 15%;
            }
        </style>
    </head>
    <body>
        <h1>设置文本段落首行缩进</h1>
        <p>这一段文本段落首行缩进未设置。</p>
        <p id="id1">这一段的文本段落首行缩进是 10px。</p>
        <p id="id2">这一段的文本段落首行缩进是 15%。</p>
    </body>
</html>
```

　　在浏览器中打开网页文件 chapter7.16.html，页面效果如图 7-16 所示，可以看到文字分别使用了不同的缩进值。

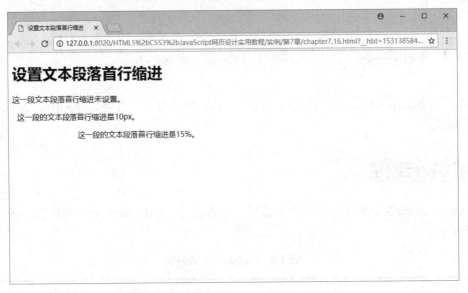

图 7-16　设置文本段落首行缩进的页面效果

7.6.2　水平对齐

text-align 属性用来设置元素文本的水平对齐方式。text-align 属性可以使用表 7-7 中的值来描述。

表 7-7　text-align 值列表

值	描　述
left	设置文本靠左对齐，默认值
right	设置文本靠右对齐
center	设置文本居中对齐
justify	设置文本两端对齐
inherit	从父元素继承

【实例 7.17】设置文本水平对齐方式，文件名称为 chapter7.17.html，内容如下：

```
<!DOCTYPE html>
<html>
    <head>
        <meta charset="utf-8">
        <title>设置文本水平对齐方式</title>
        <style>
            #id1 {
                text-align: left;
            }
            #id2 {
                text-align: right;
            }
```

```
        #id3 {
            text-align: center;
        }
        #id4 {
            text-align: justify;
        }
    </style>
</head>
<body>
    <h1>设置文本水平对齐方式</h1>
    <p>这一段文本水平对齐方式未设置。</p>
    <p id="id1">这一段文本水平对齐方式是 left。</p>
    <p id="id2">这一段文本水平对齐方式是 right。</p>
    <p id="id3">这一段文本水平对齐方式是 center。</p>
    <p id="id4">这一段文本水平对齐方式是 justify。</p>
</body>
</html>
```

在浏览器中打开网页文件 chapter7.17.html，页面效果如图 7-17 所示，可以看到文字分别使用了不同的水平对齐方式。

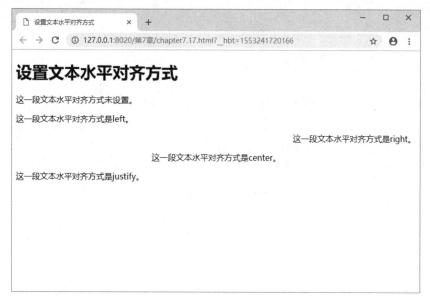

图 7-17　设置文本水平对齐方式的页面效果

7.6.3　垂直对齐

vertical-align 属性用来设置元素文本的垂直对齐方式，即行内元素的基线相对于该元素所在行的基线的垂直对齐。vertical-align 属性可以使用表 7-8 中的值来描述。

表 7-8　vertical-align 值列表

值	描　述
baseline	设置元素放在父元素的基线上，默认值
sub	设置元素垂直对齐文本的下标
super	设置元素垂直对齐文本的上标
top	设置元素的顶端与行中最高元素的顶端对齐
text-top	设置元素的顶端与父元素的顶端对齐
middle	设置元素放置在父元素的中部
bottom	设置元素的顶端与行中最低的元素的顶端对齐
text-bottom	设置元素的底端与父元素的底端对齐
length	设置元素对齐的像素值
%	设置元素使用 line-height 属性的百分比值来排列元素，允许负值，负值使得元素降低
inherit	从父元素继承

【实例 7.18】设置文本垂直对齐方式，文件名称为 chapter7.18.html，内容如下：

```
<!DOCTYPE html>
<html>
    <head>
        <meta charset="utf-8">
        <style>
            p {
                font-size: 32px;
            }
            b {
                font-size: 20px;
            }
            #id1 {
                vertical-align: baseline;
            }
            #id2 {
                vertical-align: sub;
            }
            #id3 {
                vertical-align: super;
            }
            #id4 {
                vertical-align: top;
            }
            #id5 {
                vertical-align: text-top;
            }
            #id6 {
                vertical-align: middle;
            }
            #id7 {
                vertical-align: bottom;
```

```
        }
        #id8 {
            vertical-align: text-bottom;
        }
        #id9 {
            vertical-align: 20px;
        }
        #id10 {
            vertical-align: 20px;
        }
        #id11 {
            vertical-align: 20%;
        }
        #id12 {
            vertical-align: -20%;
        }
    </style>
    <title>设置文本垂直对齐方式</title>
</head>
<body>
    <p>这一段文本垂直对齐方式是<b id="id1">baseline。</b>这一段文本垂直对齐方
式是<b id="id2">sub。</b></p>
    <p>这一段文本垂直对齐方式是<b id="id3">super。</b>这一段文本垂直对齐方式是
<b id="id4">top。</b></p>
    <p>这一段文本垂直对齐方式是<b id="id5">text-top。</b>这一段文本垂直对齐方
式是<b id="id6">middle。</b></p>
    <p>这一段文本垂直对齐方式是<b id="id7">bottom。</b>这一段文本垂直对齐方式
是<b id="id8">text-bottom。</b></p>
    <p>这一段文本垂直对齐方式是<b id="id9">20px。</b>这一段文本垂直对齐方式是
<b id="id10">-20px。</b></p>
    <p>这一段文本垂直对齐方式是<b id="id11">20%。</b>这一段文本垂直对齐方式是
<b id="id12">-20%。</b></p>
</body>
</html>
```

在浏览器中打开网页文件 chapter7.18.html，页面效果如图 7-18 所示，可以看到文字分别使用了不同的垂直对齐方式。

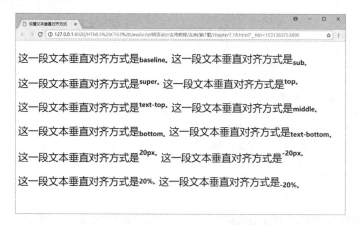

图 7-18　设置文本垂直对齐方式的页面效果

7.6.4　文本修饰

text-decoration 属性用来设置添加到文本的修饰。text-decoration 属性可以使用表 7-9 中的值来描述。

表 7-9　text-decoration 值列表

值	描　　述
none	设置标准文本，默认值
underline	设置文本下划线
overline	设置文本上划线
line-through	设置文本删除线
blink	设置文本闪烁(目前仅 Firefox 支持)
inherit	从父元素继承

【实例 7.19】设置文本修饰，文件名称为 chapter7.19.html，内容如下：

```
<!DOCTYPE html>
<html>
    <head>
        <meta charset="utf-8">
        <title>设置文本修饰</title>
        <style>
            #id1 {
                text-decoration: none;
            }
            #id2 {
                text-decoration: underline;
            }
            #id3 {
                text-decoration: overline;
            }
            #id4 {
                text-decoration: line-through;
            }
        </style>
    </head>
    <body>
        <h1>设置文本修饰</h1>
        <p id="id1">这一段文本修饰是 none。</p>
        <p id="id2">这一段文本修饰是 underline。</p>
        <p id="id3">这一段文本修饰是 overline。</p>
        <p id="id4">这一段文本修饰是 line-through。</p>
    </body>
</html>
```

在浏览器中打开网页文件 chapter7.19.html，页面效果如图 7-19 所示，可以看到文字分别使用了不同的修饰。

图 7-19　设置文本修饰的页面效果

7.6.5　行高

line-height 属性用来设置文本的行高。line-height 属性可以使用表 7-10 中的值来描述。

表 7-10　line-height 值列表

值	描　　述
normal	设置合理的行高，默认值
number	设置数值，该数值与当前字体尺寸相乘得到行高
length	设置行高为像素值
%	设置行高为当前字体尺寸的百分比
inherit	从父元素继承

【实例 7.20】设置文本行高，文件名称为 chapter7.20.html，内容如下：

```
<!DOCTYPE html>
<html>
    <head>
        <meta charset="utf-8">
        <title>设置文本行高</title>
        <style>
            #id1 {
                line-height: normal;
            }
            #id2 {
                line-height: 2;
            }
            #id3 {
                line-height: 20px;
            }
            #id4 {
```

```
                    line-height: 50%;
              }
        </style>
    </head>
    <body>
        <h1>设置文本行高</h1>
        <p id="id1">这一段文本行高是 normal。</p>
        <p id="id1">这一段文本行高也是 normal。</p>
        <p id="id2">这一段文本行高是 2。</p>
        <p id="id2">这一段文本行高也是 2。</p>
        <p id="id3">这一段文本行高是 20px。</p>
        <p id="id3">这一段文本行高也是 20px。</p>
        <p id="id4">这一段文本行高是 50%。</p>
        <p id="id4">这一段文本行高也是 50%。</p>
    </body>
</html>
```

在浏览器中打开网页文件 chapter7.20.html，页面效果如图 7-20 所示，可以看到文字分别设置了不同的行高。

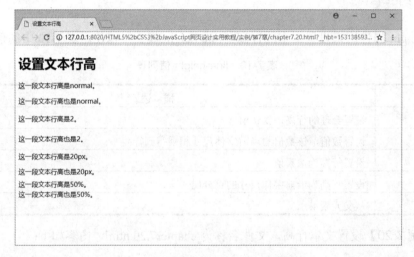

图 7-20　设置文本行高的页面效果

7.6.6　字间距

letter-spacing 属性用来设置文本的字间距。letter-spacing 属性可以使用表 7-11 中的值来描述。

表 7-11　letter-spacing 值列表

值	描　　述
normal	设置字符间没有额外的空间，默认值
length	设置字间距像素值
inherit	从父元素继承

【**实例 7.21**】设置文本字间距，文件名称为 chapter7.21.html，内容如下：

```
<!DOCTYPE html>
<html>
    <head>
        <meta charset="utf-8">
        <title>设置文本字间距</title>
        <style>
            #id1 {
                letter-spacing: normal;
            }
            #id2 {
                letter-spacing: 20px;
            }
        </style>
    </head>
    <body>
        <h1>设置文本字间距</h1>
        <p id="id1">这一段文本字间距是 normal。</p>
        <p id="id2">这一段文本字间距是 20px。</p>
    </body>
</html>
```

在浏览器中打开网页文件 chapter7.21.html，页面效果如图 7-21 所示，可以看到文字分别使用了不同的字间距。

图 7-21   设置文本字间距的页面效果

7.6.7   词间距

word-spacing 属性用来设置单词间的间距。word-spacing 属性可以使用表 7-12 中的值来描述。

表 7-12　word-spacing 值列表

值	描　述
normal	设置单词间的标准空间，默认值
length	设置单词间的间距像素值
inherit	从父元素继承

【实例 7.22】设置文本词间距，文件名称为 chapter7.22.html，内容如下：

```
<!DOCTYPE html>
<html>
    <head>
        <meta charset="utf-8">
        <title>设置文本词间距</title>
        <style>
            #id1 {
                word-spacing: normal;
            }
            #id2 {
                word-spacing: 20px;
            }
        </style>
    </head>
    <body>
        <h1>设置文本词间距</h1>
        <p id="id1">这一段文本词间距是 normal。</p>
        <p id="id1">The space of this centence is normal.</p>
        <p id="id2">这一段文本词间距是 20px。</p>
        <p id="id2">The space of this centence is 20px.</p>
    </body>
</html>
```

在浏览器中打开网页文件 chapter7.22.html，页面效果如图 7-22 所示，可以看到词间距差异对于中文语句显示无影响，而对于英文语句显示则有影响。

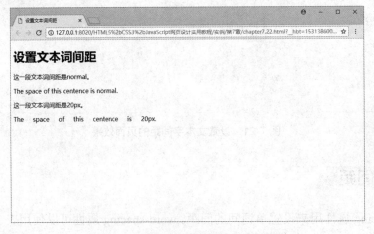

图 7-22　设置文本词间距的页面效果

7.7　设置表格

　　CSS 表格样式定义的范围可以是整个表格，也可以是表格的标题，或是表格的一行或一格，定义的内容包括表格边框、折叠边框、表格宽度、表格高度、表格文字水平对齐、表格文字垂直对齐、表格填充、表格文字颜色和表格背景颜色。

　　border 属性用来设置表格边框的线宽、线型和颜色；width 属性用来设置表格宽度；height 属性用来设置表格高度；text-align 属性用来设置表格文字水平对齐；vertical-aligh 属性用来设置表格文字垂直对齐；padding 属性用来设置表格文字和边框之间的距离；color 属性用来设置表格文字颜色；background-color 属性用来设置表格背景颜色。

　　border-collapse 属性用来设置表格的边框是否被合并成一个单一的边框，还是像在标准的 HTML 中那样分开显示。border-collapse 属性值可以使用表 7-13 中的值来描述。

表 7-13　border-collapse 属性值列表

值	描　　述
collapse	边框合并为一个单一的边框
separate	默认值，边框会被分开
inherit	从父元素继承

　　【实例 7.23】设置表格样式，文件名称为 chapter7.23.html，内容如下：

```
!DOCTYPE html>
<html>
    <head>
        <meta charset="utf-8">
        <title>表格样式</title>
        <style>
            #customers {
                font-family: 宋体, 隶书, Arial, Helvetica, sans-serif;
                width: 100%;
                border-collapse: collapse;
            }
            td {
                font-size: 1em;
                border: 1px solid #98bf21;
                padding: 3px 7px 2px 7px;
            }
            th {
                font-size: 1.1em;
                text-align: left;
                padding-top: 5px;
                padding-bottom: 4px;
                background-color: #A7C942;
                color: #ffffff;
                text-align: center;
```

```
            }
            .alt {
                color: #000000;
                background-color: #EAF2D3;
            }
        </style>
    </head>
    <body>
        <table id="customers">
        <tr>
            <th>书名</th>
            <th>出版社</th>
            <th>价格(元)</th>
        </tr>
        <tr>
            <td>红星照耀中国</td>
            <td>人民文学出版社</td>
            <td>33.00</td>
        </tr>
        <tr class="alt">
            <td>云边有个小卖部</td>
            <td>湖南文艺出版社</td>
            <td>42.00</td>
        </tr>
        <tr>
            <td>活着</td>
            <td>作家出版社</td>
            <td>28.00</td>
        </tr>
        <tr class="alt">
            <td>月亮与六便士</td>
            <td>浙江文艺出版社</td>
            <td>39.80</td>
        </tr>
        <tr>
            <td>追风筝的人</td>
            <td>上海人民出版社</td>
            <td>36.00</td>
        </tr>
        <tr class="alt">
            <td>从动物到上帝</td>
            <td>中信出版社</td>
            <td>68.00</td>
        </tr>
        <tr>
            <td>苏菲的世界</td>
            <td>作家出版社</td>
            <td>38.00</td>
        </tr>
        <tr class="alt">
            <td>自在独行</td>
```

```
                <td>长江文艺出版社</td>
                <td>39.00</td>
            </tr>
            <tr>
                <td>新概念英语 1：英语初阶</td>
                <td>外语教学与研究出版社</td>
                <td>38.00</td>
            </tr>
            <tr class="alt">
                <td>新概念英语 2：实践与进步</td>
                <td>外语教学与研究出版社</td>
                <td>38.00</td>
            </tr>
        </table>
    </body>
</html>
```

在浏览器中打开网页文件 chapter7.23.html，页面效果如图 7-23 所示。

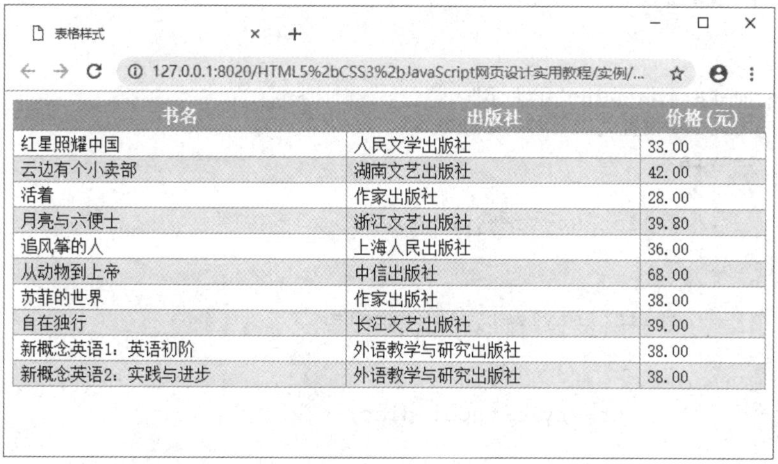

书名	出版社	价格(元)
红星照耀中国	人民文学出版社	33.00
云边有个小卖部	湖南文艺出版社	42.00
活着	作家出版社	28.00
月亮与六便士	浙江文艺出版社	39.80
追风筝的人	上海人民出版社	36.00
从动物到上帝	中信出版社	68.00
苏菲的世界	作家出版社	38.00
自在独行	长江文艺出版社	39.00
新概念英语1：英语初阶	外语教学与研究出版社	38.00
新概念英语2：实践与进步	外语教学与研究出版社	38.00

图 7-23　设置表格样式的页面效果

7.8　设置列表

HTML 中有两种列表，列表符号为图形的列表是无序列表，列表符号为数字或字母的列表是有序列表。

7.8.1　列表符号

list-style-type 属性用来设置列表符号的类型。list-style-type 属性可以使用表 7-14 中的值来描述。

表 7-14　list-style-type 属性的常用值

值	描　　述
none	设置无列表符号
disc	设置列表符号是实心圆。默认值
circle	设置列表符号是空心圆
square	设置列表符号是实心方块
decimal	设置列表符号是数字
lower-alpha	设置列表符号是小写英文字母
upper-alpha	设置列表符号是大写英文字母
lower-roman	设置列表符号是小写罗马数字
upper-roman	设置列表符号是大写罗马数字

【实例 7.24】设置列表符号，文件名称为 chapter7.24.html，内容如下：

```
<!DOCTYPE html>
<html>
    <head>
        <meta charset="utf-8">
        <title>设置列表符号</title>
        <style>
            .a {
                list-style-type: none;
            }
            .b {
                list-style-type: circle;
            }
            .c {
                list-style-type: disc;
            }
            .d {
                list-style-type: square;
            }
            .e {
                list-style-type: decimal;
            }
        </style>
    </head>
    <body>
        <ul class="a">
            <li>手机</li>
            <ul class="b">
                <li>拍照手机</li>
                <li>音乐手机</li>
                <li>游戏手机</li>
            </ul>
            <li>运营商</li>
            <ul class="c">
```

```
            <li>中国电信</li>
            <li>中国移动</li>
            <li>中国联通</li>
        </ul>
        <li>数码</li>
        <ul class="d">
            <li>摄影摄像</li>
            <li>影音娱乐</li>
            <li>智能设备</li>
        </ul>
    </ul>
    <ol class="a">
        <li>家具</li>
        <ol class="e">
            <li>卧室家具</li>
            <li>客厅家具</li>
            <li>书房家具</li>
        </ol>
        <li>家居</li>
        <li>家装</li>
    </ol>
</body>
</html>
```

在浏览器中打开网页文件 chapter7.24.html，页面效果如图 7-24 所示，可以看到列表符号不同的效果。

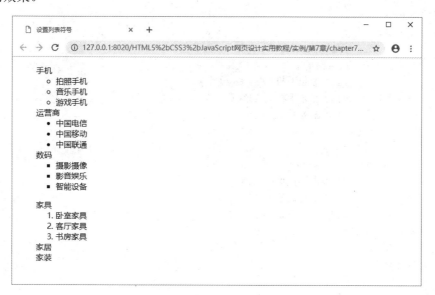

图 7-24　设置列表符号的页面效果

7.8.2　图像符号

设置 list-style-image 属性，可以使用图像符号来替换列表符号。list-style-image 属性可以使用表 7-15 中的值来描述。

表 7-15　list-style-image 属性的值

值	描　述
URL	设置图像文件的路径
none	设置无图像符号。默认值
inherit	从父元素继承。

【实例 7.25】设置图像符号，文件名称为 chapter7.25.html，内容如下：

```
<!DOCTYPE html>
<html>
    <head>
        <meta charset="utf-8">
        <title>设置图像符号</title>
        <style>
            .a {
                list-style-image: none;
            }
            .b {
                list-style-image: url(image/image1.gif);
            }
        </style>
    </head>
    <body>
        <ul>
            <li>手机</li>
            <ul class="b">
                <li>拍照手机</li>
                <li>音乐手机</li>
                <li>游戏手机</li>
            </ul>
            <li>数码</li>
            <ul class="b">
                <li>摄影摄像</li>
                <li>影音娱乐</li>
                <li>智能设备</li>
            </ul>
        </ul>
    </body>
</html>
```

在浏览器中打开网页文件 chapter7.25.html，页面效果如图 7-25 所示，可以看到图像符号不同的效果。

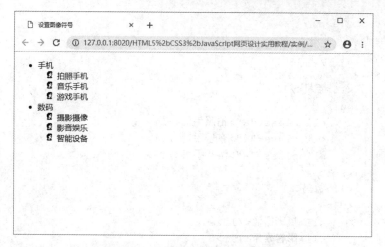

图 7-25　设置图像符号的页面效果

7.8.3　列表缩进

list-style-position 属性用来设置列表中列表符号或图像符号的位置。list-style-position 属性可以使用表 7-16 中的值来描述。

表 7-16　list-style-position 属性的值

值	描　述
inside	设置列表符号放置在文本以内，且环绕文本根据列表符号对齐
outside	设置列表符号放置在文本左侧并在文本之外，且环绕文本不根据列表符号对齐
inherit	从父元素继承

【实例 7.26】设置列表缩进，文件名称为 chapter7.26.html，内容如下：

```
<!DOCTYPE html>
<html>
    <head>
        <meta charset="utf-8">
        <title>设置列表缩进</title>
        <style>
            ul{
                list-style-image: url(image/image1.gif);
            }
            .a {
                list-style-image: url(image/image1.gif);
                list-style-position: inside;
            }
            .b {
                list-style-image: url(image/image1.gif);
                list-style-position: outside;
            }
```

```
            </style>
        </head>
        <body>
            <ul>
                <li>手机</li>
                <ul>
                    <li class="a">拍照手机</li>
                    <li class="b">音乐手机</li>
                    <li class="a">游戏手机</li>
                </ul>
                <li>数码</li>
                <ul>
                    <li>摄影摄像</li>
                    <li>影音娱乐</li>
                    <li>智能设备</li>
                </ul>
            </ul>
        </body>
    </html>
```

在浏览器中打开网页文件 chapter7.26.html，页面效果如图 7-26 所示，可以看到列表不同的缩进效果。

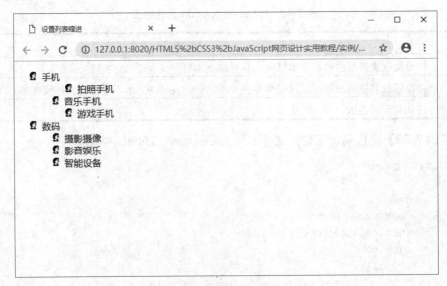

图 7-26　设置列表缩进的页面效果

 ## 7.9　设置图片

HTML 页面中的图片往往需要设置，以满足视觉要求。CSS 图片样式定义的内容包括图片宽度、图片高度、图片最大宽度、图片最大高度、图片水平对齐和图片垂直对齐。

width 属性用来设置图片宽度；height 属性用来设置图片高度；max-width 属性用来设

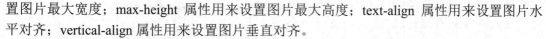

置图片最大宽度；max-height 属性用来设置图片最大高度；text-align 属性用来设置图片水平对齐；vertical-align 属性用来设置图片垂直对齐。

【实例 7.27】设置图片属性，文件名称为 chapter7.27.html，内容如下：

```
<!DOCTYPE html>
<html>
    <head>
        <meta charset="UTF-8">
        <style>
            #id1 {
                vertical-align: baseline;
            }
            #id2 {
                vertical-align: sub;
            }
            #id3 {
                vertical-align: super;
            }
            #id4 {
                vertical-align: top;
            }
            #id5 {
                vertical-align: text-top;
            }
            #id6 {
                vertical-align: middle;
            }
            #id7 {
                vertical-align: bottom;
            }
            #id8 {
                vertical-align: text-bottom;
            }
        </style>
        <title>设置图片相关属性</title>
    </head>
    <body>
        <p style="text-align: left;">图片水平对齐居左。<img
src="image/travel.jpg" width="200" height="50"></p>
        <p style="text-align: center;">图片水平对齐居中。<img
src="image/travel.jpg" width="200" height="50"></p>
        <p style="text-align: right;">图片水平对齐居右。<img
src="image/travel.jpg" width="200" height="50"></p>
        <p>图片垂直对齐 baseline。<img id=id1 src="image/travel.jpg"
width="200" height="50"> 图片垂直对齐 sub。
            <img id=id2 src="image/travel.jpg" width="200" height="50"
style="vertical-align: sub;"></p>
        <p>图片垂直对齐 super。<img id=id3 src="image/travel.jpg" width="200"
height="50"> 图片垂直对齐 top。
```

```
            <img id=id4 src="image/travel.jpg" width="200" height="50"
style="vertical-align: sub;"></p>
        <p>图片垂直对齐 text-top。<img id=id5 src="image/travel.jpg"
width="200" height="50"> 图片垂直对齐 middle。
            <img id=id6 src="image/travel.jpg" width="200" height="50"
style="vertical-align: sub;"></p>
        <p>图片垂直对齐 bottom。<img id=id7 src="image/travel.jpg" width="200"
height="50"> 图片垂直对齐 text-bottom。
            <img id=id8 src="image/travel.jpg" width="200" height="50"
style="vertical-align: sub;"></p>
    </body>
</html>
```

在浏览器中打开网页文件 chapter7.27.html，页面效果如图 7-27 所示，可以看到设置图片属性的效果。

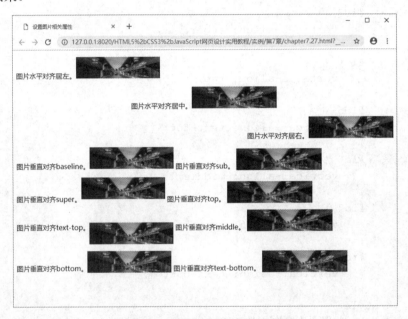

图 7-27　设置图片属性的页面效果

 ## 7.10　设置背景

CSS 的背景样式用于定义 HTML 元素的背景，CSS 背景样式定义的内容包括背景颜色、背景图片、背景重复和背景位置。

7.10.1　背景颜色

background-color 属性用来设置元素的背景颜色。background-color 属性可以使用表 7-17中的值来描述。

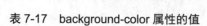

表 7-17　background-color 属性的值

值	描　述
color	设置背景颜色值
transparent	设置背景颜色是透明的。默认值
inherit	从父元素继承

【实例 7.28】设置背景颜色，文件名称为 chapter7.28.html，内容如下：

```html
<!DOCTYPE html>
<html>
    <head>
        <meta charset="UTF-8">
        <style>
            #colorred {
                background: red;
            }
            #coloryellow {
                background-color: yellow;
            }
            #colortran {
                background-color: transparent;
            }
        </style>
        <title>设置背景颜色</title>
    </head>
    <body>
        <p id="colorred">文本底色是红色。</p>
        <p id="coloryellow">文本底色是蓝色。</p>
        <p id="colortran">文本底色是透明。</p>
    </body>
</html>
```

在浏览器中打开网页文件 chapter7.28.html，页面效果如图 7-28 所示，可以看到背景颜色不同的效果。

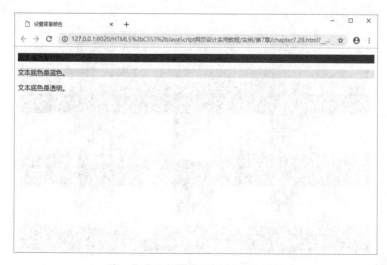

图 7-28　设置背景颜色的页面效果

7.10.2　背景图片

background-image 属性用来设置元素的背景图片。background-image 属性可以使用表 7-18 中的值来描述。

表 7-18　background-image 属性的值

值	描　　述
URL	设置背景图片的 URL
none	设置无背景图片。默认值
inherit	从父元素继承

【实例 7.29】设置背景图片，文件名称为 chapter7.29.html，内容如下：

```html
<!DOCTYPE html>
<html>
    <head>
        <meta charset="UTF-8">
        <style>
            body {
                background-image: url(image/castle.jpg);
            }
        </style>
        <title>设置背景图片</title>
    </head>
    <body>
    </body>
</html>
```

在浏览器中打开网页文件 chapter7.29.html，页面效果如图 7-29 所示，可以看到背景图片不同的效果。

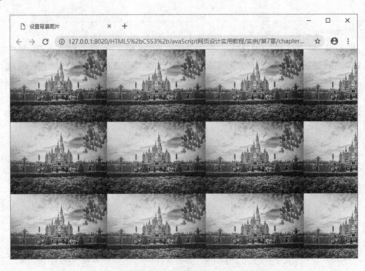

图 7-29　设置背景图片的页面效果

7.10.3 背景重复

background-repeat 属性用来设置元素的背景图片如何平铺。background-repeat 属性可以使用表 7-19 中的值来描述。

表 7-19 background-repeat 属性的值

值	描　述
repeat	设置背景图片向垂直和水平方向重复。默认值
repeat-x	设置背景图片向水平方向重复
repeat-y	设置背景图片向垂直方向重复
no-repeat	设置背景图片无重复
inherit	从父元素继承

【实例 7.30】设置背景重复，文件名称为 chapter7.30.html，内容如下：

```
<!DOCTYPE html>
<html>
    <head>
        <meta charset="UTF-8">
        <style>
            #id1 {
                background-image: url(image/castle.jpg);
                background-repeat: repeat;
            }
            #id2 {
                background-image: url(image/castle.jpg);
                background-repeat: repeat-x;
            }
            #id3 {
                background-image: url(image/castle.jpg);
                background-repeat: repeat-y;
            }
            #id4 {
                background-image: url(image/castle.jpg);
                background-repeat: no-repeat;
            }
        </style>
        <title>设置背景重复</title>
    </head>
    <body>
        <table>
            <tr height="300">
                <td id=id1 width="500"></td>
                <td id=id2 width="500"></td>
            </tr>
            <tr height="300">
                <td id=id3 width="500"></td>
                <td id=id4 width="500"></td>
```

```
            </tr>
        </table>
    </body>
</html>
```

在浏览器中打开网页文件 chapter7.30.html，页面效果如图 7-30 所示，可以看到背景重复不同的效果。表格中四个格子分别使用了不同的背景重复设置。

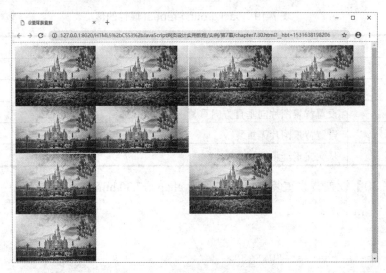

图 7-30　设置背景重复的页面效果

7.10.4　背景位置

background-position 属性用来设置背景图片的起始位置。background-position 属性的语法格式如下所示：

```
{background-position:水平位置 垂直位置;}
```

background-positon 属性可以使用表 7-20 中的值来描述。

表 7-20　background-position 属性的值

值	描　述
left top	默认值为 center
left center	
left bottom	
right top	
right center	
right bottom	
center top	
center center	
center bottom	

值	描　述
x% y%	左上角是 0%0%，右下角是 100%100%。默认值为 50%。默认值为 0%0%
xpos ypos	左上角是 0。默认值为 50%。可以混合使用绝对长度和%
inherit	从父元素继承

background-attachment 属性用来设置背景图片是否固定或者随着页面滚动而滚动。background-attachment 属性可以使用表 7-21 中的值来描述。

表 7-21　background-attachment 属性的值

值	描　述
scroll	设置背景图片随页面滚动而滚动。默认值
fixed	设置背景图片固定
local	设置背景图片随滚动元素滚动
inherit	从父元素继承

【实例 7.31】设置背景位置，文件名称为 chapter7.31.html，内容如下：

```
<!DOCTYPE html>
<html>
    <head>
        <meta charset="UTF-8">
        <style>
            td {
                background-image: url(image/castle.jpg);
                background-repeat: no-repeat;
            }
            #id1 {
                background-position: left top;
                background-attachment: scroll;
            }
            #id2 {
                background-position: center center;
                background-attachment: fixed;
            }
            #id3 {
                background-position: 30% 70%;
                background-attachment: scroll;
            }
            #id4 {
                background-position: 700px 500px;
                background-attachment: fixed;
            }
        </style>
        <title>设置背景位置</title>
    </head>
```

```
    <body>
        <table border="1px solid black">
            <tr height="300">
                <td id=id1 width="500"></td>
                <td id=id2 width="500"></td>
            </tr>
            <tr height="300">
                <td id=id3 width="500"></td>
                <td id=id4 width="500"></td>
            </tr>
        </table>
    </body>
</html>
```

在浏览器中打开网页文件 chapter7.31.html，页面效果如图 7-31 所示，可以看到背景位置不同的效果。表格中四个格子分别使用了不同的背景位置，而且左侧的格子中的背景图片随页面滚动而滚动，右侧的格子中的背景图片则是固定的。

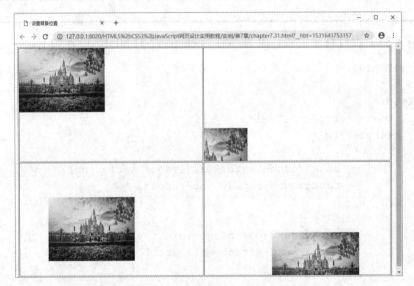

图 7-31　设置背景位置的页面效果

7.11　设置超链接属性

CSS 链接样式定义的内容包括链接的颜色、字体和背景，这些设置也可以随着超链接的状态变化而变化。

超链接有四个状态，分别是 a:link、a:visited、a:hover 和 a:active，对应于超链接的未访问状态、已访问状态、鼠标指针悬停状态和被点击状态。在同时使用以上多个链接状态时，a:hover 必须跟在 a:link 和 a:visited 后面，a:active 必须跟在 a:hover 后面。

text-decoration 属性用来设置删除超链接的下划线；background-color 属性用来设置超链接背景颜色；background-image 属性用来设置超链接背景图片。

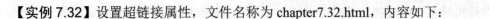

【**实例 7.32**】设置超链接属性，文件名称为 chapter7.32.html，内容如下：

```html
<!DOCTYPE html>
<html>
    <head>
        <meta charset="UTF-8">
        <style>
            a:link {
                text-decoration: none;
                background-color: white;
            }
            a:visited {
                text-decoration: underline;
                background-color: yellow;
            }
            a:hover {
                text-decoration: none;
                background-image: url(image/castle.jpg);
            }
            a:active {
                text-decoration: none;
                background-image: url(image/travel.jpg);
            }
        </style>
        <title>设置超链接属性</title>
    </head>
    <body>
        <h1>设置超链接属性</h1>
        <p>
            <a href="#">设置下划线的超链接</a>
        </p>
    </body>
</html>
```

在浏览器中打开网页文件 chapter7.32.html，页面效果如图 7-32 所示，可以看到超链接未访问的效果。

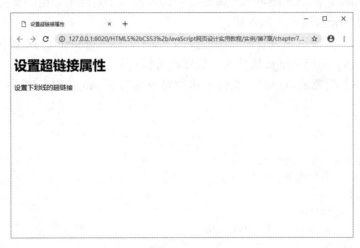

图 7-32　超链接未访问的页面效果

鼠标指针悬停的超链接带有下划线，并使用了背景图片，页面效果如图 7-33 所示。

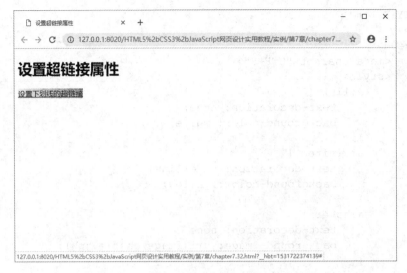

图 7-33　超链接鼠标指针悬停的页面效果

 ## 7.12　设置表单

表单是一个包含表单元素的区域，表单元素包括输入域、多行文本域、标签、下拉列表、按钮等，用户可以使用表单元素输入内容进行交互。CSS 表单元素没有定义专用的表单属性，用户可以使用字体、背景、颜色、边框等基本属性来设计表单元素样式。

font-family 属性用来指定表单元素的字体，font-size 属性用来设置字体大小，font-style 属性用来指定文本的字体样式。background-color 属性用来设置表单元素的背景颜色，background-image 属性用来设置表单元素的背景图片。color 属性用来设置表单元素中文本的颜色。border-color 属性用来设置表单元素四个边框的颜色，border-style 属性用来设置表单元素四个边框的线型，border-width 属性用来设置表单元素四个边框的宽度，border-radius 属性用来设置表单元素四个角的形状。

text-decoration 属性用来设置删除超链接的下划线，background-color 属性用来设置超链接背景颜色，background-image 属性用来设置超链接背景图片。

【实例 7.33】设置表单属性，文件名称为 chapter7.33.html，内容如下：

```
<!DOCTYPE html>
<html>
    <head>
        <meta charset="UTF-8">
        <title>设置表单属性</title>
        <style>
            #form1 {
                text-align: center;
            }
            #form1 fieldset {
```

```
            width: 400px;
            border: 3px solid #aaa;
            background-image: url(image/flower.jpg);
            text-align: left;
        }
        #form1 #text {
            width: 18em;
            border: 1px solid #000000;
            font-family: "宋体", sans-serif;
            font-size: 14px;
            color: #666;
        }
        #form1 #textarea {
            width: 16em;
            height: 4em;
            border: 1px solid #000000;
        }
        #form1 #select {
            background-color: yellow;
        }
        #form1 #button1,    #button2 {
            width: 5em;
            height: 2em;
            border-color: black;
            border-style: solid;
            border-width: 1px;
            border-radius: 0.5em;
            font-family: "楷体";
            text-align: center;
        }
    </style>
</head>
<body>
    <form id="form1">
        <fieldset>
            <legend>表单结构</legend>
            <p><label>文本框: </label><input type="text"
id="text"><br></p>
            <p><label>多行文本框: </label><textarea
id="textarea"></textarea></p>
            <p><label>复选框: </label>
                <label>复选项 1</label><input type="checkbox"
name="checkbox1" id="checkbox1" />
                <label>复选项 2</label><input type="checkbox"
name="checkbox2" id="checkbox2" />
                <label>复选项 3</label><input type="checkbox"
name="checkbox3" id="checkbox3" />
            </p>
            <p><label>单选按钮: </label>
```

```
                         <label>单选按钮 1</label><input type="radio"
name="radio" id="radio1" />
                         <label>单选按钮 2</label><input type="radio"
name="radio" id="radio2" />
                         <label>单选按钮 3</label><input type="radio"
name="radio" id="radio3" />
             </p>
             <p><label>下拉菜单：</label>
                 <select name="select" id="select">
                     <option value="1">选项 1</option>
                     <option value="2">选项 2</option>
                     <option value="3">选项 3</option>
                 </select>
             </p>
             <p>
             <input type="submit" name="button1" id="button1" value="提交" />
             <input type="reset" name="button2" id="button2" value="重置" />
             </p>
         </fieldset>
      </form>
   </body>
</html>
```

在浏览器中打开网页文件 chapter7.33.html，页面效果如图 7-34 所示，可以看到表单设置的效果。

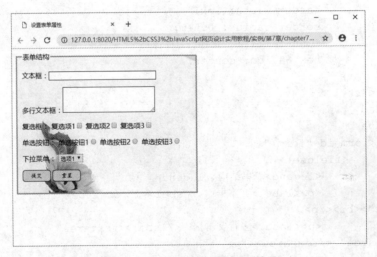

图 7-34　设置表单属性的页面效果

 ## 7.13　回到工作场景

通过 7.2~7.12 节内容的学习，已经学习了 CSS 的概念、语法和作用，掌握了样式表的使用方法，掌握了不同类别的选择器的使用方法，掌握了使用样式表来设置字体属性、文

本段落属性、表格属性、列表属性、图片属性、背景属性、超链接属性和表单属性。下面是几个综合实例。

【**工作过程一**】制作网页——《多变超链接》。工作过程一的页面效果如图 7-35 所示，其中五个超链接的设置如文字所示。

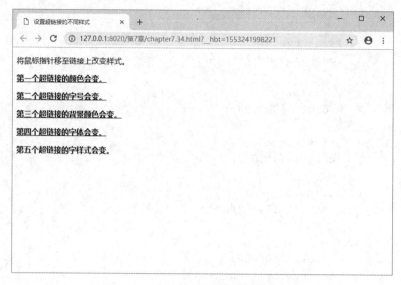

图 7-35 《多变超链接》的页面效果

创建网页，文件名为 chapter7.34.html，内容如下所示：

```
<!DOCTYPE html>
<html>
    <head>
        <meta charset="utf-8">
        <title>设置超链接的不同样式</title>
        <style>
            a.one:link {
                color: #000000;
            }
            a.one:visited {
                color: #0000ff;
            }
            a.one:hover {
                color: #ffcc00;
            }
            a.two:link {
                color: #000000;
            }
            a.two:visited {
                color: #0000ff;
            }
            a.two:hover {
                font-size: 150%;
```

```
        }
        a.three:link {
            color: #000000;
        }
        a.three:visited {
            color: #0000ff;
        }
        a.three:hover {
            background: #66ff66;
        }
        a.four:link {
            color: #000000;
        }
        a.four:visited {
            color: #0000ff;
        }
        a.four:hover {
            font-family: "楷体";
        }
        a.five:link {
            color: #000000;
            text-decoration: none;
        }
        a.five:visited {
            color: #0000ff;
            text-decoration: none;
        }
        a.five:hover {
            text-decoration: underline;
        }
    </style>
</head>
<body>
    <p>将鼠标指针移至链接上改变样式。</p>
    <p><b><a class="one" href="/css/" target="_blank">第一个超链接的颜色
会变。</a></b></p>
    <p><b><a class="two" href="/css/" target="_blank">第二个超链接的字号
会变。</a></b></p>
    <p><b><a class="three" href="/css/" target="_blank">第三个超链接的背
景颜色会变。</a></b></p>
    <p><b><a class="four" href="/css/" target="_blank">第四个超链接的字
体会变。</a></b></p>
    <p><b><a class="five" href="/css/" target="_blank">第五个超链接的字
样式会变。</a></b></p>
</body>
</html>
```

【工作过程二】制作网页——《带水平导航栏的网站首页》。工作过程二的页面效果
如图 7-36 所示。

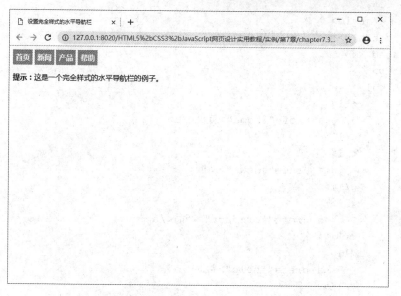

图 7-36　《带水平导航栏的网站首页》页面效果

创建网页，文件名为 chapter7.35.html，内容如下：

```
<!DOCTYPE html>
<html>
    <head>
        <meta charset="utf-8" />
        <style>
            ul {
                list-style-type: none;
                margin: 0;
                padding: 0;
                padding-top: 6px;
                padding-bottom: 6px;
            }
            li {
                display: inline;
            }
            a:link,
            a:visited {
                font-weight: bold;
                color: #FFFFFF;
                background-color: #98bf21;
                text-align: center;
                padding: 6px;
                text-decoration: none;
            }
            a:hover,
            a:active {
                background-color: #7A991A;
            }
```

```
        </style>
        <title>设置完全样式的水平导航栏</title>
    </head>
    <body>
        <ul>
            <li>
                <a href="#home">首页</a>
            </li>
            <li>
                <a href="#news">新闻</a>
            </li>
            <li>
                <a href="#product">产品</a>
            </li>
            <li>
                <a href="#help">帮助</a>
            </li>
        </ul>
        <p><b>提示：</b>这是一个完全样式的水平导航栏的例子。</p>
    </body>
</html>
```

【工作过程三】制作网页——《带垂直导航栏的网站首页》。工作过程三的页面效果
如图 7-37 所示。

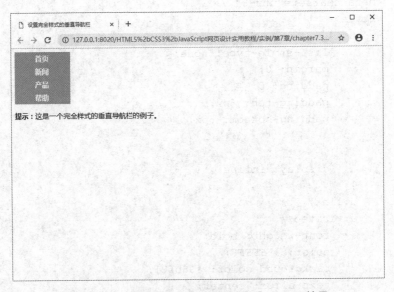

图 7-37　《带垂直导航栏的网站首页》的页面效果

创建网页，文件名为 chapter7.36.html，内容如下所示：

```
<!DOCTYPE html>
<html>
    <head>
        <meta charset="utf-8" />
```

```
<style>
    ul {
        list-style-type: none;
        margin: 0;
        padding: 0;
    }
    a:link,
    a:visited {
        display: block;
        font-weight: bold;
        color: #FFFFFF;
        background-color: #98bf21;
        width: 120px;
        text-align: center;
        padding: 4px;
        text-decoration: none;
    }
    a:hover,
    a:active {
        background-color: #7A991A;
    }
</style>
<title>设置完全样式的垂直导航栏</title>
</head>
<body>
    <ul>
        <li>
            <a href="#home">首页</a>
        </li>
        <li>
            <a href="#news">新闻</a>
        </li>
        <li>
            <a href="#product">产品</a>
        </li>
        <li>
            <a href="#help">帮助</a>
        </li>
    </ul>
    <p><b>提示：</b>这是一个完全样式的垂直导航栏的例子。</p>
</body>
</html>
```

【工作过程四】制作网页——《带完全样式的横向导航栏的网站首页》。工作过程四的页面效果如图 7-38 所示。

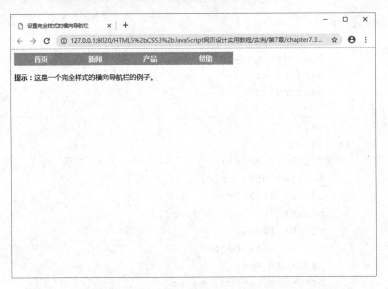

图 7-38 《带完全样式的横向导航栏的网站首页》的页面效果

创建网页，文件名为 chapter7.37.html，内容如下所示：

```
<!DOCTYPE html>
<html>
    <head>
        <meta charset="utf-8" />
        <style>
            ul {
                list-style-type: none;
                margin: 0;
                padding: 0;
                overflow: hidden;
            }
            li {
                float: left;
            }
            a:link,
            a:visited {
                display: block;
                width: 120px;
                font-weight: bold;
                color: #FFFFFF;
                background-color: #98bf21;
                text-align: center;
                padding: 4px;
                text-decoration: none;
            }
            a:hover,
            a:active {
                background-color: #7A991A;
            }
```

```
        </style>
        <title>设置完全样式的横向导航栏</title>
    </head>
    <body>
        <ul>
            <li>
                <a href="#home">首页</a>
            </li>
            <li>
                <a href="#news">新闻</a>
            </li>
            <li>
                <a href="#product">产品</a>
            </li>
            <li>
                <a href="#help">帮助</a>
            </li>
        </ul>
        <p><b>提示：</b>这是一个完全样式的横向导航栏的例子。</p>
    </body>
</html>
```

【工作过程五】制作网页——《用户个人资料》。工作过程五的页面效果如图 7-39 所示。

图 7-39 《用户个人资料》的页面效果

创建样式表文件，文件名为 chapter7.38.css，内容如下所示：

```
ul {
    list-style-type: none;
}
}
.u_r {
    width: 953px;
```

```
        float: left;
        border: 1px solid #ddd;
        background: #FFF;
        text-align: left;
    }
    .u_r .r_name {
        display: inline-block;
        *display: inline;
        zoom: 1;
        height: 40px;
        line-height: 40px;
        font-size: 14px;
        color: #8B1919;
        padding: 0 20px;
        border-right: 1px solid #ddd;
        border-bottom: 1px solid #ddd;
    }
    .user_m {
        width: 100%;
        padding-bottom: 40px;
    }
    .user_m .u_mr {
        width: 200px;
        float: right;
        text-align: center;
        margin-right: 100px;
    }
    .user_m .u_mr img {
        width: 100px;
        height: 100px;
        vertical-align: top;
    }
    .user_m .u_mr p {
        width: 100%;
        height: 28px;
        line-height: 28px;
        font-size: 14px;
        color: #656565;
    }
    .user_m .u_mr .f10 {
        font-size: 12px;
        height: 15px;
        line-height: 15px;
    }
    .user_m .u_ml {
        width: 480px;
        float: left;
        padding-top: 30px;
        min-height: 417px;
```

```
}
.user_m .u_ml li {
    width: 100%;
    margin-bottom: 15px;
}
.user_m .u_ml li .title,
.user_m .u_ml li .li_m {
    display: block;
    float: left;
}
.user_m .u_ml li .title {
    width: 140px;
    height: 30px;
    line-height: 30px;
    text-align: right;
    font-size: 14px;
    color: #5E5E5E;
}
.user_m .u_ml li .li_m {
    width: 335px;
    line-height: 240%;
    font-size: 14px;
    color: #555;
}
.user_m .u_ml li .li_m input {
    width: 300px;
    height: 30px;
    border: 1px solid #ddd;
    vertical-align: top;
    padding: 0 4px;
    font-size: 14px;
    color: #555;
}
.user_m .u_ml li .li_m i {
    font-style: normal;
    color: #8C1919;
    margin-left: 5px;
    font-size: 16px;
}
.user_m .u_ml li .li_m p {
    width: 100%;
    height: 15px;
    line-height: 15px;
    font-size: 12px;
    color: #999;
}
.user_m .u_ml li.sex .li_m input,
.user_m .u_ml li.sex .li_m span {
    display: inline;
```

```
    zoom: 1;
    vertical-align: top;
    width: auto;
}
.user_m .u_ml li.sex .li_m input {
    width: 15px;
    height: 15px;
    margin-top: 8px;
}
.user_m .u_ml li.sex .li_m span {
    height: 25px;
    line-height: 25px;
    margin-right: 20px;
    margin-top: 3px;
}
.user_m .u_ml li.btn input {
    width: 130px;
    height: 40px;
    border: 0px;
    background: #8B1919;
    color: #FFF;
    font-size: 16px;
    text-align: center;
    line-height: 40px;
    margin-left: 100px;
    cursor: pointer;
    margin-top: 10px;
}
```

创建网页，文件名为 chapter7.38.html，内容如下：

```
<!DOCTYPE html>
<html>

    <head>
        <meta charset="UTF-8">
        <link rel="stylesheet" type="text/css" href="css/chapter7.38.css" />
        <title>用户注册</title>
    </head>
    <body>
        <div class="u_r">
            <div class="r_name">个人资料</div>
            <div class="user_m">
                <ul class="u_ml">
                    <li>
                        <span class="title">用户名: </span>
                        <div class="li_m">韩梅梅</div>
                    </li>
                    <li>
                        <span class="title">E-mail: </span>
```

```
            <div class="li_m">
                <input name="" type="text"><i>*</i>
                <p>(请输入正确的邮箱 带*号为必填项)</p>
            </div>
        </li>
        <li class="sex">
            <span class="title">性 别：</span>
            <div class="li_m">
                <input name="sex" type="radio" value="" id="s1"
checked>
                <span><label for="s1">保密</label></span>
                <input name="sex" type="radio" value=""
id="s2">
                <span><label for="s2">男</label></span>
                <input name="sex" type="radio" value=""
id="s3">
                <span><label for="s3">女</label></span>
            </div>
        </li>
        <li>
            <span class="title">出生日期：</span>
            <div class="li_m">
                <input name="" type="text">
            </div>
        </li>
        <li>
            <span class="title">电 话：</span>
            <div class="li_m">
                <input name="" type="text">
            </div>
        </li>
        <li>
            <span class="title">手 机：</span>
            <div class="li_m">
                <input name="" type="text">
            </div>
        </li>
        <li>
            <span class="title">Q Q：</span>
            <div class="li_m">
                <input name="" type="text">
            </div>
        </li>
        <li class="btn"><input name="" type="submit" value="确
定"></li>
    </ul>
    <div class="u_mr">
        <a href="#">
            <img src="image/pic5.jpg" alt="" />
```

```
                              <p>修改头像</p>
                              <p class="f10">(注:头像推荐尺寸为120*120)</p>
                           </a>
                        </div>
                     </div>
                  </div>
               </body>
            </html>
```

 ## 7.14 工作实训营

7.14.1 训练实例

1. 训练内容

自行设计个人信息网站,包含三个网页,用于介绍个人信息。三个网页的风格一致,网页中使用了文字、图片、表格、列表、超链接和表单元素,并具备导航栏。网页中各元素的设置要求采用 CSS。

2. 训练目的

➢ 掌握 CSS 的语法和作用。
➢ 掌握引入 CSS 的方法。
➢ 掌握不同选择器的使用方法。
➢ 掌握使用 CSS 设置文字、图片、表格、列表、超链接和表单元素。

3. 训练过程

参照 7.13 节中的操作步骤。

4. 技术要点

注意不同选择器的作用域。

7.14.2 工作实践常见问题解析

【常见问题 1】在使用 CSS 时,有没有什么规范?

【答】CSS 代码在书写时要注意以下规范:避免选择器嵌套层级过多,少于 3 级即可;不要随意使用 id 选择器,应该按需使用;考虑使用 CSS 缩写属性,比如 padding:0 10px 5px 5px 等,这样可以精简代码,同时又能提高用户的阅读体验;不缩写单词,除非一看就明白的单词。

【常见问题 2】CSS 怎样命名才规范?

【答】常用的 CSS 命名规则如下。

头：header

内容：content/container

尾：footer

导航：nav

侧栏：sidebar

栏目：column

页面外围控制整体布局宽度：wrapper

左右中：left　right　center

登录条：loginbar

标志：logo

广告：banner

页面主体：main

热点：hot

新闻：news

下载：download

子导航：subnav

菜单：menu

子菜单：submenu

搜索：search

友情链接：friendlink

页脚：footer

版权：copyright

滚动：scroll

内容：content

标签：tags

文章列表：list

提示信息：msg

小技巧：tips

栏目标题：title

加入：joinus

指南：guide

服务：service

注册：register

状态：status

投票：vote

合作伙伴：partner

7.15 本章小结

CSS 的中文名称为层叠样式表或级联样式表，英文全称为 Cascading Style Sheets。CSS 是一种定义样式结构如字体、颜色、位置等的语言，能够对网页中元素位置的排版进行像素级精确控制，支持几乎所有的字体字号样式，拥有对网页对象和模型样式编辑的能力。CSS 不仅可以静态地修饰网页，还可以配合各种脚本语言动态地对网页各元素进行格式化。

CSS 使得网页的样式和内容相分离，对于网站开发和维护提供了极大的便利。

CSS 样式表中包含了多个样式规则，这些样式规则是可应用于网页中元素的格式化指令。每个样式规则由选择器、属性及属性值组成，基本格式如下：

选择器{属性:值}

其中，选择器是需要改变样式的 HTML 元素，属性是选择器指定的标记所包含的属性，值是属性所设置的值。

CSS 中的常用单位包括长度单位和颜色单位。

CSS 样式表根据其在 HTML 页面中的位置，分为内联样式、内部样式表和外部样式表三种。根据选择器对于 HTML 页面中元素的影响范围，将选择器分为 id 选择器、类选择器、标记选择器、全局选择器、群组选择器、后代选择器和伪类选择器等类别。

设置字体：font-family 属性设置文本的字体系列；font-size 属性设置文本的大小；font-style 属性设置文本的风格；color 属性设置文本的颜色。

设置文本段落：text-indent 属性设置文本块中首行文本的缩进；text-align 属性设置元素文本的水平对齐方式；vertical-align 属性设置元素文本的垂直对齐方式；text-decoration 属性设置添加到文本的修饰；line-height 属性设置文本的行高；letter-spacing 属性设置文本的字间距；word-spacing 属性设置单词间的间距。

设置表格：border 属性设置表格边框的线宽、线型和颜色；width 属性设置表格宽度；height 属性设置表格高度；text-align 属性设置表格文字水平对齐；vertical-aligh 属性设置表格文字垂直对齐；padding 属性设置表格文字和边框之间的距离；color 属性设置表格文字颜色；background-color 属性设置表格背景颜色；border-collapse 属性设置表格边框的边框是否被合并成一个单一的边框，还是像在标准的 HTML 中那样分开显示。

设置列表：list-style-type 属性设置列表符号的类型；list-style-image 属性使用图像符号来替换列表符号；list-style-position 属性规定列表中列表符号或图像符号的位置。

设置图片：width 属性设置图片宽度；height 属性设置图片高度；max-width 属性设置图片最大宽度；max-height 属性设置图片最大高度；text-align 属性设置图片水平对齐；vertical-align 属性设置图片垂直对齐。

设置背景：background-color 属性设置元素的背景颜色；background-image 属性设置元素的背景图像；background-repeat 属性设置元素的背景图像如何平铺；background-position 属性设置背景图像的起始位置。

设置超链接：超链接有四个状态，分别是 a:link、a:visited、a:hover 和 a:active。在同时使用以上多个链接状态时，a:hover 必须跟在 a:link 和 a:visited 后面，a:active 必须跟在 a:hover

后面。text-decoration 属性设置删除超链接的下划线，background-color 属性设置超链接背景颜色，background-image 属性设置超链接背景图片。

设置表单：CSS 表单元素没有定义专用的表单属性，用户可以使用字体、背景、颜色、边框等基本属性来设计表单元素样式。

7.16　习　题

一、单项选择题

1. 有关样式表的说法，正确的是(　　)。
   A. 通过样式表，用户可以使用自己的设置来覆盖浏览器的常规设置
   B. 每个样式表只能链接到一个文档
   C. 样式表不能重用
   D. 样式表不可以用来设置字体和颜色
2. 若要在网页中插入样式表 main.css，以下用法中正确的是(　　)。
   A. <link href="main.css" type="text/css" rel=stylesheet">
   B. <link src="main.css" type="text/css" rel=stylesheet">
   C. <link href="main.css" type="text/css">
   D. <include href="main.css" type="text/css" rel=stylesheet">
3. 下面不属于 CSS 插入形式的是(　　)。
   A. 索引式　　　　B. 内联式　　　　C. 嵌入式　　　　D. 外部式
4. 在 CSS 中，垂直对齐属性的取值为 top 表示(　　)。
   A. 写在其他元素的上方
   B. 写在其他元素中线的上方
   C. 以其他普通元素的顶线作为被定义元素的顶线
   D. 以其他文本元素的顶线作为被定义元素的顶线
5. 若 CSS 的文本修饰属性取值为 text-decoration:overline，则表示(　　)。
   A. 上划线　　　B. 下划线　　　C. 不用修饰　　　D. 横线从字中间穿过

二、填空题

1. 创建一个样式表，可以设置当前页面中 id 为 compact 元素的内容的字体为斜体。能实现该功能的样式表代码是<style>＿＿＿＿＿＿＿＿＿＿＿</style>。
2. 为了给页面所有<h1>标题创建样式规则，指定将所有的<h1>标题显示为蓝色，字体显示为 Arial。能实现该功能的样式表代码是<style>＿＿＿＿＿＿</style>。
3. 为 div 设置类 a，应编写 HTML 代码<div＿＿＿＿＿＿></div>。
4. 文字居中的 CSS 样式表代码是<style>＿＿＿＿＿＿＿</style>。
5. 在 HTML 中，使用 HTML 元素的 class 属性，将样式应用于网页上某个段落，使其文字颜色为红色的代码如下所示： <p class="firstp">这是一个段落</p>。那么，能实现该功能的样式表代码是<style>＿＿＿＿＿＿＿</style>。

三、操作题

1. 创建网页《收货人信息》，文件名为 ex7.1.html，对应的页面效果如图 7-40 所示。

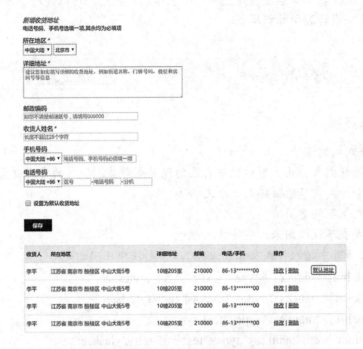

图 7-40　文件 ex7.1.html 对应的页面效果

2. 创建网页《健康》，文件名为 ex7.2.html，对应的页面效果如图 7-41 所示。页面中的主题、图片和文字可以自行设置，布局相似即可。

图 7-41　文件 ex7.2.html 对应的页面效果

第 8 章

CSS 的盒子模型

本章要点

- 盒子模型的概念和作用
- width、height、border、padding 和 margin 属性
- display 属性
- float 属性
- clear 属性
- z-index 属性
- position 属性

技能目标

- 掌握使用盒子模型来设置元素的内容范围、内部边距、边框和外部边距。
- 掌握使用 display 属性来设置元素的块级或内联属性。
- 掌握使用 float 属性来设置元素与周围元素之间的浮动关系。
- 掌握使用 z-index 属性来设置多个位置重叠的元素的堆叠关系。
- 掌握使用 position 属性来设置元素的定位方式。

8.1 工作场景导入

【工作场景】

网站中网页的个数越来越多，网页中元素的个数也越来越多。虽然可以自由设置各元素，但是各元素在网页上的位置设置也越来越复杂。如何确定各元素在网页上的位置，对于网页效果的完美是个重要的问题。

下面需要制作四个网页：《电子世界网站首页》《梵高的星空》《图片廊》和《人力资源系统》。

【引导问题】

(1) 怎样设置各元素自身的大小及边距？
(2) 怎样设置各元素与周围元素之间的浮动关系？
(3) 怎样设置位置重叠的多个元素之间的堆叠关系？
(4) 怎样设置各元素的定位方式？

 8.2 盒子内容

在设计网页时，对网页中各个元素进行布局是非常重要的内容，CSS 使用了盒子模型来描述网页中元素的布局。使用 div 进行网页排版是现在流行的方法。<div>标签是一个块级元素，可以把 HTML 文档分割为独立的、不同的部分，往往被用作网页元素的组织工具。<div>标签的布局思路采用了盒子模型，修改<div>标签的属性，如文字、背景、链接、边框、定位和可视性，就可以完成网页中元素的自由排版。网站使用 div+css 布局使得代码更精简，因为同一个网站往往有多个风格和内容相近的网页，需要调整时只需要修改相应的 css 文件即可。使用 div+css 布局的网页和使用表格布局的网页相比，页面代码更少，而且不会因为浏览器不同而导致错位。采用 div+css 布局的网站对于搜索引擎更友好，因为其结构化的代码更有利于搜索引擎抓取。

盒子模型如同一个现实生活中的盒子的二维投影，盒子里面有盛放的内容，盒子本身有边框，盛放的内容和边框之间有距离，边框和周围的东西之间也有距离。每个 HTML 元素都是一个盒子，它有外边距、边框、内边距和内容四个属性，如图 8-1 所示。margin(外边距)是边框外的区域，外边距是透明的；border(边框)是围绕在内边距和内容外的边框；padding(内边距)是内容周围的区域，内边距是透明的；content(内容)是盒子的内容，显示文本和图像。

除了内容(content)，其余每个属性都可分为四边：上下左右；这四部分可同时设置，也可分别设置，如图 8-2 所示。margin(外边距)分为 margin-top(上外边距)、margin-right(右外边距)、margin-bottom(下外边距)和 margin-left(左外边距)。border(边框)分为 border-top(上边框)、border-right(右边框)、border-bottom(下边框)和 border-left(左边框)。padding(内边距)分为 padding-top(上内边距) 、 padding-right(右内边距) 、 padding-bottom(下内边距) 和 padding-left(左内边距)。

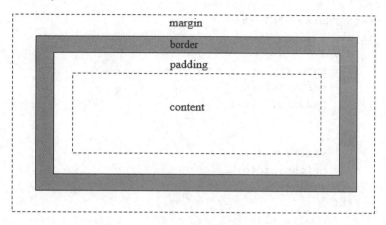

图 8-1　盒子模型

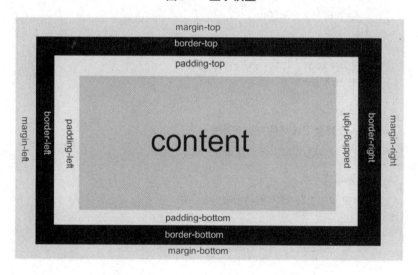

图 8-2　分别设置四边的盒子模型

width 属性设置元素的宽度，height 属性设置元素的高度。width 属性和 height 属性可以使用表 8-1 中的值来描述。

表 8-1　width 属性和 height 属性的值

值	描　　述
auto	浏览器自动计算值。默认值
length	使用 px、cm 等单位定义值
%	设置基于包含块(父元素)宽度的百分比值
inherit	从父元素继承

【实例 8.1】设置盒子模型的宽度和高度，文件名称为 chapter8.1.html，内容如下：

```
<!DOCTYPE html>
<html>
    <head>
        <meta charset="UTF-8">
        <style>
            div {
                border: 1px solid black;
                margin: 10px;
                padding: 10px;
            }
            #div1 {
                width: auto;
                height: auto;
            }
            #div2 {
                float: none;
                width: 300px;
                height: 250px;
            }
            #div3 {
                width: 50%;
                height: 50%;
            }
        </style>
        <title>设置盒子模型的宽度和高度</title>
    </head>
    <body>
        <div id=div1>
            <img src="image/darkgray.jpg" />
        </div>
        <div id=div2>
            <img  src="image/darkgray.jpg" />
        </div>
        <div id=div3>
            <img src="image/darkgray.jpg" />
        </div>
    </body>
</html>
```

在浏览器中打开网页文件 chapter8.1.html，页面效果如图 8-3 所示，可以看到设置盒子模型的宽度和高度的效果。底部图片的边框的总宽度会随着浏览器窗口的大小而变化。

设置一个 HTML 元素的宽度和高度属性只是设置其内容区域的宽度和高度。如果需要对该 HTML 元素设置完整布局，还必须添加填充、边框和边距的设置。最终元素的总宽度计算公式是这样的：

元素的总宽度=宽度+左内边距+右内边距+左边框+右边框+左外边距+右外边距

元素的总高度最终计算公式是这样的：

元素的总高度=高度+上内边距+下内边距+上边框+下边框+上外边距+下外边距

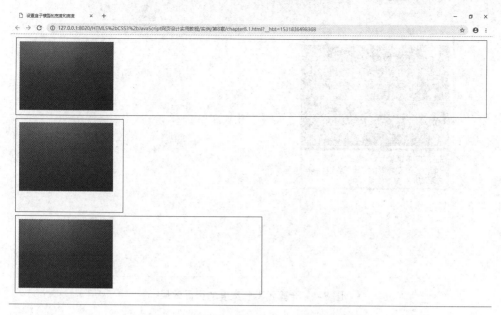

图 8-3　设置盒子模型的宽度和高度的页面效果

【实例 8.2】计算元素的总宽度，文件名称为 chapter8.2.html，内容如下：

```html
<!DOCTYPE html>
<html>
    <head>
        <meta charset="UTF-8">
        <style>
            div {
                width: 280px;
                padding: 5px;
                border: 5px solid gray;
                margin: 0px;
            }
        </style>
        <title>计算元素的总宽度</title>
    </head>
    <body>
        <img src="image/star.jpg" width="300px" height="200px">
        <div>
            图片的宽度是 300px，div 的宽度是 280px，内边距是 5px，边框是 5px，外边距
是 0px。
        </div>
    </body>
</html>
```

在浏览器中打开网页文件 chapter8.2.html，页面效果如图 8-4 所示，可以看到图片的宽度和 div 元素的总的宽度一样的效果。

图片的宽度是300px，div的宽度是280px，内边距是5px，边框是5px，外边距是0px。

图 8-4　计算元素总宽度的页面效果

8.3　盒子边框

盒子边框(border)是盒子模型中围绕内容和内边距的一条或多条线。使用 CSS 边框属性，可以指定盒子边框的样式、宽度以及颜色。边框会受到盒子的背景颜色影响。

border-style 属性设置边框的样式。border-style 属性可以使用表 8-2 中的值来描述。

表 8-2　border-style 属性的值

值	描　述
none	设置为无边框
hidder	和 none 效果一样
dotted	设置为点状边框。在大多数浏览器中呈现为实线
dashed	设置为虚线边框。在大多数浏览器中呈现为实线
solid	设置为实线边框。宽度等于 border-width 的值
double	设置为双线边框
groove	设置为 3D 凹槽状边框
ridge	设置为 3D 垄状边框
inset	设置为 3D 内嵌式边框
outset	设置为 3D 外镶式边框
inherit	从父元素继承

border-width 属性设置边框宽度。border-width 属性可以使用表 8-3 中的值来描述。

表 8-3　border-width 属性的值

值	描　述
thin	设置为细边框
medium	设置为中等边框。默认值
thick	设置为粗边框
length	设置边框的宽度值
inherit	从父元素继承

border-color 属性设置边框颜色。border-color 属性可以使用表 8-4 中的值类型来描述。

表 8-4　border-color 属性的值

值	描　述
color_name	颜色值为颜色名称
hex_number	颜色值为十六进制值的颜色
rgb_number	颜色值为 RGB 代码的颜色
transparent	设置边框颜色是透明的。默认值
inherit	从父元素继承

在实际中，往往使用 border 属性来设置所有的边框属性，设置的顺序是 border-width、border-style 和 border-color，如果缺少任意属性也没有关系。

盒子模型的边框属性可以分为四边来分别设置其样式、宽度和颜色，按上右下左的设置顺序，对应的属性分别是 border-top、border-right、border-bottom 和 border-left，每边的设置和 border 属性的设置方法一样。当然也可以单独设置单边的样式、宽度和颜色，如对右边框可以使用 border-right-style、border-right-width 和 border-right-color 来分别设置右边框的样式、宽度和颜色。

【实例 8.3】设置盒子模型的边框，文件名称为 chapter8.3.html，内容如下：

```
<!DOCTYPE html>
<html>
    <head>
        <meta charset="UTF-8">
        <style>
            div {
                width: 150px;
                height: 100px;
                margin: 10px;
                padding: 10px;
            }
            img {
                width: 130px;
                height: 90px;
            }
            #div1 {
```

```
            border-style: dashed;
            border-width: medium;
            border-color: red;
        }
        #div2 {
            border: 1px solid black;
        }
        #div3 {
            border-left: 5px dotted orange;
            border-right-style: groove;
            border-right-width: 5px;
            border-right-color: darkcyan;
        }
    </style>
    <title>设置盒子模型的边框</title>
</head>
<body>
    <div id=div1>
        <img src="image/darkgray.jpg" />
    </div>
    <div id=div2>
        <img src="image/darkgray.jpg" />
    </div>
    <div id=div3>
        <img src="image/darkgray.jpg" />
    </div>
</body>
</html>
```

在浏览器中打开网页文件 chapter8.3.html，页面效果如图 8-5 所示，可以看到盒子模型的边框不同的效果。

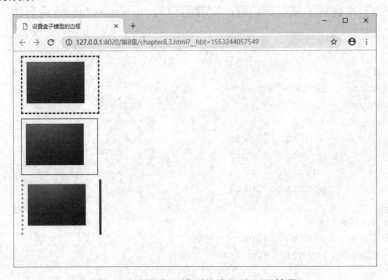

图 8-5　设置盒子模型的边框的页面效果

8.4　盒子内边距

盒子内边距(padding)属性是指盒子模型中内容(content)与边框(border)之间的空间，它清除内容(content)周围的区域，会受到边框中填充的背景颜色的影响。padding 属性设置盒子模型的内边距。padding 属性可以使用表 8-5 中的值来描述。

表 8-5　padding 属性的值

值	描　述
length	设置为一个固定值。默认值是 0px
%	设置为一个百分比值
inherit	从父元素继承

padding 属性和 margin 属性不同，不允许取负值。如果 padding 值是百分数，那么实际距离会根据父元素的宽度来计算百分比得到最终结果。

盒子模型可以分为四边来分别设置其内边距，按上右下左的顺序，对应的属性分别是 padding-top、padding-right、padding-bottom 和 padding-left。也可以使用 padding 属性来设置所有的内边距，对应设置的内边距的顺序是上右下左。padding 属性取值是一个到四个值。padding 属性如果有一个值，那么该值是对应四边的内边距；如果有两个值，那么第一个值是上内边距和下内边距，第二个值是左内边距和右内边距；如果有三个值，那么第一个值是上内边距，第二个值是左内边距和右内边距，第三个值是下内边距；如果有四个值，那么按顺序依次是上内边距、右内边距、下内边距和左内边距。

【实例8.4】设置盒子模型的内边距，文件名称为 chapter8.4.html，内容如下：

```html
<!DOCTYPE html>
<html>
    <head>
        <meta charset="UTF-8">
        <style>
            div {
                width: 150px;
                height: 100px;
                margin: 10px;
                border: 1px solid black;
            }
            img {
                width: 130px;
                height: 90px;
            }
            #div1 {
                padding: 5px;
            }
            #div2 {
                padding: 5px 8px;
```

```
        }
        #div3 {
            padding: 10px 5px 3px 7px;
        }
    </style>
    <title>设置盒子模型的内边距</title>
</head>
<body>
    <div id=div1>
        <img src="image/darkgray.jpg" />
    </div>
    <div id=div2>
        <img src="image/darkgray.jpg" />
    </div>
    <div id=div3>
        <img src="image/darkgray.jpg" />
    </div>
</body>
</html>
```

在浏览器中打开网页文件 chapter8.4.html，页面效果如图 8-6 所示，可以看到盒子模型的内边距不同的效果。

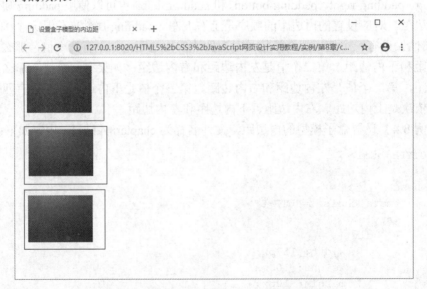

图 8-6　设置盒子模型的内边距的页面效果

 ## 8.5　盒子外边距

盒子外边距(margin)属性是指盒子模型中盒子边框(border)周围的空间，它清除边框区域，没有背景颜色，完全透明。margin 属性设置盒子模型的外边距。margin 属性可以使用表 8-6 中的值来描述。

表 8-6　margin 属性的值

值	描　述
auto	由浏览器设置
length	设置为一个固定值。默认值是 0px
%	设置为一个百分比值
inherit	从父元素继承

margin 属性和 padding 属性不同，可以取负值。margin 清除元素周围的区域，且没有背景颜色，是透明的。

盒子模型可以分为四边来分别设置其外边距，按上右下左的顺序，对应的属性分别是 margin-top、margin-right、margin-bottom 和 margin-left。也可以使用 margin 属性来设置所有的外边距，对应设置的外边距的顺序是上右下左。margin 属性取值是一个到四个值。margin 属性如果有一个值，那么该值是对应四边的外边距；如果有两个值，那么第一个值是上外边距和下外边距，第二个值是左外边距和右外边距；如果有三个值，那么第一个值是上外边距，第二个值是左外边距和右外边距，第三个值是下外边距；如果有四个值，那么按顺序依次是上外边距、右外边距、下外边距和左外边距。

【实例 8.5】设置盒子模型的外边距，文件名称为 chapter8.5.html，内容如下：

```
<!DOCTYPE html>
<html>
    <head>
        <meta charset="UTF-8">
        <style>
            div {
                width: 130px;
                height: 90px;
                border: 1px solid black;
                padding:5px;
            }
            img {
                width: 130px;
                height: 90px;
            }
            #div1 {
                margin:5px;
            }
            #div2 {
                margin: 5px 8px 7px 20px;
            }
            #div3 {
                margin: -30px -5px;
            }
        </style>
        <title>设置盒子模型的外边距</title>
    </head>
```

```
    <body>
        <div id=div1>
            <img src="image/darkgray.jpg" />
        </div>
        <div id=div2>
            <img src="image/darkgray.jpg" />
        </div>
        <div id=div3>
            <img src="image/darkgray.jpg" />
        </div>
    </body>
</html>
```

在浏览器中打开网页文件 chapter8.5.html，页面效果如图 8-7 所示，可以看到盒子模型外边距不同的效果。第三个盒子因为其 margin 属性的两个值为负数，导致其与第二个盒子相重叠。

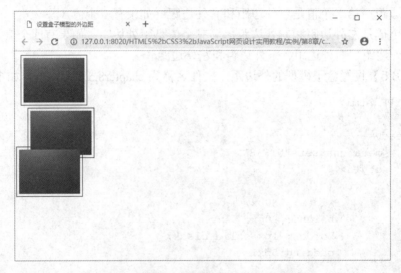

图 8-7　设置盒子模型的外边距的页面效果

8.6　设置元素浮动

8.6.1　文档流

display 属性用来设置元素如何显示。display 属性可以使用表 8-7 中的值来描述。

所谓的块元素是指该元素在显示时前后需要换行，而内联元素不强制换行，可以和其他元素同处一行中。常见的块元素有<p>和<div>，常见的内联元素有<span>和<a>。如果需要设置某个元素为块元素，只要设置其 display 属性值为 block 即可；如果需要设置某个元素为内联元素，只要设置其 display 属性值为 inline 即可；如果需要隐藏某个元素，只要设置其 display 属性值为 none 即可，那么该元素不但不可见，而且不占用页面任何空间。

表 8-7　display 属性的值

值	描　述
none	设置元素不显示
block	设置元素显示为块级元素，前后带有换行符
inline	设置元素显示为内联元素，前后没有换行符。默认值
inline-block	设置元素显示为行内块元素
list-item	设置元素显示为列表
run-in	设置元素根据上下文作为块级元素或内联元素显示
table	设置元素显示为块级表格，前后带有换行符
inline-table	设置元素显示为内联表格，前后没有换行符
table-row-group	设置元素显示为一个或多个行的分组，类似<tbody>
table-header-group	设置元素显示为一个或多个行的分组，类似<thead>
table-footer-group	设置元素显示为一个或多个行的分组，类似<tfoot>
table-row	设置元素显示为一个表格行，类似<tr>
table-column-group	设置元素显示为一个或多个列的分组，类似<colgroup>
table-column	设置元素显示为一个表格列，类似<col>
table-cell	设置元素显示为一个表格单元格，类似<td>和<th>
table-caption	设置元素显示为一个表格标题，类似<caption>
inherit	从父元素继承

【实例 8.6】设置文档流，文件名称为 chapter8.6.html，内容如下：

```html
<!DOCTYPE html>
<html>
    <head>
        <meta charset="UTF-8">
        <style>
            div {
                width: 130px;
                height: 90px;
                border: 1px solid black;
                padding: 5px;
                margin: 5px;
            }
            img {
                width: 100px;
                height: 80px;
            }
            #div1 {
                display: none;
            }
            #div2 {
                display: block;
            }
            #div3 {
```

```
                display: inline;
            }
            #div4 {
                display: inline-block;
            }
        </style>
        <title>设置文档流</title>
    </head>
    <body>
        这里是第一张图片。
        <div id=div1>
            <img src="image/darkgray.jpg" />
        </div>
        这里是第二张图片。
        <div id=div2>
            <img src="image/darkgray.jpg" />
        </div>
        这里是第三张图片。
        <div id=div3>
            <img src="image/darkgray.jpg" />
        </div>
        这里是第四张图片。
        <div id=div4>
            <img src="image/darkgray.jpg" />
        </div>
    </body>
</html>
```

在浏览器中打开网页文件 chapter8.6.html，页面效果如图 8-8 所示，可以看到设置 display 属性的不同效果。第一个盒子的 display 属性设置为 none，因此不可见。虽然四张图片都安放在 div 中，但第二个盒子的 display 属性设置为 block，图片显示在单独一行中；第三个盒子的 display 属性设置为 inline，div 边框未将图片包含在内；第四个盒子的 div 属性设置为 inline-block，虽然仍呈现内联特性，但 div 边框将图片包含在内。

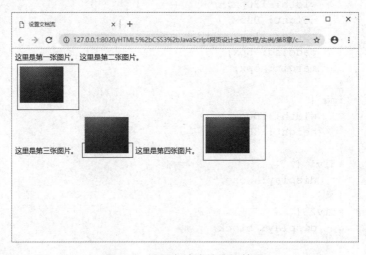

图 8-8　设置文档流的页面效果

8.6.2　浮动布局

网页上排列的多个 HTML 元素就是多个盒子模型，它们彼此之间的布局关系错综复杂。可以设置元素的浮动来使得元素向左或向右移动，导致周围的元素重新排列。

float 属性往往用于图像，定义元素的浮动。浮动的元素会生成一个块级框，直到该块级框的外边缘碰到包含框或者其他的浮动框为止。float 属性可以使用表 8-8 中的值来描述。

表 8-8　float 属性的值

值	描　述
left	设置元素向左浮动
right	设置元素向右浮动
none	设置元素不浮动，按照文件中给定的位置显示。默认值
inherit	从父元素继承

元素的浮动是指元素在页面上左右移动，浮动元素会在页面上尽量向左或向右移动，直至其外边缘碰到包含框或另一个浮动框的边框为止。浮动元素之前的元素不会受到影响，浮动元素之后的元素会围绕浮动元素。如果元素是绝对定位，那么 float 属性不起作用。

【实例 8.7】设置浮动布局，文件名称为 chapter8.7.html，内容如下：

```
<!DOCTYPE html>
<html>
    <head>
        <meta charset="UTF-8">
        <style>
            div {
                border: 1px solid black;
                padding: 5px;
                margin: 5px;
            }
            img {
                width: 100px;
                height: 80px;
            }
            #img1 {
                float: none;
            }
            #img2 {
                float: left;
            }
            #img3 {
                float: right;
            }
        </style>
        <title>设置浮动布局</title>
```

```
    </head>
    <body>
        这里是第一组图片。
        <div>
            <img src="image/star.jpg" />
            <img id=img1 src="image/darkgray.jpg" />
            <img src="image/star.jpg" />
        </div>
        这里是第二组图片。
        <div>
            <img src="image/star.jpg" />
            <img id=img2 src="image/darkgray.jpg" />
            <img src="image/star.jpg" />
        </div>
        这里是第三组图片。
        <div>
            <img src="image/star.jpg" />
            <img id=img3 src="image/darkgray.jpg" />
            <img src="image/star.jpg" />
        </div>
    </body>
</html>
```

在浏览器中打开网页文件 chapter8.7.html，页面效果如图 8-9 所示，可以看到浮动布局不同的效果。尽管三个 div 中的三张图片顺序一样，但显示效果不一样，这是因为中间的图片使用的 float 属性值不一样，分别是 none、left 和 right，因此只有第一个 div 中的图片顺序不变，而其他两个 div 中，中间的图片分别显示在左边和右边。

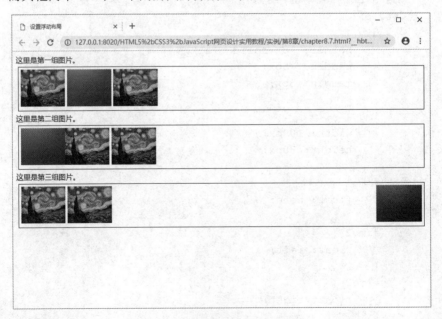

图 8-9　设置浮动布局的页面效果

8.6.3 清除浮动

如果需要清除页面当前已设置的元素浮动方式，可以使用 clear 属性。clear 属性指定段落的左侧或右侧不允许浮动元素。clear 属性可以使用表 8-9 中的值来描述。

表 8-9 clear 属性的值

值	描　述
left	设置左侧不允许浮动元素
right	设置右侧不允许浮动元素
both	设置两侧都不允许浮动元素
none	设置两侧允许浮动元素出现。默认值
inherit	从父元素继承

【实例 8.8】设置清除浮动，文件名称为 chapter8.8.html，内容如下：

```
<!DOCTYPE html>
<html>
    <head>
        <meta charset="UTF-8">
        <style>
            div {
                border: 1px solid black;
                padding: 5px;
                margin: 5px;
            }
            img {
                width: 100px;
                height: 80px;
                float: left;
            }
            #img1 {
                float: left;
            }
            #img2 {
                clear: both;
            }
        </style>
        <title>设置清除浮动</title>
    </head>
    <body>
        <h3>这里是第一组图片。</h3>
        <img id=img1 src="image/star.jpg" />
        <img id=img1 src="image/darkgray.jpg" />
        <h3>这里是第二组图片。</h3>
        <img id=img2 src="image/star.jpg" />
```

```
            <img id=img2 src="image/darkgray.jpg" />
        </body>
    </html>
```

在浏览器中打开网页文件 chapter8.8.html，页面效果如图 8-10 所示，可以看到清除浮动的效果。第一组中的两张图片是水平排列的，这是因为 float 属性值是 left，第二组中的两张图片是垂直排列的，这是因为 clear 属性值是 both，图片两侧均不允许有浮动元素出现。

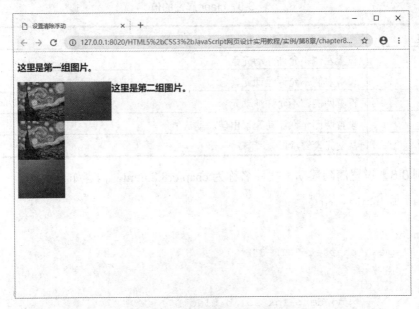

图 8-10　设置清除浮动的页面效果

 ## 8.7　设置层叠顺序

页面上有多个元素位置重叠时，可以使用 z-index 属性设置元素的层叠顺序。z-index 属性可以使用表 8-10 中的值来描述。

表 8-10　z-index 属性的值

值	描　　述
auto	设置层叠顺序与父元素相同。默认值
number	设置元素的层叠序号
inherit	从父元素继承

【实例 8.9】设置层叠顺序，文件名称为 chapter8.9.html，内容如下：

```
<!DOCTYPE html>
<html>
    <head>
        <meta charset="UTF-8">
        <style>
```

```
            div {
                border: 1px solid black;
                padding: 5px;
                margin: 5px;
            }
            img {
                width: 300px;
                height: 200px;
            }
            #img1 {
                position: absolute;
                left: 0px;
                top: 0px;
                z-index: -1;
            }
            #img2 {
                position: absolute;
                left: 50px;
                top: 50px;
                z-index: 0;
            }
            #img3 {
                position: absolute;
                left: 100px;
                top: 100px;
                z-index: 1;
            }
        </style>
        <title>设置层叠顺序</title>
    </head>
    <body>
        <img id=img1 src="image/food.jpg" />
        <p>这里显示了第一段文字。</p>
        <img id=img2 src="image/darkgray.jpg" />
        <p>这里显示了第二段文字。</p>
        <img id=img3 src="image/star.jpg" />
        <p>这里显示了第三段文字。</p>
    </body>
</html>
```

在浏览器中打开网页文件 chapter8.9.html，页面效果如图 8-11 所示，可以看到设置层叠顺序的效果。三张图片按照 z-index 属性值由低到高的顺序依次叠加显示。最下层的图片因为 z-index 属性值为-1，使得文字叠加在该图片上。

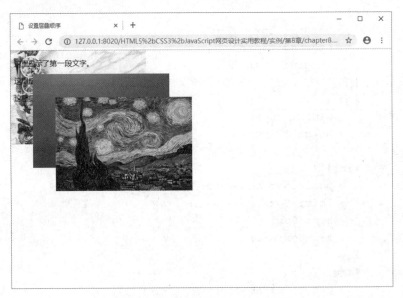

图 8-11 设置层叠顺序的页面效果

 ## 8.8 设置元素定位

对网页中的元素定位是网页设计中的重要工作。CSS 定位属性可以用来对网页中的元素定位，指定两个元素的相对位置，也可以指定元素中内容超出范围时的处理方法。

CSS 属性中，top 属性用来设置元素上外边距边界与其包含块上边界之间的偏移，right 属性用来设置元素右外边距边界与其包含块右边界之间的偏移，bottom 属性用来设置元素下外边距边界与其包含块下边界之间的偏移，left 属性用来设置元素左外边距边界与其包含块左边界之间的偏移，z-index 属性用来设置元素的堆叠顺序，position 属性用来设置元素的定位类型。position 属性可以使用表 8-11 中的值来描述。

表 8-11 position 属性的值

值	描　　述
absolute	设置元素绝对定位，相当于static 定位以外的第一个父元素进行定位。元素的位置通过top、right、bottom 和 left 属性进行设置
fixed	设置元素绝对定位，相当于浏览器窗口进行定位。元素的位置通过 top、right、bottom 和 left 属性进行设置
relative	设置元素相对定位，相当于其正常位置进行定位。元素的top、right、bottom 和 left 属性作为其位置的偏移值进行设置
static	设置元素无定位，以正常的流形式显示。top、right、bottom、left 和 z-index 属性无作用
inherit	从父元素继承

8.8.1　相对定位

position 属性值为 relative 时，元素定位采用相对定位方式，其实际位置将为其原始位置与 top、right、bottom 和 left 属性值相加的结果。top、right、bottom 和 left 属性值作为偏移值来处理，可以取负值。元素使用相对定位导致位移发生变化时，其原始位置所占空间仍保留。

【实例 8.10】设置相对定位，文件名称为 chapter8.10.html，内容如下：

```
<!DOCTYPE html>
<html>
    <head>
        <meta charset="UTF-8">
        <style>
            div {
                position: absolute;
                border: 1px solid black;
                padding: 5px;
                margin: 5px;
            }
            img {
                width: 100px;
                height: 80px;
            }
            #img1 {
                position: relative;
                top: 50px;
                right: 50px;
            }
            #img3 {
                position: relative;
                bottom: 50px;
                left: 50px;
            }
        </style>
        <title>设置相对定位</title>
    </head>
    <body>
        <div style="left: 50px;top: 50px;">
            <img src="image/star.jpg" />
            <img id=img1 src="image/darkgray.jpg" />
            <img src="image/star.jpg" />
        </div>
        <div style="left: 200px;top: 200px;">
            <img src="image/star.jpg" />
            <img src="image/darkgray.jpg" />
            <img src="image/star.jpg" />
        </div>
        <div style="left: 350px;top: 350px;">
```

```
            <img src="image/star.jpg" />
            <img id=img3 src="image/darkgray.jpg" />
            <img src="image/star.jpg" />
        </div>
    </body>
</html>
```

在浏览器中打开网页文件 chapter8.10.html，页面效果如图 8-12 所示，可以看到相对定位的效果。第二组图片为正常效果的图片，第一组和第三组中间的图片位置都发生了偏移，第一组的偏移方向是左下方，第三组的偏移方向是右上方，但图片原始位置所占空间仍保留。

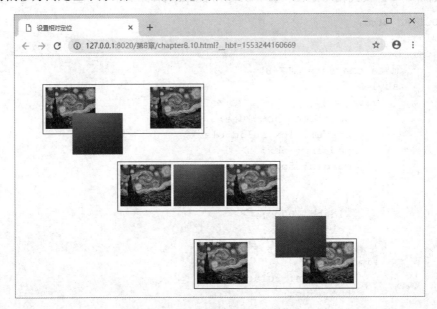

图 8-12　设置相对定位的页面效果

8.8.2　绝对定位

position 属性值为 absolute 时，元素定位采用基于父元素的绝对定位方式，其实际位置将根据已定位的父元素与 top、right、bottom 和 left 属性值相加来确定。如果元素没有已定位的父元素，那么其位置则根据<html>来确定。元素使用绝对定位导致位移发生变化时，其原始位置所占空间不保留。

【实例 8.11】设置基于父元素的绝对定位，文件名称为 chapter8.11.html，内容如下：

```
<!DOCTYPE html>
<html>
    <head>
        <meta charset="UTF-8">
        <style>
            div {
                position: absolute;
                border: 1px solid black;
                padding: 5px;
```

```
            margin: 5px;
        }
        img {
            width: 100px;
            height: 80px;
        }
        #img1 {
            position: absolute;
            top: 50px;
            right: 50px;
        }
        #img3 {
            position: absolute;
            bottom: 50px;
            left: 50px;
        }
    </style>
    <title>设置基于父元素的绝对定位</title>
</head>
<body>
    <div style="left: 50px;top: 50px;">
        <img src="image/star.jpg" />
        <img id=img1 src="image/darkgray.jpg" />
        <img src="image/star.jpg" />
    </div>
    <div style="left: 200px;top: 200px;">
        <img src="image/star.jpg" />
        <img src="image/darkgray.jpg" />
        <img src="image/star.jpg" />
    </div>
    <div style="left: 350px;top: 350px;">
        <img src="image/star.jpg" />
        <img id=img3 src="image/darkgray.jpg" />
        <img src="image/star.jpg" />
    </div>
</body>
</html>
```

在浏览器中打开网页文件 chapter8.11.html，页面效果如图 8-13 所示，可以看到基于父元素的绝对定位的效果。第二组图片为正常效果的图片，第一组和第三组中间的图片位置都发生了偏移，其位置是根据所在的 div 位置与位移相叠加而得到，图片原始位置所占空间不保留。

position 属性值为 fixed 时，元素定位采用基于浏览器窗口的绝对定位方式，其实际位置将根据浏览器窗口与 top、right、bottom 和 left 属性值相加来确定。元素使用相对定位导致位移发生变化时，其原始位置所占空间仍保留。

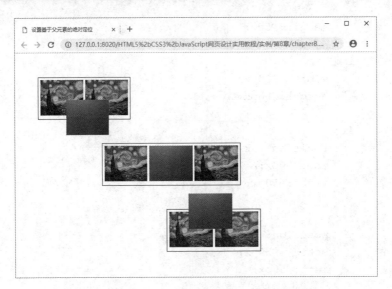

图 8-13　设置基于父元素的绝对定位的页面效果

【实例 8.12】设置基于浏览器窗口的绝对定位，文件名称为 chapter8.12.html，内容如下：

```
<!DOCTYPE html>
<html>
    <head>
        <meta charset="UTF-8">
        <style>
            div {
                position: absolute;
                border: 1px solid black;
                padding: 5px;
                margin: 5px;
            }
            img {
                width: 100px;
                height: 80px;
            }
            #img1 {
                position: fixed;
                top: 50px;
                right: 50px;
            }
            #img3 {
                position: fixed;
                bottom: 50px;
                left: 50px;
            }
        </style>
        <title>设置基于浏览器的绝对定位</title>
    </head>
    <body>
        <div style="left: 50px;top: 50px;">
```

```
        <img src="image/star.jpg" />
        <img id=img1 src="image/darkgray.jpg" />
        <img src="image/star.jpg" />
    </div>
    <div style="left: 200px;top: 200px;">
        <img src="image/star.jpg" />
        <img src="image/darkgray.jpg" />
        <img src="image/star.jpg" />
    </div>
    <div style="left: 350px;top: 350px;">
        <img src="image/star.jpg" />
        <img id=img3 src="image/darkgray.jpg" />
        <img src="image/star.jpg" />
    </div>
</body>
```

在浏览器中打开网页文件 chapter8.12.html，页面效果如图 8-14 所示，可以看到基于浏览器窗口的绝对定位的效果。第二组图片为正常效果的图片，第一组和第三组中间的图片位置都发生了偏移，其位置是根据浏览器与位移相叠加而得到，图片原始位置所占空间不保留。

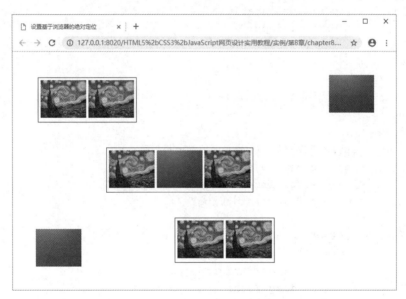

图 8-14　设置基于浏览器的绝对定位的页面效果

8.8.3　无定位

position 属性值为 static 时，元素定位采用无定位方式，其实际位置将按照文档流方式处理，top、right、bottom、left 和 z-index 属性不起作用。

【实例 8.13】设置无定位，文件名称为 chapter8.13.html，内容如下：

```
<!DOCTYPE html>
<html>
```

```
<head>
    <meta charset="UTF-8">
    <style>
        div {
            position: absolute;
            border: 1px solid black;
            padding: 5px;
            margin: 5px;
        }
        img {
            width: 100px;
            height: 80px;
        }
        #img1 {
            position: static;
            top: 50px;
            right: 50px;
        }
        #img3 {
            position: static;
            bottom: 50px;
            left: 50px;
        }
    </style>
    <title>设置无定位</title>
</head>
<body>
    <div style="left: 50px;top: 50px;">
        <img src="image/star.jpg" />
        <img id=img1 src="image/darkgray.jpg" />
        <img src="image/star.jpg" />
    </div>
    <div style="left: 200px;top: 200px;">
        <img src="image/star.jpg" />
        <img src="image/darkgray.jpg" />
        <img src="image/star.jpg" />
    </div>
    <div style="left: 350px;top: 350px;">
        <img src="image/star.jpg" />
        <img id=img3 src="image/darkgray.jpg" />
        <img src="image/star.jpg" />
    </div>
</body>
```

在浏览器中打开网页文件 chapter8.13.html，页面效果如图 8-15 所示，可以看到无定位的效果。第一组和第三组的图片虽然设置了位移属性，但是因为 position 属性值是 static，因此位移属性不起作用。

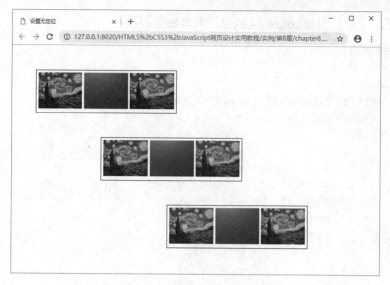

图 8-15 设置无定位的页面效果

 ## 8.9 回到工作场景

通过 8.2~8.8 节内容的学习，已经学习了盒子模型的概念和作用，掌握了使用盒子模型来设置元素的内容范围、内部边距、边框和外部边距，掌握了使用 display 属性来设置元素的块级或内联属性，掌握了使用 float 属性来设置元素与周围元素之间的浮动关系，掌握了使用 z-index 属性来设置多个位置重叠的元素的堆叠关系，掌握了使用 position 属性来设置元素的定位方式。下面回到前面介绍的工作场景中，完成工作任务。

【工作过程一】制作网页——《电子世界网站首页》。工作过程一的页面效果如图 8-16 所示。

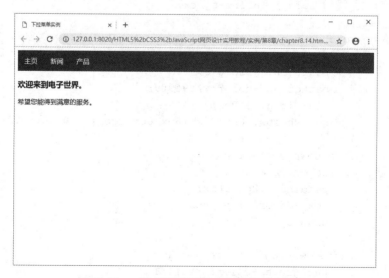

图 8-16 《电子世界网站首页》的页面效果

创建网页，文件名为 chapter8.14.html，内容如下：

```html
<!DOCTYPE html>
<html>
    <head>
        <title>下拉菜单实例(w3cschool.cn)</title>
        <meta charset="utf-8">
        <style>
            ul {
                list-style-type: none;
                margin: 0;
                padding: 0;
                overflow: hidden;
                background-color: #333;
            }
            li {
                float: left;
            }
            li a,
            .dropbtn {
                display: inline-block;
                color: white;
                text-align: center;
                padding: 14px 16px;
                text-decoration: none;
            }
            li a:hover,
            .dropdown:hover .dropbtn {
                background-color: #aaa;
            }
            .dropdown {
                display: inline-block;
            }
            .dropdown-content {
                display: none;
                position: absolute;
                background-color: #f9f9f9;
                min-width: 160px;
                box-shadow: 0px 8px 16px 0px rgba(0, 0, 0, 0.2);
            }
            .dropdown-content a {
                color: black;
                padding: 12px 16px;
                text-decoration: none;
                display: block;
            }
            .dropdown-content a:hover {
                background-color: #f1f1f1
            }
```

```
            .dropdown:hover .dropdown-content {
                display: block;
            }
        </style>
    </head>
    <body>
        <ul>
            <li>
                <a class="active" href="#home">主页</a>
            </li>
            <li>
                <a href="#news">新闻</a>
            </li>
            <div class="dropdown">
                <a href="#" class="dropbtn">产品</a>
                <div class="dropdown-content">
                    <a href="#">产品 1</a>
                    <a href="#">产品 2</a>
                    <a href="#">产品 3</a>
                </div>
            </div>
        </ul>
        <h3>欢迎来到电子世界。</h3>
        <p>希望您能得到满意的服务。</p>
    </body>
</html>
```

【工作过程二】制作网页——《梵高的星空》。工作过程二的页面，鼠标指针未移到图片上的页面效果如图 8-17 所示。

图 8-17　鼠标指针未移到图片上的页面效果

鼠标指针悬停于图片上的页面效果如图 8-18 所示。

图 8-18　鼠标指针悬停于图片上的页面效果

创建网页，文件名为 chapter8.15.html，内容如下：

```
<!DOCTYPE html>
<html>
    <head>
        <title>图片作为下拉菜单实例</title>
        <meta charset="utf-8">
        <style>
            .dropdown {
                position: relative;
                display: inline-block;
            }
            .dropdown-content {
                display: none;
                position: absolute;
                background-color: #f9f9f9;
                min-width: 160px;
                box-shadow: 0px 8px 16px 0px rgba(0, 0, 0, 0.2);
            }
            .dropdown:hover .dropdown-content {
                display: block;
            }
            .desc {
                padding: 15px;
                text-align: center;
            }
        </style>
    </head>
    <body>
        <h2>下拉图片</h2>
        <p>移动鼠标指针到图片上显示下拉内容。</p>
        <div class="dropdown">
            <img src="image/star.jpg" alt="star" width="100" height="50">
```

```
        <div class="dropdown-content">
            <img src="image/star.jpg" alt="star" width="400" height="200">
            <div class="desc">这是一个下拉图片的实例。</div>
        </div>
    </div>
    </body>
</html>
```

【工作过程三】制作网页——《图片廊》。工作过程三的页面效果如图 8-19 所示。

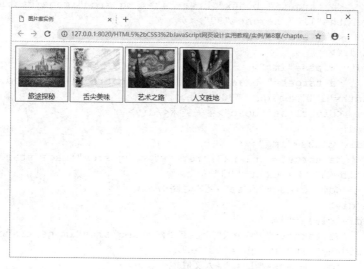

图 8-19　《图片廊》的页面效果

创建网页，文件名为 chapter8.16.html，内容如下所示：

```
<!DOCTYPE html>
<html>
    <head>
        <meta charset="utf-8">
        <title>图片廊实例</title>
        <style>
            div.img {
                margin: 2px;
                border: 1px solid #000000;
                height: auto;
                width: auto;
                float: left;
                text-align: center;
            }
            div.img img {
                display: inline;
                margin: 3px;
                border: 1px solid #ffffff;
            }
            div.img a:hover img {
                border: 1px solid #0000ff;
            }
            div.desc {
```

```
                text-align: center;
                font-weight: normal;
                width: 120px;
                margin: 2px;
            }
        </style>
    </head>
    <body>
        <div class="img">
            <a target="_blank" href="#"><img src="image/castle.jpg" alt="
旅途探秘" width="110" height="90"></a>
            <div class="desc">旅途探秘</div>
        </div>
        <div class="img">
            <a target="_blank" href="#"><img src="image/food.jpg" alt="舌
尖美味" width="110" height="90"></a>
            <div class="desc">舌尖美味</div>
        </div>
        <div class="img">
            <a target="_blank" href="#"><img src="image/star.jpg" alt="艺
术之路" width="110" height="90"></a>
            <div class="desc">艺术之路</div>
        </div>
        <div class="img">
            <a target="_blank" href="#"><img src="image/travel.jpg" alt="
人文胜地" width="110" height="90"></a>
            <div class="desc">人文胜地</div>
        </div>
    </body>
```

【工作过程四】制作网页——《人力资源管理系统页面》。工作过程四的页面效果如图 8-20 所示。

图 8-20　《人力资源管理系统页面》的效果

创建样式表文件，文件名为 chapter8.17.css，内容如下：

```css
/*----------------------------通用----------------------------*/
@charset "utf-8";
body,h1,h2,h3,h4,h5,h6,hr,p,form,blockquote,dl,dd,pre {
    margin: 0;
}
button,th,td {
    padding: 0;
}
ul,ol,textarea,input {
    margin: 0;
    padding: 0;
}
ul,ol {
    list-style: none;
}
table {
    border-collapse: collapse;
    border-spacing: 0;
}
h1,h2,h3,h4,h5,h6 {
    font-size: 100%;
    font-weight: normal;
}
fieldset,img {
    border: 0;
}
select,input,img,select {
    vertical-align: middle;
}
.button {
    color: #fff;
}
input {}
select,textarea {}
h2 {
    font-family: "Microsoft YaHei";
    font-weight: 700;
}
body {
    font: 12px/1.5em Arial;
    color: #000;
    background: #fafafa;
}
a {
    text-decoration: none;
    color: #696969;
}
```

```
a:hover {
    text-decoration: underline;
    color: #696969;
}
.clear {
    clear: both;
}
/*----------------------设置顶部图片和菜单----------------------------*/
.header {
    height: 50px;
    margin: 0 auto;
    background: #2553a0;
}
.header .top {}
.header .top .logo {
    float: left;
    height: 39px;
    padding-left: 10px;
    padding-right: 34px;
    padding-top: 5px;
    width: 197px;
}
.nav {
    float: left;
}
.nav li {
    float: left;
    height: 50px;
    line-height: 50px;
}
.nav li a {
    color: #FFFFFF;
    display: block;
    font-family: "Arial";
    font-size: 16px;
    padding: 0 30px;
}
.nav li a:hover {
    background: #3570d2;
    text-decoration: none;
}
.seleli a {
    background: #3570d2;
}
/*----------------------------设置信息区----------------------------*/
.container {
    height: auto!important;
    height: 850px;
    min-height: 850px;
```

```
    }
    /*--------------------------设置左侧提示区--------------------------*/
    .leftbar {
        background: none repeat scroll 0 0 #FFFFFF;
        border-right: 1px solid #C8C7C7;
        float: left;
        height: auto !important;
        height: 800px;
        min-height: 800px;
        padding: 10px;
        width: 220px;
    }
    /*------------------------设置左侧个人信息--------------------------*/
    .lm01 {
        padding-bottom: 15px;
    }
    .peptx {
        float: left;
    }
    .pepdet {
        float: left;
        padding-left: 10px;
        padding-top: 15px;
    }
    .pepdet p {
        line-height: 20px;
        width: 100%;
    }
    .pepname {
        color: #000000;
        font-size: 16px;
        padding-bottom: 10px;
        font-family: "Microsoft YaHei";
    }
    .title {
        height: 35px;
        line-height: 35px;
        border-bottom: 1px dashed #C8C7C7;
    }
    .detail {
        border-top: 1px dashed #C8C7C7;
        margin-top: 2px;
        padding: 5px;
    }
    /*----------------------设置左侧日历和备忘录--------------------------*/
    .lm02 .icon,.lm03 .icon {
        float: left;
        padding-right: 11px;
        padding-top: 11px;
```

```
    }
.lm02 h2,.lm03 h2 {
    float: left;
    font-size: 14px;
}
/*---------------------------设置右侧工作区---------------------------*/
.mainbody {
    margin-left: 241px;
}
/*---------------------------设置工作区菜单---------------------------*/
.currmenu {
    background: url("../images/rignavbg.jpg") repeat-x scroll left top;
    height: 37px;
}
.rig_nav li {
    float: left;
    line-height: 37px;
    border-right: 1px solid #DDDDDD;
}
.rig_nav li a {
    font-size: 14px;
    height: 35px;
    line-height: 35px;
    padding: 0 25px;
}
.rig_seleli span {
    background: none repeat scroll 0 0 #C8C7C7;
    color: #FFFFFF;
    margin-right: 8px;
    padding: 0 5px 1px 2px;
    cursor: pointer;
}
.rig_seleli a {
    color: #638EC7;
    font-weight: bold;
}
/*-----------------------设置问候语、提示信息和公告-----------------------*/
.adtip {
    background: none repeat scroll 0 0 #FFFFFF;
    border-bottom: 1px solid #C8C7C7;
    height: 82px;
}
.goom {
    font-size: 14px !important;
    padding-bottom: 5px;
}
.tip {
    float: left;
    padding: 15px;
```

```
    }
    .tip p {
        font-size: 16px;
        line-height: 22px;
    }
    .tip p span {
        color: #638EC7;
        font-size: 16px;
        font-weight: bold;
        padding: 0 5px;
    }
    .adv {
        background: none repeat scroll 0 0 #FFEDBB;
        border: 1px solid #DCC074;
        float: right;
        height: 40px;
        line-height: 40px;
        margin-right: 20px;
        margin-top: 20px;
        padding: 0 16px;
        width: 450px;
    }
    .adv p {
        float: left;
    }
    .adv span {
        float: right;
        cursor: pointer;
    }
    .rig_link {
        height: 73px;
        padding: 15px 20px 15px 15px;
        border-bottom: 1px solid #C8C7C7;
    }
    .rig_link ul li {
        float: left;
        padding-right: 12px;
    }
/*-------------------------设置通知和绩效打分-------------------------*/
    .rig_lm01,.rig_lm02,.rig_lm03 {
        padding: 0 20px 0 15px;
    }
    .rig_lm01 .icon,.rig_lm02 .icon,.rig_lm03 .icon {
        float: left;
        padding-right: 11px;
        padding-top: 11px;
    }
    .rig_lm01 h2,.rig_lm02 h2,.rig_lm03 h2 {
        float: left;
```

```
        font-size: 14px;
    }
    .red_numb {
        background: none repeat scroll 0 0 #DB6969;
        color: #FFFFFF;
        font-weight: bold;
        margin-left: 10px;
        padding: 1px 6px;
    }
    .grey_numb {
        background: none repeat scroll 0 0 #bfbebe;
        color: #FFFFFF;
        font-weight: bold;
        margin-left: 10px;
        padding: 1px 6px;
    }
    .rig_lm01 .dat01 {
        border: 1px solid #D5D5D5;
        height: 30px;
        padding: 8px 10px;
        margin-top: 10px;
    }
    .rig_lm01 .dat02 {
        border: 1px solid #D5D5D5;
        border-top: none;
        height: 30px;
        padding: 8px 10px;
        margin-bottom: 10px;
    }
    .dat01 span {
        float: left;
    }
    .dat02 span {
        float: left;
    }
    .sqdeta {
        font-size: 14px;
        line-height: 30px;
        padding-left: 25px;
        _margin-top: 10px;
    }
    .sqdeta img {
        padding-right: 10px;
    }
    .linkbut {
        float: right;
        line-height: 30px;
    }
    .linkbut a {
```

```css
    color: #1d79c7;
    padding: 0 8px;
}
.datti span {
    color: #BBBBBB;
    font-size: 20px;
    font-weight: bold;
}
.jan {
    font-size: 12px !important;
    font-weight: normal !important;
    padding-left: 2px;
}
.jd {
    float: left;
}
.jd img {
    margin-top: 10px;
    padding-left: 5px;
}
.bs {
    float: left;
    padding-left: 22px;
    padding-top: 120px;
    padding-right: 30px;
}
.bs p {
    padding-bottom: 5px;
}
.scordeti {
    float: left;
}
.scordeti ul li {
    border: 1px solid #DDDDDD;
    float: left;
    height: 130px;
    margin-right: 30px;
    margin-top: 28px;
    width: 155px;
}
.scordeti ul li p {
    font-size: 30px;
    height: 90px;
    line-height: 90px;
    text-align: center;
}
.ywc {
    color: #76bd42;
}
```

```
.wwc {
    color: #f3a056;
}
.ycd {
    color: #db6969;
}
/************************设置绩效打分进度区************************/
.scordeti ul li h3 {
    background: none repeat scroll 0 0 #EFEFEF;
    color: #666666;
    font-size: 14px;
    font-weight: bold;
    height: 40px;
    line-height: 40px;
    text-align: center;
}
.rig_lm02 .detail .det_inner {
    border: 1px solid #D5D5D5;
    height: 180px;
    margin-bottom: 10px;
    margin-top: 10px;
}
```

创建网页，文件名为 chapter8.17.html，内容如下：

```html
<!DOCTYPE>
<html>
    <head>
        <meta http-equiv="Content-Type" content="text/html; charset=utf-8" />
        <meta name="description" content="人力资源管理系统" />
        <title>人力资源管理系统</title>
        <link type="text/css" rel="stylesheet" href="css/chapter8.17.css" />
    </head>
    <body>
        <div class="header">
            <div class="top"> <img class="logo" src="image/logo.jpg" />
                <ul class="nav">
                    <li class="seleli">
                        <a href="#">首页</a>
                    </li>
                    <li>
                        <a href="#">人事管理</a>
                    </li>
                    <li>
                        <a href="#">考勤管理</a>
                    </li>
                    <li>
                        <a href="#">绩效管理</a>
                    </li>
                    <li>
```

```
                        <a href="#">工资管理</a>
                    </li>
                </ul>
            </div>
        </div>
        <div class="container">
            <div class="leftbar">
                <div class="lm01"> <img class="peptx" src="image/tximg.jpg" />
                    <div class="pepdet">
                        <p class="pepname">韩梅梅</p>
                        <p>人事科科员</p>
                    </div>
                    <div class="clear"></div>
                </div>
                <div class="lm02">
                    <div class="title"><img class="icon"
src="image/dataicon.jpg" />
                        <h2>日历</h2>
                    </div>
                    <div class="detail"> <img class=""
src="image/kj_01.jpg" /> </div>
                </div>
                <div class="lm03">
                    <div class="title"><img style="padding-right:5px;"
class="icon" src="image/weaicon.jpg" />
                        <h2>备忘录</h2>
                    </div>
                    <div class="detail"> <img class=""
src="image/kj_02.jpg" /> </div>
                </div>
            </div>
            <div class="mainbody">
                <div class="currmenu">
                    <ul class="rig_nav">
                        <li class="rig_seleli">
                            <a href="#">当前</a><span> x </span></li>
                        <li>
                            <a href="#">个人中心</a>
                        </li>
                        <li>
                            <a href="#">工作计划</a>
                        </li>
                        <li>
                            <a href="#">待办任务</a>
                        </li>
                    </ul>
                </div>
                <div class="adtip">
                    <div class="tip">
```

```html
                        <p class="goom">早上好！</p>
                        <p>您目前有<span>15</span>条待处理事宜,
<span>1</span>条考勤异常，<span>2</span>条通知！</p>
                    </div>
                    <div class="adv">
                        <p>公司公告</p>
                        <span> x </span> </div>
                </div>
                <div class="rig_lm01">
                    <div class="title"><img src="image/listicon.jpg"
class="icon" style="padding-top:13px;">
                        <h2>通知</h2>
                        <span class="red_numb">2</span></div>
                    <div class="detail">
                        <div class="dat01"> <span
class="datti"><span>14</span> <br />
                            <span class="jan">July</span></span> <span
class="sqdeta"><img src="image/bs_03.jpg"> 李平的请假申请已批准，假期开始时间为
2014-02-10，为期一天。</span>
                            <p class="linkbut">
                                <a href="#">加入日历</a>
                                <a href="#">查看</a>
                                <a href="#">知道了</a>
                            </p>
                        </div>
                        <div class="dat02"> <span
class="datti"><span>14</span> <br />
                            <span class="jan">July</span></span> <span
class="sqdeta"><img src="image/bs_04.jpg">您提交的请假申请未审批通过</span>
                            <p class="linkbut">
                                <a href="#">查看</a>
                                <a href="#">知道了</a>
                            </p>
                        </div>
                    </div>
                </div>
                <div class="rig_lm02">
                    <div class="title"><img src="image/listicon.jpg"
class="icon" style="padding-top:13px;">
                        <h2>绩效打分进度</h2>
                    </div>
                    <div class="detail">
                        <div class="det_inner">
                            <div class="jd"><img src="image/jd.jpg" alt=""
title=""></div>
                            <div class="bs">
                                <p><img src="image/bs_01.jpg" alt=""
title="">已完成打分</p>
```

```
                            <p><img src="image/bs_02.jpg" alt=""
title="">未完成打分和异常打分</p>
                        </div>
                        <div class="scordeti">
                            <ul>
                                <li>
                                    <p class="ywc">520</p>
                                    <h3>已完成打分人数</h3>
                                </li>
                                <li>
                                    <p class="wwc">100</p>
                                    <h3>未打分人数</h3>
                                </li>
                                <li>
                                    <p class="ycd">30</p>
                                    <h3>异常打分人数</h3>
                                </li>
                            </ul>
                        </div>
                    </div>
                </div>
            </div>
        </div>
        <div class="footer"></div>
    </body>
</html>
```

 # 8.10　工作实训营

8.10.1　训练实例

1. 训练内容

对第 7 章工作实训营中设计的个人信息网站的三个页面进行优化，使得网页中各元素之间的布局恰当。

2. 训练目的

➤　掌握盒子模型的概念。

➤　掌握使用 CSS 设置元素自身大小和边框。

➤　掌握使用 CSS 设置元素浮动、元素层叠和元素定位。

3. 训练过程

参照 8.9 节中的操作步骤。

4. 技术要点

使用盒子模型时，往往要计算距离。

8.10.2　工作实践常见问题解析

【常见问题 1】如何去除浮动？

【答】当子元素设置了浮动，父元素没有设置浮动而导致父元素高度不能自动扩展，缩成一条线，子元素从父元素中溢出时，适合使用同时设置 width:100%(或固定宽度值)+overflow:hidden 的方式来清除浮动；此法可同时去除紧邻的块级元素受到的浮动影响，而不需要再对受到浮动影响的紧邻的块级元素设置去除浮动。

如果是紧邻的块级元素受到浮动影响，对该受到影响的块级元素设置 clear:both 或者 clear:left、clear:right 更为合适。

【常见问题 2】如何使用 CSS 实现页面中内容部分布局自适应？

【答】CSS 页面布局实现内容部分自适应屏幕，当内容高度小于浏览器窗口高度时，页脚在浏览器窗口底部；当内容高度高于浏览器窗口高度时，页脚自动被撑到窗口底部。

CSS 设置如下：

```
<style type="text/css">
    * {
        margin: 0;
        padding: 0;
        box-sizing: border-box;
    }
    html,
    body {
        width: 100%;
        height: 100%;
    }
    .main {
        overflow: hidden;
        position: relative;
        min-height: 100%;
        background: #eee;
    }
    .red {
        margin-bottom: 50px;
        height: 200px;
        background: #f00;
    }
    .footer {
        position: absolute;
        bottom: 0;
        left: 0;
        height: 50px;
        width: 100%;
        background: #0f0;
    }
</style>
```

8.11　本章小结

CSS 使用了盒子模型来描述网页中元素的布局。每个元素都是一个盒子，它有外边距、边框、内边距和内容四个属性。除了内容，其余每个属性都可分为四边：上下左右；这四部分可同时设置，也可分别设置。

对于每个元素，width 属性可用来设置元素的宽度；height 属性可用来设置元素的高度；border-style 属性可用来设置边框的样式；border-width 属性可用来设置边框宽度；border-color 属性可用来设置边框颜色；padding 属性可用来设置盒子模型的内边距；margin 属性可用来设置盒子模型的外边距。

对于网页中元素和元素之间的位置关系，display 属性可用来设置元素的块级或内联属性；float 属性可用来设置元素与周围元素之间的浮动关系；z-index 属性可用来设置多个位置重叠的元素的层叠关系；position 属性可用来设置元素的定位方式。

8.12　习　题

一、单项选择题

1. 在 CSS 中，下面不属于盒子模型属性的是(　　)。

    A. font　　　　　　　B. margin　　　　　　C. padding　　　　　D. border

2. 如何显示这样一个边框：顶边框 10 像素，底边框 5 像素，左边框 20 像素，右边框 1 像素。(　　)

    A. border-width:10px 1px 5px 20px　　　　　　B. border-width:10px 20px 5px 1px

    C. border-width:5px 20px 10px 1px　　　　　　D. border-width:10px 5px 20px 1px

3. 盒子模型中，margin 属性的数值赋值顺序为(　　)。

    A. 顶、右、底、左　　　　　　　　B. 顶、底、左、右

    C. 左、右、顶、底　　　　　　　　D. 顶、左、底、右

4. 关于用 z-index 改变元素叠加顺序的说法正确的是(　　)。

    A. z-index 值越大，这个元素的位置就越靠上

    B. z-index 值越大，这个元素的位置就越靠下

    C. z-index 值越大，这个元素的位置就越靠中央

    D. 以上说法都错。

5. CSS 属性 position 值为(　　)时，元素以正常的流形式显示，top、right、bottom、left 和 z-index 属性值无作用。

    A. absolute　　　　B. fixed　　　　　C. relative　　　　　D. static

二、填空题

1. CSS 盒子模型属性中，_____可为元素设置宽度，

_____可为元素设置高度，_____

可为元素设置内边距，_____可为元素设置边框，

_____可为元素设置外边距。

2. 设置 CSS 属性 display 的值为_____时，可设置元素显示为内联元素，该值是默认值。

3. 设置 CSS 属性 float 的值为_____时可取消元素的浮动。

4. 设置 CSS 属性 clear 的值为_____时可清除左右两边浮动。

5. 设置 CSS 属性 position 的值为_____时，其 left、right、top、bottom 属性值作为其位置的偏移值来处理。

三、操作题

创建网页《南京全美家居有限公司网站首页》，文件名为 ex8.1.html，页面效果如图 8-21 所示。页面主题、文字和图片可自行设置，页面布局相近即可。

图 8-21 文件 ex8.1.html 对应的页面效果

第 9 章

JavaScript 基础知识

 本章要点

- ■ 标识符和关键字
- ■ 常量和变量
- ■ 数据类型
- ■ 运算符
- ■ 流程控制
- ■ 函数

 技能目标

- ■ 掌握 JavaScript 基本数据结构。
- ■ 掌握 JavaScript 基本数据类型。
- ■ 掌握 JavaScript 流程控制。
- ■ 掌握 JavaScript 函数定义与调用。

9.1 工作场景导入

【工作场景】

如何给 HTML 网页增加动态效果，使网页内容更加丰富，如动态的菜单，浮动的广告等；如何使网页具有动态交互的功能，比如提交表单时，检查表单元素是否为空、是否合法等及时响应用户各种操作。JavaScript 就是一种比较流行的制作网页交互的脚本语言，它由客户端浏览器解释执行。

下面需要完成打印金字塔、九九乘法表等页面。

【引导问题】

(1) 怎样在网页中嵌入 JavaScript 脚本？
(2) 怎样定义常量、变量？
(3) 怎样控制程序流程？
(4) 怎样定义函数完成某个功能？

9.2 了解 JavaScript

随着 Web 技术的发展，Web 前端开发人员除了需要掌握最基本的 Web 语言基础 HTML，进行静态页面的设计，还需让页面动起来，能够与用户进行交互。JavaScript 是一种基于对象和事件驱动的脚本语言，可以实现客户端用户与服务端的信息交互处理。

JavaScript 脚本也是一种程序，可在 HTML 页面中引入，其引入位置主要有两个。

1. 在 HTML 内部

JavaScript 脚本放在<script>和</script>之间，<script></script>常常放在<head></head>或者<body></body>之间。

【实例 9.1】在浏览器窗口输出"Hello World！"，文件名称为 chapter9.1.html，内容如下：

```
<!DOCTYPE html>
<html>
    <head>
        <meta charset="UTF-8">
        <title>第一个 JavaScript 程序</title>
        <script type="text/javascript">
            window.onload=function(){
             document.wrtite("Hello world!");
             }
        </script>
    </head>
    <body>
    </body>
</html>
```

在浏览器中打开网页文件 chapter9.1.html，页面效果如图 9-1 所示。

图 9-1　"Hello world!"示例图

2. 在外部的文件中

某个页面要直接使用脚本，通过上面的方法(在 HTML 页面内部编写脚本代码)，但很多情况是多个页面都使用同一脚本，为了提高代码的重用性，方便维护代码，这时可以使用外部脚本的引用来实现。采用 JavaScript 编写的脚本，保存为文件名以后缀.js 结尾的文件，然后在各个页面插入标记<script></script>，并在该标记中插入 src 属性，就可以调用.js 文件了。其语法格式如下：

```
<script src=".js 文件的 URl 地址"></script>
```

【实例 9.2】在浏览器窗口弹出警告框"Hello World！"，文件名称为 chapter9.2.html，编写的 JavaScript 脚本文件名为 script 9.1.css。

chapter9.2.html 文件内容如下：

```
<!DOCTYPE html>
<html>
    <head>
        <meta charset="UTF-8">
        <title>引入外部文件</title>
        <script src="js/script9.1.js"></script>
    </head>
    <body>
    </body>
</html>
```

script9.1.css 文件内容如下：

```
window.onload=init;
function init( ){
    alert("Hello World!"); <!--弹出对话框-->
}
```

在浏览器中打开网页文件 chapter9.1.html，页面效果如图 9-2 所示。

> ⚠ **注意**：在 JavaScript 中，";"作为结束标记。用"//"作为单行标记注释，"/*"和"*/"作为多行注释标记。注释语句在代码执行过程中不被解释执行。

图 9-2　引入外部文件.js 效果图

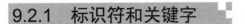

9.2.1 标识符和关键字

1. 标识符

在 JavaScript 中，标识符用来命名变量和函数。合法的标识符命名规则和其他语法命名规则相同，第一个字符必须是字母、下划线(_)或者美元符号($)，其后的字符可以是字母、数字、下划线或者美元符号；但标识符不能取 JavaScript 保留关键字，同时避免使用 HTML 和 Windows 对象和属性的名称作为 JavaScript 的变量及函数名。

例如，合法标识符：i   _user $str   s1

2. 关键字

关键字是指在 JavaScript 中有着特殊含义的标识符。在 JavaScript 中，一些关键字不能作为变量名、函数名等。常见的保留关键字如表 9-1 所示。

表 9-1　JavaScript 的关键字

abstract	continue	finally	instanceof	private	throw
boolean	default	float	int	public	this
break	do	for	interface	return	typeof
byte	double	function	long	short	true
case	else	goto	native	static	var
catch	eval	false	new	null	package
protected	public	return	short	switch	synchronized
void	throws	transient	try	with	volatile
while	yield				

9.2.2 常量和变量

1. 常量

在计算机程序运行时，不会被程序修改的量，即其值不能被改变的量为常量。常量主要是用于提供固定的和精确的值，比如数字、字符串等。常量一般从其字面形式，常量称为字面常量或直接常量。常量声明和定义语法格式如下：

```
const
    常量：数据类型=值；
```

2. 变量

JavaScript 变量可用于存放值(如 x=5)和表达式(比如 s=x+y)。

1) 变量命名规则

➢ 变量名必须以字母开头，也能以 $ 和 _ 符号开头，其后可以是数字、字母、$符号和_符号。

> JavaScript 变量名区分大小写。
> 不能使用 JavaScript 中的关键字。

2)　变量定义和赋值

变量的使用需先声明定义，再赋值；在 JavaScript 中，变量都是以关键字 var 声明，其声明变量的语法格式如下：

```
var  i ; 或者 var  i, j; //可以同时定义多个变量
```

声明并赋值的格式如下：

```
var i=1, j=1;
```

若只是对变量定义了，未赋值，该变量默认值为 undefined；使用 var 关键字若多次定义同一个变量并赋初始值，每一次的定义和赋值是对变量的重新定义及赋值。

3)　变量的作用域

变量的作用域是指定义变量的作用范围。在一个函数内部定义的变量为局部变量。其作用的范围是该函数的内部。函数结束了，该变量的生命周期也结束了。

若当给一个未定义的变量赋值时，该变量为全局变量。全局变量作用于整个脚本代码范围中。

9.3　数据类型

JavaScript 脚本语言同其他语言一样，有其自身的基本数据类型、表达式和算术运算符等。在 JavaScript 脚本语言中数据类型都是弱类型，在声明时，不需要指定数据类型，在赋值时确定其类型即可。JavaScript 基本数据类型主要是数值类型、布尔类型、字符串类型和特殊类型。

9.3.1　数值类型

数值类型是基本的数据类型，在 JavaScript 中支持的数值类型，包括整型和浮点数，所有的数值都是以浮点数形式表示，可表示的整数范围是 $-2^{53} \sim 2^{53}$，可表示的绝对值最大的浮点数为 $\pm 1.7976 \times 10^{308}$、绝对值最小的浮点数为 $\pm 2.2250 \times 10^{-308}$。

1．十进制数

十进制数就是通常 0～9 之间的数字组合的数。例如：12、90、−234、6.5、8.12E-2 等。

2．十六进制和八进制类型

十六进制数以前缀 0X 或者 0x 开头，后面可以是 0～9 之间的任何数字及 A～F(不区分大小写)。例如：0X3F9，0x5fffa 等。

八进制数以前缀 0 开始，后面可以是数字 0～7。例如：00、02、0632 等。

3. 特殊值 infinity 和 NaN

特殊值 infinity 表示无穷大，当一个数值或数值表达式的值超出可表示的最大值时可以当作 infinity；特殊值-infinity 表示无穷小，当一个数值或数值表达式的值超出可表示的最小值时可以当作-infinity。

特殊值 NaN 表示不是一个数字。通过调用 isNaN 方法可以确定一个值是否为数字。

9.3.2 布尔类型

Boolean 类型数据称为布尔类型，其取值为 true 或者 false。

9.3.3 字符串类型

在 JavaScript 中，字符串类型是由字符、数字、标点符号等组合而成的。在编写程序过程中可使用单引号或双引号来界定。

例如："hello"，"你好"，str="我爱学习'JavaScript'!!!"

若是用字符串表示一些特殊的字符，比如换行、回车等之类的，需要使用转义字符。在 JavaScript 中可以使用的转义字符如表 9-2 所示。

表 9-2　转义字符

转义字符	含　义
\'	单引号(')
\"	双引号(　"　)
\\	反斜杠(\)
\n	换行
\r	回车
\t	tab(制表符)
\b	退格
\f	换页符

9.3.4 null 和 undefined

在 JavaScript 中，有两个特殊的类型 null(空值)和 undefined(未定义类型)。

空值 null 不是空字符或者 0，用于定义一个空的或者不存在的引用，只是一个占位符，即表示给已经定义的变量赋初始值为 null。undefined(未定义类型)表示是一个变量已经定义尚未赋初始值。

9.4　运算符

运算符是一系列表示操作的符号。按运算符的类型可分为算术运算符、比较运算符、赋值运算符、逻辑运算符和条件运算符等。

1. 算术运算符

算术运算符用于进行加、减、乘、除等运算。在 JavaScript 中，常用的运算符如表 9-3 所示。

表 9-3　算术运算符

运 算 符	描　　述	例　　子
+	加法运算	1+2=3
−	减法运算	3−2=1
*	乘法运算	1*3=3
/	除法运算	4/2=2
%	求模运算符	4%2=0
++	自增运算符	x=1;y=x++;输出结果 y=1，x 的值为 2 x=1;y=++x;输出结果 y=2，x 的值为 2
- -	自减运算符	x=5;y=x- -;输出结果 y=5，x 的值为 4 x=5;y=- -x;输出结果 y=4，x 的值为 4

2. 比较运算符

比较运算符，用于测定变量或值是否相等，返回一个布尔值 true 或者 false。在 JavaScript 中常用的比较运算符如表 9-4 所示。

表 9-4　比较运算符

运 算 符	描　　述	例　　子
==	等于	1==6　返回值为 false
===	绝对等于(值和类型均相等)	2===2　返回值为 true
!=	只看值是否相等，不涉及类型	"1"!=1　返回值为 false
!==	值和类型有一个不相等，或两个都不相等	"1"!==1 返回值为 true
>	大于	4>2　返回值为 true
<	小于	4<2　返回值为 false
>=	大于或等于	2>=1　返回值为 true
<=	小于或等于	1<=1　返回值为 true

3. 赋值运算符

在 JavaScript 中，赋值运算符分为简单运算符和复合运算符。简单运算符是将赋值运算符(=)右边表达式的值赋给左边的变量，而复合运算符是先计算右边的表达式的值赋给左边。常见的 JavaScript 赋值运算符如表 9-5 所示。

表 9-5　赋值运算符

运 算 符	描　　述	例　　子
=	将右边表达式的值赋给左边变量	n=2
+=	将左边的变量加上右边的表达式的值赋给左边的变量	n+=2　//相当于 n=n+2
-=	将左边的变量减去右边的表达式的值赋给左边的变量	n-=2　//相当于 n=n-2
*=	将左边的变量乘以右边的表达式的值赋给左边的变量	n*=2　//相当于 n=n*2
/=	将左边的变量除以右边的表达式的值赋给左边的变量	n/=2　//相当于 n=n/2
%=	将左边的变量除以右边的表达式的余数赋给左边的变量	n%=2　//相当于 n=n%2
&=	将左边的变量与右边的表达式进行逻辑与运算赋给左边的变量	n&=2　//相当于 n=n&2
|=	将左边的变量与右边的表达式进行逻辑或运算赋给左边的变量	n|=2　//相当于 n=n|2
^=	将左边的变量与右边的表达式进行逻辑异或运算赋给左边的变量	n^=2　//相当于 n=n^2

4. 逻辑运算符

在 JavaScript 中增加了几个布尔逻辑运算符，JavaScript 支持的常用布尔运算符如表 9-6 所示。

表 9-6　逻辑运算符

运 算 符	描　　述
!	取反
&	与运算
&=	与运算之后再赋值
|	或运算
|=	将左边的变量与右边的表达式进行逻辑或运算赋给左边的变量
^	逻辑异或
^=	将左边的变量与右边的表达式进行逻辑异或给左边的变量

5. 条件运算符

条件运算符是 JavaScript 支持的一种特殊的三目运算符，其语法格式如下：

操作数 1? 表达式 1：表达式 2

若操作数 1 的值为"true"，则整个表达式的值为表达式 1；若操作数 1 的值为"false"，则整个表达式的值为表达式 2。

6. 运算符的优先级

在 JavaScript 中，各种运算符按照某种优先级的顺序进行计算。这种顺序被称为运算符优先级。优先级高的运算符将先于级别较低的运算符进行运算；在具有同级运算符的情况下，按照从左到右的顺序计算。在 JavaScript 中，运算符优先级如表 9-7 所示。

表 9-7　JavaScript 运算符优先级

运　算　符	优　先　级
()、[]、．	优先级由高到低
++、--、-、!	
*、/、%	
+、-	
<<、>>	
<、<=、>、>=、in	
==、===、!=、!==	
&	
^	
|	
&&	
||	
?	
=	
*=、/=、%=、+=、-=、<=、>=、 &=、^=、|=	

9.5　流程控制

每一个完成某个功能的程序都是由很多个语句组合构成的，若干个语句是按照什么样的流程顺序执行，就需要使用流程控制语句对程序执行的流程进行控制。在 JavaScript 中，流程控制语句主要包括条件语句、循环语句等。

9.5.1　条件控制

在 JavaScript 中，条件语句包括 if…else 语句和 switch 语句，使用这些语句可以实现单路分支语句及多路分支语句。

1. if…else 语句

if…else 是单路分支语句，但也可以嵌套，其具体语法形式如下：

```
if (条件 1)
    {语句块 1}
```

```
else
    {语句块 2}
```

if…else 语句执行流程如图 9-3 和图 9-4 所示。

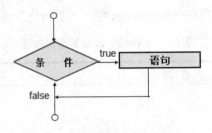

图 9-3 if…else 语句执行流程(1)

条件 1 是一个布尔表达式，当其值为 true 时执行语句块 1，若其值为 fasle，则执行语句块 2。语句块 1 和语句块 2 可以是单个语句或者多个复合语句块。

if…else 语句也可以进行扩展，来处理多个条件分支，其语法格式如下：

```
if (条件 1)
    {语句块 1;}
else if (条件 2)
{语句块 2;}
else if (条件 3)
{语句块 3;}
    ..........
    else
        {语句块 n;}
```

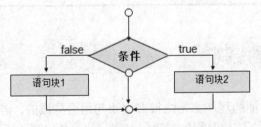

图 9-4 if…else 语句执行流程(2)

【实例 9.3】根据不同时间显示不同的问候语，文件名称为 chapter9.3.html，其文件内容如下：

```
<!DOCTYPE html>
<html>
    <head>
        <meta charset="UTF-8">
        <title>if else 语句</title>
        <script language="javascript"  type="text/jscript" >
          var sMsg="";
         var oNow = new Date();
         var iHour = oNow.getHours();
```

```
        if(iHour < 6){
            sMsg="凌晨了，还没休息吗？";
        }else if(iHour < 8){
            sMsg="早上好！";
        }else if(iHour < 12){
            sMsg="上午好！";
        }else if(iHour < 14){
            sMsg="中午好！"
        }else if(iHour < 18){
            sMsg="下午好！"
        }else if(iHour < 22){
            sMsg="晚上好！";
        }else{
            sMsg="夜深了，该休息了，做个好梦！";
        }
        document.writeln("<p align=\"center\">"+sMsg+"</p>");
    </script>
  </head>
  <body>
  </body>
</html>
```

在浏览器中打开网页文件 chapter9.3.html，页面效果如图 9-5 所示。

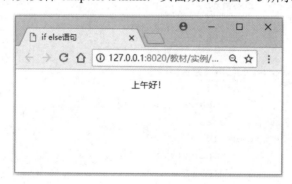

图 9-5　if…else if 语句页面效果

2. switch 语句

switch 语句是多路分支语句，当指定表达式的值与某个值匹配时，就是执行该路分支语句。其语法如下：

```
switch (表达式){
case 值1：语句1;break;
case 值2：语句2;break;
case 值3：语句3;break;
................
case 值n：语句3;break;
default:
    默认语句；
}
```

当表达式的值与值 1 匹配时，执行语句 1 组合，当表达式的值与值 2 匹配时，就执行语句 2 组合，直到表达式的值与值 n 比较完毕时，若都不匹配，默认执行默认语句。

其中 break 表示跳转语句，与 continue 通常用在 while、do...while、for 和 switch 语句中。break 表示终止循环，强行退出循环，不执行循环体中剩余的语句和剩余的循环次数。continue 表示中止本次循环，不再执行循环体中下面的语句，跳回循环起始位置开始下一次循环。

【实例 9.4】根据用户输入的年份获取生肖，文件名称为 chapter9.4.html，其文件内容如下：

```html
<!DOCTYPE html>
<html>
    <head>
        <meta charset="utf-8" />
        <title></title>
        <script>
            function showShengxiao(){
            var iRemainder, sShenxiao;
            var iYear = document.form1.txtYear.value;
                if(iYear == ""){
                    alert("请输入出生年份！");
                    document.form1.txtYear.focus();
                    return;
                }else{
                    iRemainder = iYear % 12;
                }
                switch(iRemainder){
                    case 0:
                        sShengxiao = "猴";
                        break;
                    case 1:
                        sShengxiao = "鸡";
                        break;
                    case 2:
                        sShengxiao = "狗";
                        break;
                    case 3:
                        sShengxiao = "猪";
                        break;
                    case 4:
                        sShengxiao = "鼠";
                        break;
                    case 5:
                        sShengxiao = "牛";
                        break;
                    case 6:
                        sShengxiao = "虎";
                        break;
```

```
                case 7:
                    sShengxiao = "兔";
                    break;
                case 8:
                    sShengxiao = "龙";
                    break;
                case 9:
                    sShengxiao = "蛇";
                    break;
                case 10:
                    sShengxiao = "马";
                    break;
                case 11:
                    sShengxiao = "羊";
                    break;
            }
                document.getElementById("Shengxiao").innerHTML="您的生肖是:
<b>" + sShengxiao + "</b>";
        }
    </script>
  </head>
  <body>
  <form id="form1" name="form1" method="post" action="">
   <fieldset>
     <legend>根据出生年份计算生肖</legend>
     <p align="center">请输入您的出生年份:
       <input name="txtYear" type="text" id="txtYear" size="12" />
       <input name="btnShow" type="button" id="btnShow"
onclick="showShengxiao();" value="显示生肖" />
     </p>
     <p id="Shengxiao" align="center"> </p>
   </fieldset>
  </form>
  </body>
</html>
```

在浏览器中打开网页文件 chapter9.4.html，页面效果如图 9-6 所示。

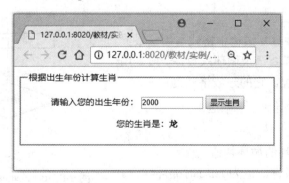

图 9-6　switch 多路分支

9.5.2 循环控制

循环语句指的是当满足某条件的情况下反复执行某一个操作。循环控制语句主要包括三种：while、do...while 和 for 循环语句。

1. while 循环语句

while 循环语句也称前测试循环语句，该结构主要是通过某个条件来控制是否继续重复执行这个语句。其语法格式如下：

```
while (条件){
    循环体语句
}
```

当条件的结果为 true 时，重复执行循环体(语句块)。while 循环语句的执行流程如图 9-7 所示。

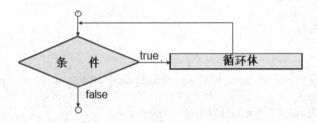

图 9-7　while 循环语句的执行流程

2. do...while 循环语句

do...while 循环语句是后测试循环体，先执行循环体一次，然后判断条件，若条件为 true，继续执行循环体，否则跳出循环体，这种结构循环体至少被执行一次。其语法形式如下：

```
do {
    循环体;
    }while(条件);
```

do...while 循环语句的执行流程如图 9-8 所示。

3. for 循环语句

for 循环是在几种重复结构中格式与用法最灵活的，在循环过程中需要记录循环次数，一般是用于循环次数已定的情况。它的一般格式为：

```
for(表达式 1 ; 表达式 2 ; 表达式 3)
        { 循环体;}
```

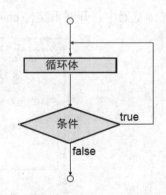

表达式 1：for 循环的循环初值。

表达式 2：循环条件，值为 false 时循环结束。

表达式 3：每次循环时所进行的计算和更新。

图 9-8　do...while 循环语句的执行流程

执行 for 重复结构的步骤：

(1)　先计算表达式 1(只计算一次)。

(2)　接着检查表达式 2 的值是 true 还是 false，若为 false，则不执行语句(循环体)，退出循环；若为 true，就执行给定的语句。

(3)　再计算表达式 3。

(4)　再检查表达式 2 的值，根据值为 true 或为 false 决定是否执行循环体。

【实例 9.5】在页面上显示一个金字塔，文件名称为 chapter9.5.html，其文件内容如下：

```html
<!DOCTYPE html>
<html>
    <head>
        <meta charset="UTF-8">
        <title>打印金字塔</title>
        <script type="text/javascript">
          for(var i=20;i<=150;i+=10){
              document.write("<hr width='"+i+"'>");
//页面上输出 hr 水平线，其宽度由循环变量 i 决定
          }
        </script>
    </head>
    <body>
    </body>
</html>
```

在浏览器中打开网页文件 chapter9.5.html，页面效果如图 9-9 所示。

图 9-9　打印金字塔效果图

 ## 9.6　函数

9.6.1　函数定义

函数是指完成某个任务的一组 JavaScript 语句，该语句代码可以被重复调用执行。函数由关键字 function 定义，其具体语法格式如下：

```
function 函数名([参数 1],[参数 2],[参数 3],...... ]){
    声明和语句
[return 表达式]
}
```

定义函数名，可以是任何有效的标识符。

匿名定义函数形式如下：

```
var func = function(参数列表){
    声明和语句;
}
```

与以下函数等价：

```
function(参数列表){
    声明和语句;
}
```

定义函数时也可以嵌套另一个函数的定义，称为嵌套函数。使用嵌套函数可以把一个函数的可见性封装在另一个函数中，使得内部函数作为外层全局函数的私有函数。

```
function func1( ){
    声明;
    function  func2( ){
      声明和语句;
    }
    语句;
  ......
}
```

【实例 9.6】定义函数并实现在页面上输出内容"Hello World!"，该函数不带参数，编写 JavaScript 脚本，定义函数文件内容如下：

```
function printText ( ){
    document.write("Hello World!");
}
```

9.6.2　函数调用

函数定义完，需要被调用才会执行。接着上面的实例 9.6 介绍如何在页面上调用已定义函数，一般在<body></body>之间插入<script></script>标记，在<script>之间插入 JavaScript 脚本，或者在<head></head>之间引入脚本.js 文件。实例 9.6 文件 chapter9.6.html 文件内容如下：

```
<!DOCTYPE html>
<html>
    <head>
        <meta charset="UTF-8">
        <title>函数调用</title>
```

```
<script type=" text/javascript">
//定义函数
  function myFunction()
  {
    document.write("Hello World!");
  }
  </script>
</head>
<body>
  <!--调用函数-->
  <button onclick="myFunction()">点击这里</button>
</body>
</html>
```

带参数及返回值函数的定义及使用示例如下。

【实例 9.7】计算两个数乘积函数，并在页面上显示其结果，编写的 JavaScript 脚本，文件名为 chapter9.7.html，其文件内容如下：

```
<!DOCTYPE html>
<html>
    <head>
        <meta charset="UTF-8">
        <title></title>
    </head>
    <body>
        <div id="demo"></div>
        <script type="text/javascript">
        function myFunction(a,b)
        {
            return a*b;    //返回值
        }
        document.getElementById("demo").innerHTML=myFunction(1,2);//调用函数
        </script>
    </body>
</html>
```

 ## 9.7　回到工作场景

通过对 9.2～9.5 节内容的学习，已经学习了 JavaScript 基本语法知识，掌握了如何编写 JavaScript 脚本。

【工作过程】使用 JavaScript 实现九九乘法表，文件名为 chapter9.8.html，具体操作步骤如下所示。

(1) 创建 HTML 文件，代码如下：

```
<!DOCTYPE html >
<html>
```

```
<head>
<meta http-equiv="Content-Type" content="text/html; charset=utf-8" />
<title>九九乘法表</title>
</head>
<body bgcolor="#e0f1ff">
  <table cellpadding="6" cellspacing="0" style=" border-collapse:collapse;
border:none;" >
  </table>
</body>
</html>
```

(2) 编写 JavaScript 脚本，完成九九乘法表的具体实现：

```
<script>
    for(var i=1 ; i<10 ; i++){
     document.write("<tr>");
    for(var j = 1 ; j <=i ; j++){
     document.write("<td style='border:2px solid #004B8A ; background:#FFFFFF;'>"
       +i+"*"+j+"="+(i*j)+"</td>");
    }
      document.write("</tr>");
    }
    </script>
```

在浏览器中打开网页文件 chapter9.8.html，页面效果如图 9-10 所示。

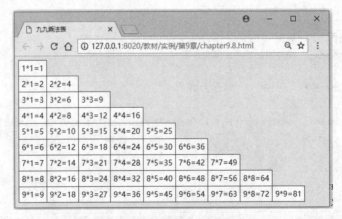

图 9-10　九九乘法表的效果图

 ## 9.8　工作实训营

9.8.1　训练实例

1. 训练内容

自行设计一个页面，用户输入一个整数 n，计算 1+2+3+…+100 的和。

2．训练目的

➢　掌握函数的使用。

➢　掌握循环的使用。

➢　掌握页面内容如何显示。

3．训练过程

参照 9.5 节中的操作步骤。

4．技术要点

注意循环语句的选择及循环控制条件的设置。

9.8.2　工作实践常见问题解析

【常见问题】while 与 do…while 的区别是什么？

【答】while：先判断再执行，有可能一次都不执行。

　　　　do… while：先执行再判断。(无论如何都会执行一次循环体里面的代码) 。

9.9　本章小结

JavaScript 是网页用于与用户交互的脚本语言，通过嵌入或导入到 HTML 文档中实现。每一种语言都有自己的语法规则，JavaScript 基本语法知识主要包括数据类型、变量定义、运算符、程序控制结构(顺序、选择、循环结构)及函数定义和运用等。

JavaScript 有基本数据类型和特殊类型。其基本类型包括数值类型、字符类型、布尔类型，特殊类型主要包括 undefined、null 等。

流程控制语句中条件控制语句 if…else if、switch 语句及循环控制语句 while、do…while 和 for 语句在实际开发过程中经常引用。

函数作为一个独立的逻辑单元，在实际应用的过程中使得 JavaScript 脚本代码更简洁，易维护，提高重用性。

9.10　习　题

一、单项选择题

1. JavaScript 脚本文件的扩展名是(　　)。

　　A. .css　　　　　　B. .html　　　　　　C. .script　　　　　　D. .js

2. 可以在下列哪个 HTML 元素中放置 JavaScript 代码？(　　)

　　A. <script>　　　B. <javascript>　　C. <js>　　　　　D. <scripting >

3. 在 JavaScript 中，需要声明一个整数类型的变量 num，以下哪个(　　)语句能实现上述要求？

        A. int num;   B. number num;   C. var num;   D. Integer num;

4. 以下哪段代码不能正确创建函数 show( )？（　　　）

    A. function show(text){ alert(text); }

    B. var showFun = function show(text){ alert(text); }

    C. var showFun = function(text){ alert(text); }

    D. var showFun =new function("text" , "alert(text)"};

二、填空题

1. 语句 var a; 执行后变量 a 中的值是_____，a 的类型是_____。

2. 执行语句 a=12;document.writeln(a>10);后，页面上显示的内容是_____。

3. 执行语句 a=12; b=a%5; c= ++a;后，b 中的值是_____，c 中的值是_____。

4. 执行四条语句 a=3;b=5; b%=a;c=a>b?1:0 ;后，则变量 a 中的值是_____，变量 b 中的值是_____，变量 c 中的值是_____。

三、操作题

创建网页，实现一个简易计算器，其文件名为 ex9.1.html，页面效果如图 9-11、图 9-12 所示。

图 9-11　输入操作数的页面效果

图 9-12　简易计算器的页面效果

第 10 章

JavaScript 中的对象

 本章要点

- Date 对象
- String 对象
- Math 对象
- Array 对象

技能目标

- 掌握使用 Date 对象实现时间的显示。
- 掌握使用 String 对象对字符串进行操作。
- 掌握使用 Math 对象对数字进行操作。
- 掌握使用 Array 对象对一组数据进行处理。

10.1 工作场景导入

【工作场景】

网页中用户登录时经常用到当前时间的显示、用户名有效性的判断、密码长度的判断、安全性验证码的实现等效果。下面需要制作四个网页，其中，《动态实时数字时钟》动态显示当前时间；《用户登录界面》实现用户名有效性判断、密码长度的判断；《验证码的生成》实现随机生成四位验证码；《列表菜单选择课程》实现选择不同的老师，对应不同的课程。

【引导问题】

(1) Date 对象如何使用？
(2) String 对象如何使用？
(3) Math 对象如何使用？
(4) Array 对象如何使用？

 ## 10.2 JavaScript 的对象概述

JavaScript 是一种基于对象的编程语言，JavaScript 中将对象分为 JavaScript 内置对象、浏览器内置对象和自定义对象三种。

➤ JavaScript 内置对象：JavaScript 将一些常用功能预先定义成对象，用户可以直接使用，这就是内置对象。

➤ 浏览器内置对象：浏览器对象是浏览器根据系统当前的配置和所装载的页面为 JavaScript 提供的一些可供使用的对象。

➤ 自定义对象：自定义对象是指根据自己的需要而定义的新对象。

本章主要讲述常用 JavaScript 内置对象，主要掌握对象的使用、对象如何创建、对象的属性和函数的使用。

 ## 10.3 Date 对象

在 JavaScript 中，没有日期时间型数据，但是在开发过程中经常会处理日期，因此 JavaScript 提供了 Date 对象来操作日期和时间。在进行日期时间处理时，不同的场合会采用不同的时间标准。

在 JavaScript 中，创建日期对象必须使用 new 语句。使用关键字 new 新建日期对象时，可以使用下述四种方法：

var 对象名 = new Date(); //方法 1：创建当前时间的 Date 对象

var 对象名 ＝ new Date(日期字串); //方法 2：使用日期时间字符串创建 Date 对象

var 对象名 ＝ new Date(年，月，日[时，分，秒，毫秒]); //方法 3：用指定日期时间数据创建 Date 对象

var 对象名 ＝ new Date(毫秒); //方法 4：使用时间戳创建 Date 对象

上述四种创建方法，区别如下：

(1) 方法 1 创建了一个包含当前系统时间的日期对象。

(2) 方法 2 可以将一个字符串转换成日期对象，这个字符串可以是只包含日期的字符串，也可以是既包含日期又包含时间的字符串。JavaScript 对日期格式有要求，通常使用的格式有以下两种：

➢ 日期字符串可以表示为"月 日，年 小时：分钟：秒钟"，其中月份必须使用英文单词，而其他部分可以使用数字表示，日和年之间一定要有逗号(，)。

➢ 日期字符串可以表示为"年 / 月 / 日 小时：分钟：秒钟"，所有部分都要求使用数字，年份要求使用四位，月份用 0 至 11 的整数，代表 1 月到 12 月。

(3) 方法 3 通过指定年月日时分秒创建日期对象，时分秒都可以省略。月份用 0 至 11 的整数，代表 1 月到 12 月。

(4) 方法 4 使用毫秒(时间戳)来创建日期对象。可以把 1970 年 1 月 1 日 0 时 0 分 0 秒 0 毫秒看成一个基数，而给定的参数代表距离这个基数的毫秒数。如果指定参数毫秒为 300，则该日期对象中的日期为 1970 年 1 月 1 日 0 时 0 分 0 秒 300 毫秒。

Date 对象的方法主要分为三大组：setXxx、getXxx 和 toXxx。setXxx 这些方法用于设置时间和日期值；getXxx 这些方法用于获取时间和日期值；toXxx 主要是将日期转换成指定格式。Date 对象的方法如表 10-1 所示。

表 10-1　Date 对象的函数

函　数	描　述
Date()	返回当日的日期和时间
getDate()	从 Date 对象返回一个月中的某一天 (1～31)
getDay()	从 Date 对象返回一周中的某一天 (0～6)
getMonth()	从 Date 对象返回月份 (0～11)
getFullYear()	从 Date 对象以四位数字返回年份
getYear()	请使用 getFullYear() 方法代替
getHours()	返回 Date 对象的小时 (0～23)
getMinutes()	返回 Date 对象的分钟 (0～59)
getSeconds()	返回 Date 对象的秒数 (0～59)
getMilliseconds()	返回 Date 对象的毫秒(0～999)
getTime()	返回 1970 年 1 月 1 日至今的毫秒数
getTimezoneOffset()	返回本地时间与格林威治标准时间 (GMT) 的分钟差
getUTCDate()	根据世界时从 Date 对象返回月中的一天 (1～31)
getUTCDay()	根据世界时从 Date 对象返回周中的一天 (0～6)
getUTCMonth()	根据世界时从 Date 对象返回月份 (0～11)

函　数	描　述
getUTCFullYear()	根据世界时从 Date 对象返回四位数的年份
getUTCHours()	根据世界时返回 Date 对象的小时 (0 ~ 23)
getUTCMinutes()	根据世界时返回 Date 对象的分钟 (0 ~ 59)
getUTCSeconds()	根据世界时返回 Date 对象的秒钟 (0 ~ 59)
getUTCMilliseconds()	根据世界时返回 Date 对象的毫秒(0 ~ 999)
parse()	返回 1970 年 1 月 1 日午夜到指定日期(字符串)的毫秒数
setDate()	设置 Date 对象中月的某一天 (1 ~ 31)
setMonth()	设置 Date 对象中的月份 (0 ~ 11)
setFullYear()	设置 Date 对象中的年份(四位数字)
setYear()	请使用 setFullYear() 方法代替
setHours()	设置 Date 对象中的小时 (0 ~ 23)
setMinutes()	设置 Date 对象中的分钟 (0 ~ 59)
setSeconds()	设置 Date 对象中的秒钟 (0 ~ 59)
setMilliseconds()	设置 Date 对象中的毫秒 (0 ~ 999)
setTime()	以毫秒设置 Date 对象
setUTCDate()	根据世界时设置 Date 对象中月份的一天 (1 ~ 31)
setUTCMonth()	根据世界时设置 Date 对象中的月份 (0 ~ 11)
setUTCFullYear()	根据世界时设置 Date 对象中的年份(四位数字)
setUTCHours()	根据世界时设置 Date 对象中的小时 (0 ~ 23)
setUTCMinutes()	根据世界时设置 Date 对象中的分钟 (0 ~ 59)
setUTCSeconds()	根据世界时设置 Date 对象中的秒钟 (0 ~ 59)
setUTCMilliseconds()	根据世界时设置 Date 对象中的毫秒 (0 ~ 999)
toSource()	返回该对象的源代码
toString()	把 Date 对象转换为字符串
toTimeString()	把 Date 对象的时间部分转换为字符串
toDateString()	把 Date 对象的日期部分转换为字符串
toGMTString()	请使用 toUTCString() 方法代替
toUTCString()	根据世界时，把 Date 对象转换为字符串
toLocaleString()	根据本地时间格式，把 Date 对象转换为字符串
toLocaleTimeString()	根据本地时间格式，把 Date 对象的时间部分转换为字符串
toLocaleDateString()	根据本地时间格式，把 Date 对象的日期部分转换为字符串
UTC()	根据世界时返回 1970 年 1 月 1 日到指定日期的毫秒数
valueOf()	返回 Date 对象的原始值

【实例 10.1】分别使用上述四种方法创建日期对象，文件名称为 chapter10.1.html，内容如下：

```
<!DOCTYPE html>
<html>
    <head>
    <meta charset="utf-8">
    <title>创建日期对象</title>
    <script>
        //以当前时间创建一个日期对象
        var myDate1 = new Date();
        //将字符串转换成日期对象,该对象代表日期为 2018 年 7 月 2 日
        var myDate2 = new Date("July 2,2018");
        //将字符串转换成日期对象,该对象代表日期为 2018 年 7 月 2 日
        var myDate3 = new Date("2018/7/2");
        //创建一个日期对象,该对象代表日期和时间为 2018 年 7 月 2 日 16 时 16 分 16 秒
        var myDate4 = new Date(2018,6,2,16,16,16);
        //创建一个日期对象,该对象代表距离 1970 年 1 月 1 日 0 分 0 秒 20000 毫秒的时间
        var myDate5 = new Date(20000);
        //分别输出以上日期对象的本地格式
        document.write("myDate1 所代表的时间为: "+myDate1.toLocaleString()+"<br>");
        document.write("myDate2 所代表的时间为: "+myDate2.toLocaleString()+"<br>");
        document.write("myDate3 所代表的时间为: "+myDate3.toLocaleString()+"<br>");
        document.write("myDate4 所代表的时间为: "+myDate4.toLocaleString()+"<br>");
        document.write("myDate5 所代表的时间为: "+myDate5.toLocaleString()+"<br>");
    </script>
    </head>
    <body>
    </body>
</html>
```

在浏览器中打开网页文件 chapter10.1.html,页面效果如图 10-1(a)、(b)所示,在 Chrome 浏览器和 Edge 浏览器显示的结果稍有不同。

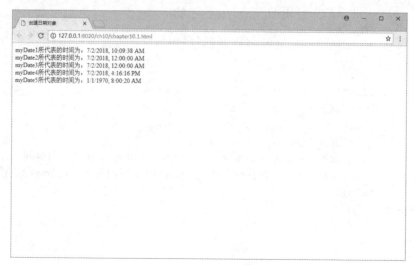

(a) Chrome 浏览器中的结果

图 10-1　4 种方法创建 Date 对象的页面效果

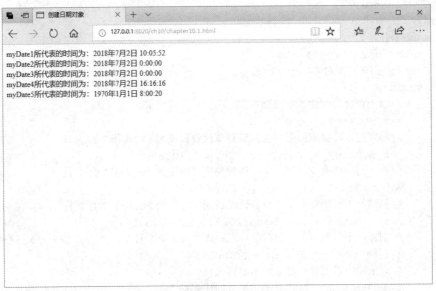

(b) Edge 浏览器中的结果

图 10-1　4 种方法创建 Date 对象的页面效果(续)

【实例 10.2】使用 Date 对象计算程序运行时间，文件名称为 chapter10.2.html，内容如下：

```
<!DOCTYPE html>
<html>
    <head>
        <meta charset="UTF-8">
        <title></title>
        <script>
            function loop()
            {
                for(var i=0;i<1000000;i++);
            }
        </script>
        <script>
            var start_time = Date.now();
            loop();
            var end_time = Date.now();
            var time = end_time-start_time;//得到loop()运行时间
            document.write("执行loop()函数所用的时间为：" +time+"毫秒");
        </script>
    </head>
    <body>
    </body>
</html>
```

在浏览器中打开网页文件 chapter10.2.html，页面效果如图 10-2 所示，loop()函数的功能是执行 1 000 000 次空循环，now()方法可以得到当前时间戳。end_time 减去 start_time 得到

loop()函数执行的毫秒数。

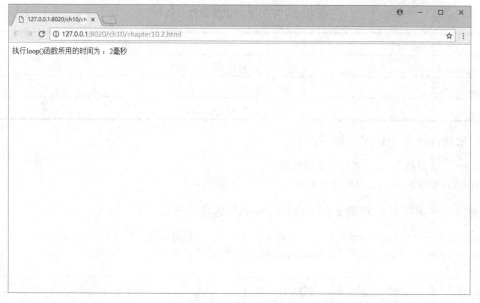

图 10-2　设置文字滚动的方式的页面效果

 ## 10.4　String 对象

字符串类型是 JavaScript 中的非常重要的基本数据类型之一，在 JavaScript 中，可以将字符串直接看成字符串对象(即 String 对象)，不需要任何转换。在对字符串对象操作时，不会改变字符串中的内容。

字符串对象有两种创建方法。

(1)　直接声明字符串变量。

通过前面学习的字符串变量方法，把声明的变量看作字符串对象，语法格式如下：

```
var 字符串变量 =字符串
```

例如，创建字符串对象 myString，并对其赋值，代码如下：

```
var myString = "Hello World!";
```

(2)　使用 new 关键字创建字符串对象，其语法格式如下：

```
var  字符串对象 = new String()
```

例如：通过 new 关键字创建字符串对象 myString，并对其赋值，代码如下：

```
var   myString = new String("Hello, World!");
```

注意：上述两种语句效果是一样的，因此声明字符串时可以采用 new 关键字，也可以不采用 new 关键字。

字符串对象的属性比较少，常用的属性为 length。字符串对象的属性见表 10-2。

表 10-2　字符串对象的属性及说明

属　　性	说　　明
constructor	字符串对象的函数原型
length	字符串长度
prototype	添加字符串对象的属性

对象属性的使用格式，如下所示：

```
对象名.属性值      //获取对象属性值
对象名.属性名=值  //为属性赋值
```

例如，声明字符串对象 myArcticle，输出其包含的字符个数：

```
var myArcticle="床前明月光，疑是地上霜。举头望明月，低头思故乡。——李白";
document.write(myArcticle.length);//输出字符串对象字符的个数
```

⚠ 注意：测试字符串长度时，空格也占一个字符位。一个汉字占一个字符位，即一个汉字长度为 1。

字符串对象是内置对象之一，也是常用的对象。在 JavaScript 中，经常会在对字符串对象中查找、替换字符串。表 10-3 所示为字符串对象常用的函数。

表 10-3　字符串对象的函数

函　　数	描　　述
anchor()	创建 HTML 锚
big()	用大号字体显示字符串
blink()	显示闪动字符串
bold()	使用粗体显示字符串
charAt()	返回在指定位置的字符
charCodeAt()	返回在指定位置的字符的 Unicode 编码
concat()	连接字符串
fixed()	以打字机文本显示字符串
fontcolor()	使用指定的颜色来显示字符串
fontsize()	使用指定的尺寸来显示字符串
fromCharCode()	从字符编码创建一个字符串
indexOf()	检索字符串
italics()	使用斜体显示字符串
lastIndexOf()	从后向前搜索字符串
link()	将字符串显示为链接
localeCompare()	用本地特定的顺序来比较两个字符串

续表

函　数	描　述
match()	找到一个或多个正则表达式的匹配
replace()	替换与正则表达式匹配的子串
search()	检索与正则表达式相匹配的值
slice()	提取字符串的片断，并在新的字符串中返回被提取的部分
small()	使用小字号来显示字符串
split()	把字符串分割为字符串数组
strike()	使用删除线来显示字符串
sub()	把字符串显示为下标
substr()	从起始索引号提取字符串中指定数目的字符
substring()	提取字符串中两个指定的索引号之间的字符
sup()	把字符串显示为上标
toLocaleLowerCase()	把字符串转换为小写
toLocaleUpperCase()	把字符串转换为大写
toLowerCase()	把字符串转换为小写
toUpperCase()	把字符串转换为大写
toSource()	代表对象的源代码
toString()	返回字符串
valueOf()	返回某个字符串对象的原始值

【实例 10.3】设计程序，在文本框中输入字符串，单击"检查"按钮，检查字符串是否为有效字符串(字符串是否由大小写字母、数字、下划线_和-构成)，如图 10-3(a)所示。如果有效，弹出对话框提示"你的字符串合法"，如图 10-3(b)所示；如果无效，弹出对话框提示"你的字符串不合法"，如图 10-3(c)所示。文件名称为 chapter10.3.html，内容如下。

(1) 创建 HTML 文件，代码如下：

```
<!DOCTYPE html>
<html>
<head>
<meta charset="utf-8" />
<title>判断字符串是否合法</title>
</head>
<body>
 <form action="" method="post" name="myform" id="myform">
   <input type="text" name="txtString">
   <input type="button" value="检　查"
   onClick="isRight(document.myform.txtString.value)">
 </form>
</body>
</html>
```

(2) 在 HTML 文件的 head 部分，嵌入 JavaScript 代码，具体如下：

```
<script>
  function isRight(subChar)
  {
    var findChar="abcdefghijklmnopqrstuvwxyz1234567890_-";
     for(var i=0;i<subChar.length;i++)
     {
        if(findChar.indexOf(subChar.charAt(i))==-1)
        {
            alert("你的字符串不合法");
            return;
        }
     }
      alert("你的字符串合法");
  }
</script>
```

（3）为"检查"按钮添加单击 onclick 事件，调用计算 isRight 函数，将 HTML 文件中的这一行代码<input type="button" value="检　查">修改成如下所示代码：

```
<input type="button" value="检　查"
onClick="isRight(document.myform.txtString.value)">
```

在浏览器中打开网页文件 chapter10.3.html，页面效果如图 10-3 所示。

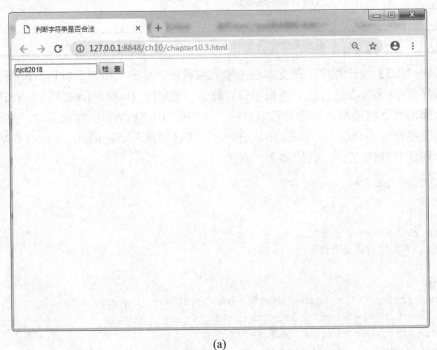

(a)

图 10-3　实例 10.3 的页面效果

(b) 输入合法字符串

(c) 输入不合法字符串

图 10-3　实例 10.3 的页面效果(续)

10.5　Math 对象

在 JavaScript 中，通常会对数值进行处理，为了便于操作，内置了大量的属性函数，例如，求绝对值和整数等。

在 JavaScript 中，用 Math 表示数学对象。Math 对象不需要创建，可以直接使用。Math 对象常用属性如表 10-4 所示。

表 10-4　Math 对象的属性

属　性	说　明
E	返回算术常量 e，即自然对数的底(约等于 2.718)
LN2	返回 2 的自然对数(约等于 0.693)
LN10	返回 10 的自然对数(约等于 2.302)
LOG2E	返回以 2 为底的 e 的对数(约等于 1.414)
LOG10E	返回以 10 为底的 e 的对数(约等于 0.434)
PI	返回圆周率(约等于 3.14159)
SQRT1_2	返回 2 的平方根的倒数(约等于 0.707)
SQRT2	返回 2 的平方根(约等于 1.414)

⚠ 注意：Math 对象的属性，只能读取，不能对其赋值，即只读型属性，并且属性值是固定的。

Math 对象的函数如表 10-5 所示。

表 10-5　Math 对象的函数

函　数	说　明
abs(x)	返回 x 的绝对值
acos(x)	返回 x 的反余弦值
asin(x)	返回数的反正弦值
atan(x)	以介于 $-PI/2$ 与 $PI/2$ 弧度之间的数值来返回 x 的反正切值
atan2(y,x)	返回从 x 轴到点 (x,y) 的角度(介于 $-PI/2$ 与 $PI/2$ 弧度之间)
ceil(x)	对 x 进行上舍入
cos(x)	返回 x 的余弦
exp(x)	返回 e 的指数
floor(x)	对 x 进行下舍入
log(x)	返回 x 的自然对数(底为 e)
max(x,y)	返回 x 和 y 中的最高值
min(x,y)	返回 x 和 y 中的最低值
pow(x,y)	返回 x 的 y 次幂
random()	返回 0~1 之间的随机数
round(x)	把 x 四舍五入为最接近的整数
sqrt(x)	返回 x 的平方根
tan(x)	返回角度 x 的正切
toSource()	返回该对象的源代码
valueOf()	返回 Math 对象的原始值

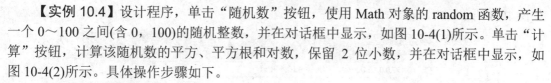

【**实例 10.4**】设计程序，单击"随机数"按钮，使用 Math 对象的 random 函数，产生一个 0～100 之间(含 0，100)的随机整数，并在对话框中显示，如图 10-4(1)所示。单击"计算"按钮，计算该随机数的平方、平方根和对数，保留 2 位小数，并在对话框中显示，如图 10-4(2)所示。具体操作步骤如下。

(1)　创建 HTML 文件，代码如下：

```
<!DOCTYPE html>
<html>
<head>
<meta charset="utf-8" />
<title>随机产生整数，并计算其平方、平方根和自然对数</title>
</head>
<body>
 <form action="" method="post" name="myform" id="myform">
    <input type="button" value="随机数" >
    <input type="button" value="计 算" >
 </form>
</section>
</body>
</html>
```

(2)　在 HTML 文件的 head 部分，嵌入 JavaScript 代码，如下所示：

```
<script>
  var data;  //声明全局变量，保存随机产生的整数
  /*随机数函数*/
  function getRandom(){
      data=Math.floor(Math.random()*101);  //0~100 产生随机数
      alert("随机整数为："+data);   //
  }
   /*随机整数的平方、平方根和自然对象*/
  function cal(){
      var square=Math.pow(data,2);    //计算随机整数的平方
      var squareRoot=Math.sqrt(data).toFixed(2); //计算随机整数的平方根
      var logarithm=Math.log(data).toFixed(2);   //计算随机整数的自然对数
      alert("随机整数"+data+"的相关计算\n 平方\t 平方根\t 自然对数
\n"+square+"\t"+squareRoot+"\t"+logarithm);
      //输出计算结果
  }
</script>
```

(3)　为检查按钮添加单击 onclick 事件，将 HTML 文件中的以下两行代码：

```
 <input type="button" value="随机数" >
 <input type="button" value="计 算" >
```

修改成如下所示代码：

```
 <input type="button" value="随机数" onClick="getRandom()">
 <input type="button" value="计 算" onClick="cal()">
```

(4)　保存网页，浏览最终效果。在浏览器中打开网页文件 chapter10.4.html，页面效果

如图 10-4 所示。

(a) 产生随机整数

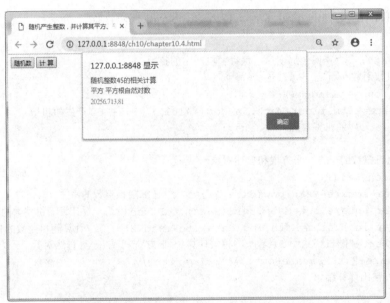

(b) 计算随机整数的平方、平方根和自然对数

图 10.4　实例 10.4 的页面效果

10.6　Array 对象

数组是有序数据的集合，JavaScript 中的数组元素允许属于不同数据类型。Array 对象用来操作 JavaScript 中的数组。

数组对象使用 Array，创建对象有三种方法。

(1)　创建一个长度为零的数组：

```
var 数组名 = new Array();
```

例如，声明数组为 myArr1，长度为 0，代码如下：

```
var myArr1 = new Array();
```

(2)　创建一个长度为 n 的数组：

```
var 数组名 = new Array(n);
```

例如，声明数组为 myArr2，长度为 5，代码如下：

```
var myArr2 = new Array(5);
```

(3)　创建一个指定长度数组，并赋值：

```
var 数组名 = new Array(元素 1，元素 2，元素 3,……);
```

例如，声明数组为 myArr3，分别赋值为 1、2、3、4，代码如下：

```
var myArr3 = new Array(1, 2, 3, 4);
```

上面这一行代码，创建一个数组 myArr3，并且包含四个元素，分别为 myArr3[0]、myArr3[1]、myArr3[2]、myArr3[3]，这四个元素值分别为 1、2、3、4。

Array 对象除了可以创建数组外，还为数组操作提供了很多便利的属性和方法。Array 对象封装的属性如表 10-6 所示。

表 10-6　Array 对象的属性

属　　性	说　　明
constructor	返回对创建此对象的数组函数的引用
length	设置或返回数组中元素的数目
prototype	使您有能力向对象添加属性和方法

此外，Array 对象还提供了一系列的方法用来操作和遍历数组，如表 10-7 所示。

表 10-7　Array 对象的函数

函　　数	说　　明
concat()	连接两个或更多的数组，并返回结果
join()	把数组的所有元素放入一个字符串。元素通过指定的分隔符进行分隔
pop()	删除并返回数组的最后一个元素
push()	向数组的末尾添加一个或更多元素，并返回新的长度
shift()	删除并返回数组的第一个元素
slice()	从某个已有的数组返回选定的元素
sort()	对数组的元素进行排序
splice()	删除元素，并向数组添加新元素

续表

函　数	说　明
toSource()	返回该对象的源代码
toString()	把数组转换为字符串，并返回结果
toLocaleString()	把数组转换为本地数组，并返回结果
unshift()	向数组的开头添加一个或更多元素，并返回新的长度
valueOf()	返回数组对象的原始值

【实例 10.5】使用 Array 对象创建数组，文件名为 chapter10.5.html，具体操作步骤如下。

(1) 创建 HTML 文件，代码如下：

```
<!DOCTYPE html>
<html>
    <head>
        <meta charset="UTF-8">
        <title>使用 Array 对象创建数组</title>
    </head>
    <body>
    </body>
</html>
```

(2) 在 HTML 文件的 head 部分，嵌入 JavaScript 代码，具体如下：

```
<script>
    var a = new Array();
    a[0]=10;
    a[1]=20;
    a[2]="abc";
    document.write("数组 a 的元素为:");
    document.write(a[0]+" ");//输出第 1 个数组元素的值
    document.write(a[1]+" ");//输出第 2 个数组元素的值
    document.write(a[2]+"<br/>");//输出第 3 个数组元素的值
    var b = new Array(10,20,30);//创建数组 b，共 3 个元素
    document.write("数组 b 的元素为:");
    document.write(b.toString()+"<br/>");
    var c= new Array(4);
    document.write("数组 c 的元素为:");
    c[0]="It's"; //给第 1 个元素赋值
    c[1]="an array";//给第 2 个元素赋值
    c[2]="of";///给第 3 个元素赋值
    c[3]="string";///给第 4 个元素赋值
    for(var i=0;i<c.length;i++) //使用 for 循环遍历数组
    document.write(c[i]+" ");
</script>
```

(3) 保存网页，运行效果如图 10-5 所示。

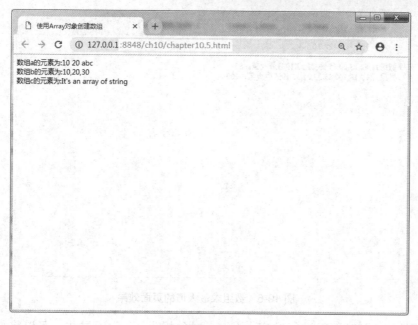

数组a的元素为:10 20 abc
数组b的元素为:10,20,30
数组c的元素为:It's an array of string

图 10-5　三种方法创建数组的页面效果

【实例 10.6】使用 for…in 循环遍历数组，文件名为 chapter10.6.html。遍历是指按顺序访问每个元素。for…in 循环可以遍历对象的属性，也可以遍历数组元素。本例通过遍历数组，找到其中的最大值并输出。其中 script 部分的内容如下：

```
<script type="text/JavaScript">
function find_max_number(array)
{
    if(array == null) return null;
    if(!(array instanceof Array)) return null;
    if(array.length == 0) return null;
    var max = array[0];
    for(var index in array)
    {
        if(array[index] > max)
        max = array[index];
    }
    return max;
}
</script>
<script>
    var a = new Array(11,12,13,20,85,23,21,52,19);
    document.write("数组" + a + "的最大值：" + find_max_number(a));
    document.write("<br />");
    a[3] = 100;      //添加新的数组元素
    document.write("数组" + a + "的最大值：" + find_max_number(a));
</script>
```

保存网页运行效果如图 10-6 所示。

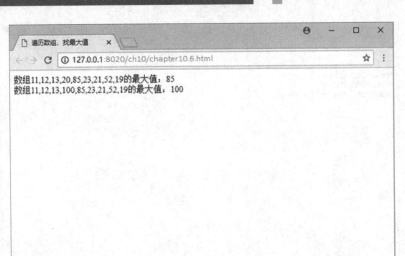

图 10-6　数组求最大值的页面效果

【实例 10.7】对数组进行排序，Array 对象提供了 sort()方法，可以将数组元素按 Unicode 编码从小到大排序。reverse()方法则可以颠倒数组元素的顺序。本实例使用 sort() 方法和 reverse()方法实现数组元素升序以及降序排列。文件名为 chapter10.7.html，内容如下：

```
<!DOCTYPE html>
<html>
    <head>
        <meta charset="UTF-8">
        <title>对数组进行排序</title>
        <script>
    <script type="text/JavaScript">
     {
    var cars = new Array();
    cars.push("saab","volvo", "bmw", "opel");
    document.write("cars 数组: " + cars + "<br />");
    cars.sort();
    document.write("cars 数组升序排列: " + cars + "<br />");
    cars.reverse();
    document.write("cars 数组降序排列: " + cars);
    })();
    </script>
</head>
<body>
</body>
</html>
```

保存网页运行效果如图 10-7 所示。

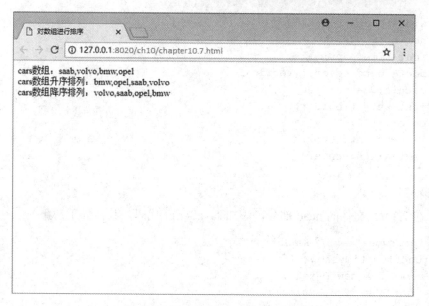

图 10-7　对数组进行排序的页面效果

 ## 10.7　回到工作场景

通过 10.3~10.6 节内容的学习,已经学习了 Date 对象、String 对象、Math 对象和 Array 对象,掌握了使用 Date 对象实现当前日期、使用 String 对象实现用户名和密码的有效性判断、使用 Math 对象实现数值处理、使用 Array 对象实现数组。下面回到前面介绍的工作场景中,完成工作任务。

【工作过程一】 创建动态实时数字时钟,文件名为 chapter10.8.html,具体操作步骤如下所示。

(1) 创建 HTML 文件,代码如下:

```
<!doctype html>
<html>
<head>
<meta charset="utf-8">
<title>动态时钟显示</title>
</head>
<body>
<body>
  <div id="clock">
   </div>
 </body>
</html>
```

(2) 在 HTML 文件的 head 部分,添加<style>内容如下:

```
<style type="text/css">
#clock{
```

```
        width:400px;
        height:200px;
        font-size:45pt;
        background-color:firebrick;
        margin:0 auto;
        font-weight:bolder;
        color:#FF0;
        line-height:200px;
        text-align:center;
}
</style>
```

(3) 在 HTML 文件的 head 部分，添加 JavaScript 代码，具体如下：

```
<script type="text/JavaScript">
    function timeshow(){
        var d = new Date();
        var h = d.getHours();
        var m = d.getMinutes();
        var s = d.getSeconds();
        var t = h +" : " + m + " :" + s ;
        document.getElementById("clock").innerHTML=t;
        setTimeout("timeshow ()",1000);  //1 秒后再执行 timeshow () 函数
    }
</script>
```

(4) 在 HTML 文件的 body 部分，添加 JavaScript 代码，具体如下：

```
<script type="text/JavaScript">
    timeshow ();
</script>
```

页面效果如图 10-8 所示，其中 CSS 部分是修饰 div 显示效果，setTimeout()方法用于在指定的毫秒数后调用函数或计算表达式，1000 毫秒表示 1 秒。

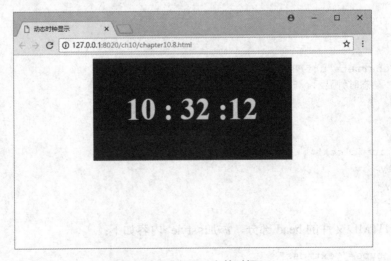

图 10-8　动态显示当前时间(1)

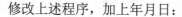

修改上述程序，加上年月日：

```
var year = d.getFullYear();
    var month = d.getMonth()+1;
    var day = d.getDate();
```

得到的结果如图 10-9 所示。

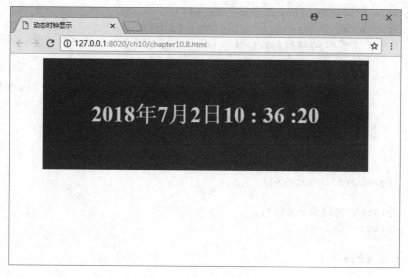

图 10-9　动态显示当前时间(2)

【工作过程二】 设计程序，验证用户名和密码格式，要求用户名仅仅包含数字和字母，要求密码长度不低于 6 位，如果不正确，弹出对话框显示错误，文件名为 chapter10.9.html。具体操作步骤如下：

(1) 创建 HTML 文件，代码如下：

```
<!DOCTYPE html>
<html>
    <head>
        <meta charset="UTF-8">
        <title>判断用户名和密码</title>
    </head>
<body>
<form id="form1" name="form1" method="post" action="2.html" >
    用户名：
    <label>
    <input name="name" type="text" id="name" />
    </label>
    <p> 密  码 :
        <label> <input name="password" type="text" id="password" /> </label>
</p>
    <p>
        <label> <input type="submit" name="Submit" value="提交"/> </label>
    </p>
</form>
```

```
</body>
</html>
```

(2) 在 HTML 文件的 head 部分，添加 JavaScript 代码，如下所示：

```
<script language="JavaScript">
function tj()
{
    var name=document.form1.name.value;
    var password=document.form1.password.value;
    for( var i=0;i<name.length;i++)
    {
        var w=name.charAt(i);
        if( ! ((w>='0'&&w<='9')||(w>='a'&&w<='z')||(w>='A'&&w<='Z') ))
        {
            alert("用户名中有不合法字符");
            return false;
        }
    }
    if (password.length<6)
    {
        alert("密码少于 6 位");
        return false;
    }
    return true;

}
</script>
```

(3) 为检查按钮添加单击 onclick 事件，将 HTML 文件中的代码<input type="submit" name="Submit" value="提交"/>修改成如下代码：

```
<input type="submit" name="Submit" value="提交"  onclick="tj()"/>
```

运行此文件，其页面效果如图 10-10 所示。

图 10-10　判断用户名和密码

【工作过程三】　网站为了防止用户利用机器人自动注册、登录、灌水，采用了验证码技术。所谓验证码，就是将一串随机产生的数字或符号生成一幅图片，再在图片里加上一些干扰元素(防止 OCR)，需要用户肉眼识别其中的验证码信息，并输入表单提交网站验证，验证成功后才能使用某项功能。本例主要产生一个 4 位的数字验证码。文件名为 chapter10.10.html，具体操作步骤如下所示。

(1)　创建 HTML 文件，代码如下：

```
<!DOCTYPE HTML>
<html>
<head>
<meta http-equiv="Content-Type" content="text/html; charset=utf-8">
<title>生成 4 位随机数</title>
</head>
<body>
<span id="msg"></span>
<input type="button" value="生成 4 位随机数" >
</body>
</html>
```

(2)　在 HTML 文件的 head 部分，嵌入 JavaScript 代码，具体如下：

```
<script>
function change(){
    var  str="";
    for(var i=0;i<4;i++){
        str+=Math.floor(Math.random()*10);
        document.getElementById("msg").innerHTML=str;
    }

}
</script>
```

(3)　为检查按钮添加单击 onclick 事件，将 HTML 文件中的代码<input type="button" value="生成 4 位随机数" >修改成如下所示代码：

```
<input type="button" value="生成 4 位随机数" onClick=" change()">
```

(4)　保存网页后，可查看效果如图 10-11 所示。

> **注意：**(1)　Math.floor()函数和 Math.round()函数的区别，Math.floor(iNumber)：返回小于等于数字参数 iNumber 的最大整数；Math.round(iNumber)：返回与数值表达式 iNumber 最接近的整数(四舍五入)。
> (2)　修改 script 部分的程序，生成 4 位数字和字母组合的验证码。

```
function change(){
    /*验证码中可能包含的字符*/
    var str="abcdefghijklmnopqrstuvwxyzABCDEFGHIJKLMNOPQRSTUVWXYZ0123456789";
    var ret="";  //保存生成的验证码
    /*利用循环，随机产生验证码中的每个字符*/
```

```
        for(var i=0;i<4;i++)
        {
              var index=Math.floor(Math.random()*62);  //随机产生一个 0～62 之间的数字
              ret+=str.charAt(index);   //将随机产生的数字当作字符串的位置下标, 在字符
串 s 中取出该字符, 并入 ret 中
        }
              document.getElementById("msg").innerHTML=ret;
}
</script>
```

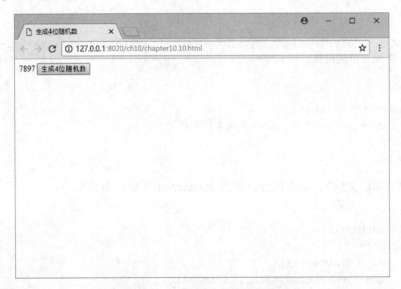

图 10-11　刷新生成 4 位数字验证码

生成的随机验证码如图 10-12 所示。

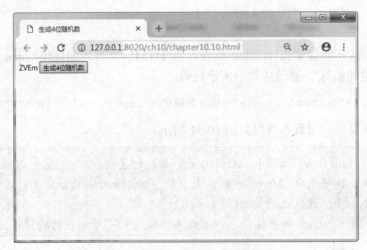

图 10-12　刷新生成 4 位数字和字母验证码

【工作过程四】用下拉列表选择课程, 文件名为 chapter10.11.html, 内容如下所示:
创建 HTML 文件, 代码如下:

```
<!DOCTYPE html>
<html>
<head>
<meta charset="UTF-8">
<title>下拉列表选择课程</title>
</head>
<body>
<form name="form1">
<select  name="s1" id="s1">
    <option>Java 程序设计</option>
   <option>数据结构</option>
   <option>移动 Web 技术</option>
</select><br/>
<textarea name="textarea1" id="textarea1" rows="8" cols="30">
在这里为你介绍课程
</textarea>
</body>
</html>
```

在 HTML 文件的 head 部分，嵌入 JavaScript 代码，如下所示：

```
<sPt>
```

为下拉列表添加 onChange()事件，将 HTML 文件中的代码

```
<select  name="s1" id="s1"  >
```

修改成如下所示代码：

```
<select  name="s1" id="s1"  onChange="change();">
```

保存网页，运行结果如图 10-13 所示。

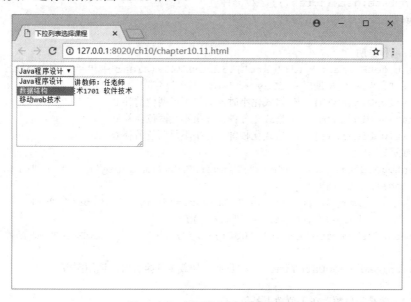

图 10-13　用下拉列表选择课程

【**实例 10.8**】设计程序，用数组实现动态显示时间，文件名为 chapter10.12.html，内容如下。

(1) 创建 HTML 文件，代码如下：

```
<!DOCTYPE html>
<html>
<head>
<meta charset="utf-8" />
<title>动态时钟</title>
<script src="clock.js"></script>
</head>
<body>
<h1 id="date"></h1>
<span id="msg"></span>
</body>
</html>
```

(2) 新建 JavaScript 文件，保存文件名为 clock.js，保存在与 HTML 文件对应的位置，在 clock.js 文件中嵌入如下代码：

```
function showDateTime(){
var sWeek = new Array("日","一","二 ","三","四","五","六");
//声明数组存储一周七天
var myDate = new Date();     // 当天的日期
var sYear = myDate.getFullYear();     // 年
var sMonth = myDate.getMonth()+1;     // 月
var sDate = myDate.getDate();          // 日
var sDay = sWeek[myDate.getDay()];     // 根据得到的数字星期，利用数组转换成汉字星期
var h=myDate.getHours();   //小时
var m=myDate.getMinutes();  //分钟
var s=myDate.getSeconds();  //秒钟

//输入日期和星期
document.getElementById("date").innerHTML=(sYear + "年" + sMonth + "月" +
sDate + "日" + " 星期" + sDay + "<br>");
h=formatTwoDigits(h)  //格式化小时，如果不足两位前补 0
m=formatTwoDigits(m)  //格式化分钟，如果不足两位前补 0
s=formatTwoDigits(s)  //格式化秒钟，如果不足两位前补 0
//显示时间
document.getElementById("msg").innerHTML=(imageDigits(h) + "<img
src='images/dot.png'>" +
              imageDigits(m) + "<img src='images/dot.png'>" +
              imageDigits(s) +  "<br>");
setTimeout("showDateTime()",1000);  //每秒执行一次 showDateTime 函数
}
window.onload=showDateTime;  //页面的加载事件执行时，调用函数

//如果输入数是一位数，在十位数上补 0
function formatTwoDigits(s) {
```

```
  if (s<10) return "0"+s;
  else return s;
}
```

//将数转换为图像。注意，在本文件的相同目录下已有 0~9 的图像文件，文件名为 0.png, 1.png, …
//以此类推
```
function imageDigits(s) {
  var ret = "";
  var s = new String(s);
  for (var i=0; i<s.length; i++) {
    ret += '<img src="images/' + s.charAt(i) + '.png">';
  }
  return ret;
}
```

在 clock.js 文件中，showDateTime 函数主要用于产生日期和时间，并且对日期和时间
进行格式化；formatTwoDigits 函数是将一位的日期或时间前面补 0 变成两位。

10.8 工作实训营

10.8.1 训练实例

1. 训练内容

完成一个购物简易计算器，实现加减乘除几种运算。用 DIV 布局，结合前面学过的 CSS
技术，界面美观。

2. 训练目的

➤ 掌握 Math 对象的使用。
➤ 掌握如何获取表单信息。
➤ 掌握如何对获得的表单信息进行处理。

3. 训练过程

参照 10.5 节中的操作步骤。

4. 技术要点

注意 Math 对象中各种处理数字的方法。

10.8.2 工作实践常见问题解析

【常见问题 1】JavaScript 中的对象的创建方式有哪几种？

【答】JavaScript 是一种"基于 prototype 的面向对象语言"，与 Java 有非常大的区别，
无法通过类来创建对象。主要创建方式有如下三种。

(1) 通过"字面量"方式创建。

方法：将成员信息写到{}中，并赋值给一个变量，此时这个变量就是一个对象。

例如：

```
var person = (name:'dongjc', work:function () {console.log('write coding')});
```

如果{}中为空，则将创建一个空对象：

```
var person = {} //创建空对象
```

演示代码：

```
<script type="text/javascript">
var person = {
    name: "dongjc",
age: 32,
Introduce: function () { alert("My name is " + this.name + ".I'm " + this.age); }
    };
person.Introduce();
</script>
```

我们还可以给对象丰富成员信息：

对象.成员名称 = 值;

对象[成员名称] = 值;

也可以获取对象的成员信息：

对象.成员名称;

对象[成员名称];

```
<script type="text/javascript">
var person = {
    name: "dongjc",
    age: 32,
    Introduce: function () { alert("My name is " + this.name + ".I'm " +
this.age); }
    };
person.worker = 'coding'; //丰富成员信息
</script>
```

(2) 通过"构造函数"方式创建。

方法：

```
var obj = new 函数名();
```

这与通过类创建对象有本质的区别。通过该方法创建对象时，会自动执行该函数。这点类似于 PHP 通过创建对象时，会自动调用构造函数，因此该方法称为通过"构造函数"方式创建对象。

```
<script type="text/javascript">
function Person() {
    this.name = "dongjc";    //通过 this 关键字设置默认成员
```

```
    var worker = 'coding';      //没有 this 关键字，对象创建后，该变量为非成员
    this.age = 32;
    this.Introduce = function () {
        alert("My name is " + this.name + ".I'm " + this.age);
    };
    alert("My name is " + this.name + ".I'm " + this.age);
};
var person = new Person();
person.Introduce();
</script>
```

此代码一共会两次弹出对话框，原因在于创建对象时自动执行了该函数。

⚠ 注意：this 关键字的使用。这里的 this 与 PHP 中语法意思类似，指调用该函数的对象，这里指的是 person。

(3)　通过 object 方式创建。

方法：先通过 object 构造器创建一个对象，再往里丰富成员信息。

```
var obj = new Object();
```

实例代码：

```
<script type="text/javascript">
var person = new Object();
person.name = "dongjc";
person.age = 32;
person.Introduce = function () {
        alert("My name is " + this.name + ".I'm " + this.age);
    };
person.Introduce();
</script>
```

【常见问题 2】JavaScript 中的对象是不是都必须要先创建，再使用？

【答】Math 对象不需要创建，可以直接使用，而其他的 Date 对象、String 对象、Array 对象要创建再使用。Math 对象是 JavaScript 中内置的一个全局对象，它主要提供一些基本的、常用的数学函数和常数。Math 对象上均是静态函数和静态常量属性，因此 Math 对象没有构造函数，也不需要创建它，直接使用 Math 的属性和方法即可。

 ## 10.9　本章小结

JavaScript 对象可以看作是属性的无序集合，每个属性就是一个键值对，可增可删。

JavaScript 中的所有事物都是对象：字符串、数字、数组、日期，等等。

JavaScript 对象除了可以保持自有的属性外，还可以从一个称为原型的对象继承属性。对象的方法通常是继承的属性。这种"原型式继承"是 JavaScript 的核心特征。

10.10 习题

一、单项选择题

1. 在 JavaScript 中，把字符串 "123" 转换为整型值 123 的正确方法是(   )。

   A. var str="123";　　　　　　　　　B. var str="123";
   　var num=(int)str;　　　　　　　　　var num=str.parseInt(str);
   C. var str="123";　　　　　　　　　D. var str="123";
   　var num=parseInt(str);　　　　　　　var num=Integer.parseInt(str)

2. 假设今天是 2019 年 4 月 23 日星期二,请问以下 JavaScript 代码输出结果是(   )。

   ```
   var time = new Date( );
   document.write(time.getMonth( ));
   ```

   A. 3　　　　　　　B. 4　　　　　　　C. 5　　　　　　　D. 4 月

3. 分析下面的 JavaScript 代码段，输出结果是(   )。

   ```
   var mystring="I am a student";
   a=mystring.charAt(9);
   document.write(a);
   ```

   A. I am a st　　　　　B. U　　　　　C. Udent　　　　　D. T

4. 以下可以获取系统当前日期的是(   )。

   A. var k = new Date( );　　　　　　　B. Date k = new Date( )
   C. var k = new date( )　　　　　　　D. 以上说法均不对

5. 关于 JavaScript 中的 Math 对象的说法，正确的是(   )。

   A. Math.ceil(512.51)返回的结果为 512
   B. Math.floor( )方法用于对数字进行下舍入
   C. Math.round(-512.51)返回的结果为-512
   D. Math.random( )返回的结果范围为 0~1，包括 0 和 1

二、填空题

1. 在 JavaScript 中,可以使用 Date 对象的_____方法返回一个月中的每一天。
2. 若想生成 1~100 之间的随机数，可用语句：var num=Math._____(Math._____
   *100+1); 。
3. "JavaScript 动态网页设计技术".substring(10,0)的返回值为_____。

三、操作题

1. 秒杀计时器：输入秒杀时间单击"开始计时"按钮，则开始计时(图 10-14)。
2. 验证用户名和密码框，要求用户名仅仅含数字和字母，要求密码长度不低于 6 位，如果不正确弹出对话框显示错误(见图 10-15)。
3. 猜数游戏，猜 0~9 之间的数字，如果猜中的话显示猜了几次(见图 10-16)。

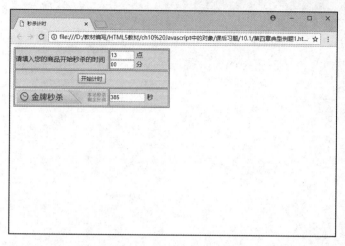

图 10-14　秒杀计时器效果图

图 10-15　用户登录效果图

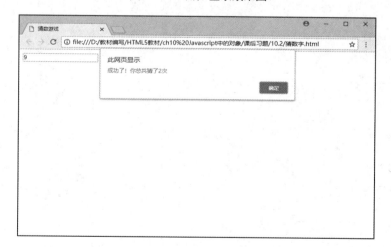

图 10-16　猜数游戏效果图

第11章

事件处理

本章要点

- 窗口事件
- 鼠标事件
- 表单事件

技能目标

- 掌握事件处理机制。
- 掌握表单事件的使用。
- 掌握常用事件的灵活使用。

11.1　工作场景导入

【工作场景】

网页除了能显示动态页面效果外还可以对用户的操作进行响应，实现用户与页面的交互，这种交互通过事件处理来完成，例如下拉菜单的级联效果、表单的提交重置、用户按下键盘上的键时作出响应等。

下面需要制作两个动态效果，其中，《模拟收银》根据用户的操作有不同的响应，实现总价自动计算；《日期级联菜单》能根据用户选择的月份自动显示这个月份的所有日供用户选择，如选择 3 月，代表日的菜单能自动显示 1~31 个菜单项。

【引导问题】

(1) 怎样处理鼠标事件？
(2) 怎样处理键盘事件？
(3) 怎样处理窗口事件？
(4) 怎样处理表单事件？

11.2　事件与事件处理

11.2.1　事件

用户在通过浏览器操作页面时会引发各种事件，JavaScript 可以创建动态页面，事件是用户在访问页面时执行的操作，是可以被 JavaScript 侦测到的行为。例如：当页面加载完毕时会触发 onload 事件，用户单击按钮时会触发 onclick 事件，用户在键盘上按下某个键时会触发 onkeydown 事件，等等。

事件按照触发的事件源可以分为窗口事件、鼠标事件、键盘事件等类型。

11.2.2　调用事件处理程序

当触发某个事件时就会调用相应的事件处理程序，语法如下：

```
object.onEventName=eventHandler;
```

其中：object 表示事件触发的对象，也就是事件源；onEventName 表示事件；eventHandler 表示触发事件时要调用的函数，也就是事件处理程序。

【实例 11.1】单击按钮改变背景色，文件名称为 chapter11.1.html，内容如下：

```
<!DOCTYPE html>
<html>
```

```
    <head>
        <meta charset="utf-8" />
        <title>单击按钮改变背景色</title>
    </head>
    <body>
        <input type="button" value="粉色"
id="pink" onclick="this.parentNode.bgColor='pink'" />
    </body>
</html>
```

在浏览器中打开网页文件 chapter11.1.html，
页面效果如图 11-1 所示，当单击"粉色"按钮
时页面背景变为粉色，this 表示 onclick 事件所
在的标签，parent Node 表示此节点的父节点。

如果页面要做三个按钮，单击不同的按钮
显示按钮所代表的背景色，可以把事件调用程
序写在函数中。

【实例 11.2】单击不同按钮显示不同背景
色，文件名称为 chapter11.2.html，内容如下：

图 11-1　单击按钮改变背景色页面效果

```
<!DOCTYPE html>
<html>
    <head>
        <meta charset="UTF-8">
        <title>单击不同按钮显示不同背景色</title>
    </head>
    <body>
        <input type="button" value="粉色" id="pink" />
        <input type="button" value="绿色" id="green" />
        <input type="button" value="黄色" id="yellow" />
        <script>
            document.getElementById("pink").onclick=showBgcolor;
            document.getElementById("green").onclick=showBgcolor;
            document.getElementById("yellow").onclick=showBgcolor;
            function showBgcolor(){
                this.parentNode.bgColor=this.id;
            }
        </script>
    </body>
</html>
```

在浏览器中打开网页文件 chapter11.2.html，页面效果如图 11-2 所示，当单击不同按钮
时页面背景变为相应按钮上显示的颜色，通过 id 属性值获取相应的按钮元素，单击时调用
函数(事件处理程序)showBgcolor，函数体实现背景变色，通过把 id 属性值设置成相应的色
值简化代码。代码注解：

(1)　document.getElementById("pink")
获取 id 属性值为 pink 的元素。

(2) this.parentNode.bgColor=this.id

this：触发事件处理程序的事件源，也就是所单击按钮。

parentNode：该节点的父节点，也就是此按钮的父节点 body。

bgColor：背景颜色属性。

图 11-2　单击不同按钮显示不同背景色页面效果

11.3　JavaScript 常用事件

11.3.1　鼠标事件

鼠标事件就是用户使用鼠标在浏览器窗口中进行某个操作时触发的事件。

onclick：当用户单击鼠标左键时触发，如果焦点在按钮上，并按 Enter 键，也会触发该事件。

ondblclick：当用户双击鼠标左键时触发。

onmousedown：当用户单击任一鼠标按键时触发(左右键都可以)。

onmouseup：当用户松开任一鼠标按键时触发(左右键都可以)。

onmouseover：当用户移动鼠标指针至某个元素上时触发。

onmouseout：当用户把鼠标指针从某个元素上移开时触发。

onmousemove：当用户在某个元素上持续移动鼠标指针时触发。

【实例 11.3】滚动字幕暂停和继续播放，文件名称为 chapter11.3.html，内容如下：

```
<!DOCTYPE html>
<html>
    <head>
        <meta charset="UTF-8">
        <title>滚动字幕暂停和继续播放</title>
        <style type="text/css">
            marquee{
                width: 250px;
                height: 150px;
                background-color: pink;
```

```
                letter-spacing: 5px;
                font-size: 25px;
                font-family: 华文行楷;
                padding-left: 100px;
            }
            div{
                text-align: center;
            }

        </style>
    </head>
    <body>
        <div>
            <marquee direction="up" scrolldelay="300"
onmouseover="this.stop()" onmouseout="this.start()">
                危楼高百尺，<br />手可摘星辰。<br />不敢高声语，<br />恐惊天上人。
            </marquee>
        </div>
    </body>
</html>
```

在浏览器中打开网页文件 chapter11.3.html，页面效果如图 11-3 所示，当鼠标指针移至滚动字幕时字幕停止滚动(this.stop())，当鼠标指针移开时字幕继续滚动播放(this.start())。

图 11-3　滚动字幕暂停和继续播放页面效果

11.3.2　键盘事件

键盘事件就是用户在键盘上按下某个键时触发的事件。

onkeydown：当用户在键盘上按下某个按键时触发。

onkeyup：当用户释放按下的按键时触发。

onkeypress：当用户在键盘上按下按键并释放时触发。

⚠ 注意：onkeypress 事件不适用于所有按键(如：Alt、Ctrl、Shift、Esc)。监听一个用户是否按下按键请使用 onkeydown 事件，所有浏览器都支持 onkeydown 事件。

【实例 11.4】键盘事件，文件名称为 chapter11.4.html，内容如下：

```
<!DOCTYPE html>
<html>
    <head>
        <meta charset="UTF-8">
        <title>键盘事件</title>
        <script>
```

```
        function myKeyDown(id){
            console.log(document.getElementById(id).value);
        }
        function myKeyUp(id){
            var name=document.getElementById(id).value;
            document.getElementById(id).value=name.toUpperCase();
        }
    </script>
  </head>
  <body>
      <input id="name" type="text" onkeydown="myKeyDown(this.id)"
onkeyup="myKeyUp(this.id)" />
  </body>
</html>
```

在浏览器中打开网页文件 chapter11.4.html，页面效果如图 11-4 所示，当在键盘上按下任何字符按键时，可以在控制台显示之前文本框中的内容，当按下字符按键释放时，如果是小写，可以在文本框中显示此小写字母的大写形式。

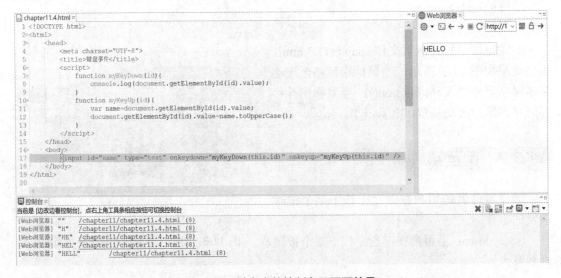

图 11-4　键盘事件控制台及页面效果

11.3.3　窗口事件

窗口事件就是针对 Window 对象触发的事件。

onload：当用户打开页面并且所有页面元素加载完成时触发。流行的弹出广告窗口就是采用这个事件完成的。

onbeforeunload：当用户即将离开当前页面(刷新或关闭)时触发。

onunload：当用户离开网页或者关闭浏览器窗口时触发。

onresize：当窗口调整大小时触发。

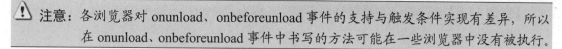

> ⚠ 注意：各浏览器对 onunload、onbeforeunload 事件的支持与触发条件实现有差异，所以在 onunload、onbeforeunload 事件中书写的方法可能在一些浏览器中没有被执行。

【实例 11.5】窗口事件，文件名称为 chapter11.5.html，内容如下：

```html
<!DOCTYPE html>
<html>
    <head>
        <meta charset="UTF-8">
        <title>窗口事件</title>
        <script>
            window.onload = function(){
                alert("页面加载完毕！");
            }
            window.onbeforeunload = function(){
                return "确定要关闭窗口吗？";
            }
            window.onresize = function(){
                alert("您在调整窗口大小！");
            }
        </script>
    </head>
    <body>
    </body>
</html>
```

在浏览器中打开网页文件 chapter11.5.html，页面效果如图 11-5 所示，当在页面加载完毕，关闭窗口，调整窗口大小时会出现不同的提示信息。

图 11-5　窗口事件的页面效果

 # 11.4　表单事件

11.4.1　onsubmit 与 onreset 事件

当单击表单上的"提交"(type="submit")按钮时就会触发 onsubmit 事件。单击"重置"按钮(type="reset")时会触发 onreset 事件。

【实例 11.6】表单提交和重置事件，文件名称为 chapter11.6.html，内容如下：

```
<!DOCTYPE html>
<html>
    <head>
        <meta charset="UTF-8">
        <title>提交和重置事件</title>
        <script>
            window.onload = function(){
                document.myform.onsubmit = submitForm;
                document.myform.onreset = resetForm;
            }
            function submitForm(){
                var name = document.getElementById("userName").value;
            document.getElementById("myDiv").innerHTML = "Hello " + name +" !";
                return false;
            }
            function resetForm(){
                document.getElementById("myDiv").innerHTML = "";
            }
        </script>
    </head>
    <body>
        <form name="myform">
            用户名: <input type="text" id="userName" />
            <input type="submit" value="提交" />
            <input type="reset" value="重置" />
        </form><br />
        <div id="myDiv">
        </div>
    </body>
</html>
```

在浏览器中打开网页文件 chapter11.6.html，页面效果如图 11-6 所示，onsubmit 处理程序 submitForm 返回 false 时，表单就不会被传递给服务器，当前页面不会刷新。所以当用户输入用户名并进行表单提交时，用户输入的信息会出现在下面的空块中。通过"重置"按钮可以对表单信息进行重置，但此"重置"按钮不仅要完成表单信息重置，还要清空 div 中的内容，所以采用 onreset 处理程序 resetForm 完成。

图 11-6　表单提交和重置事件的页面效果

onsubmit 处理程序的调用也可以放在表单中，代码如下：

```
<form name="myform" onsubmit="return submitForm() " >
```

11.4.2　onfocus 与 onblur 事件

当某个表单元素获得焦点时就会触发 onfocus 事件，当某个表单元素失去焦点时会触发 onblur 事件。

【实例 11.7】onfocus 和 onblur 事件，文件名称为 chapter11.7.html，内容如下：

```
<!DOCTYPE html>
<html>
    <head>
        <meta charset="UTF-8">
        <title>onfocus 和 onblur 事件</title>
    </head>
    <body>
        <form name="myform">
            用户名：<input type="text" id="userName" />
            <input type="submit" value="提交" />
            <input type="reset" value="重置" />
        </form>
        <script>
            document.getElementById("userName").onfocus = function(){
                this.style.backgroundColor = "pink";
            }
            document.getElementById("userName").onblur = function(){
                this.style.backgroundColor = "white";
            }
        </script>
    </body>
</html>
```

在浏览器中打开网页文件 chapter11.7.html，页面效果如图 11-7 所示，当用户单击文本框时，此文本框获得焦点，文本框背景色变成粉红色；当文本框失去焦点时，文本框背景色变为白色。

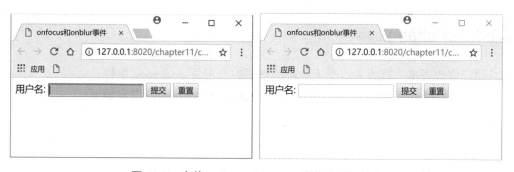

图 11-7　表单 onfocus 和 onblur 事件的页面效果

11.4.3　onselect 事件

当用户选择 input 或者 textarea 表单域中的文本时会触发 onselect 事件。

【实例 11.8】onselect 事件，文件名称为 chapter11.8.html，内容如下：

```
<!DOCTYPE html>
<html>
    <head>
        <meta charset="UTF-8">
        <title>onselect 事件</title>
    </head>
    <body>
        <form name="myform">
            用户名: <input type="text" id="userName" onselect="alert('您选
中了部分信息')" /> <br /><br />
            个人简介: <br /><textarea rows="5" cols="35" onselect="alert('
您选中了部分信息')" ></textarea>
        </form>
    </body>
</html>
```

在浏览器中打开网页文件 chapter11.8.html，页面效果如图 11-8 所示，当用户选择文本框或文本区域的部分文本时就会触发 onselect 事件，从而出现警示框提示。

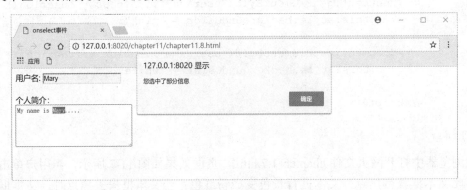

图 11-8　表单 onselect 事件的页面效果

11.4.4　onchange 事件

当用户修改表单字段或者改变下拉框的选择时会触发 onchange 事件。

【实例 11.9】onchange 事件，文件名称为 chapter11.9.html，内容如下：

```
<!DOCTYPE html>
<html>
    <head>
        <meta charset="UTF-8">
        <title>onchange 事件</title>
```

```
<script>
    function upperCase(){
        var name = document.getElementById("userName").value;
        document.getElementById("userName").value =
name.toUpperCase();
    }
    function changeHobby(){
        var hobby = document.getElementById("theSe");
        alert("您重新选择了爱好:"+hobby[hobby.selectedIndex].value);
    }
</script>
    </head>
    <body>
        <form name="myform">
            用户名: <input type="text" id="userName" onchange="upperCase()"
/><br /><br />
            爱好:
            <select id="theSe" onchange="changeHobby()">
                <option value="足球">足球</option>
                <option value="篮球">篮球</option>
                <option value="上网">上网</option>
            </select>
        </form>
    </body>
</html>
```

在浏览器中打开网页文件 chapter11.9.html，页面效果如图 11-9 所示，当用户在文本框中输入英文信息，信息会转换成大写显示。当用户改变下拉菜单选择时，警示框中会显示用户新的选择，单击警示框上的"确定"按钮，则新选择的菜单项会显示在下拉菜单选项框中。

代码注解：

(1) var hobby = document.getElementById("theSe");
获取下拉菜单项，存储在数组 hobby 中。

(2) hobby.selectedIndex
用户所选择的下拉菜单的索引值，下标从 0 开始。

图 11-9 表单 onchange 事件的页面效果

JavaScript 中的常用事件如表 11-1 所示。

表 11-1　JavaScript 中的常用事件

事　件	应用范围
onclick	用户单击鼠标左键时触发
ondblclick	用户双击鼠标左键时触发
onfocus	元素获得焦点时触发
onblur	元素失去焦点时触发
onchange	元素内容或者所选内容改变时触发
onselect	选中 input 或 textarea 中的文本时触发
onsubmit	提交表单时触发
onreset	重置表单时触发
onload	用户打开页面并且所有页面元素加载完成时触发
onbeforeunload	用户即将离开当前页面(刷新或关闭)时触发
onunload	用户离开网页或者关闭浏览器窗口时触发
onresize	窗口调整大小时触发
onmousedown	用户单击任一鼠标按键时触发(左右键都可以)
onmousemove	用户在某个元素上持续移动鼠标指针时触发
onmouseup	用户松开任一鼠标按键时触发(左右键都可以)
onmouseover	用户移动鼠标指针至某个元素上时触发
onmouseout	用户把鼠标指针从某个元素上移开时触发
onkeydown	当用户在键盘上按下某个按键时触发
onkeyup	用户释放按下的按键时触发
onkeypress	用户在键盘上按下按键并释放时触发

11.5　回到工作场景

通过 11.2~11.4 节内容的学习，已经学习了窗口事件、鼠标事件、键盘事件和表单事件，掌握了常用事件的使用。下面回到前面介绍的工作场景中，完成工作任务。

【工作过程一】综合运用各种表单事件制作一个自动计算总价网页——《模拟收银》。网页具体内容如下：用户单击"账号"文本框时，如果文本框中显示"输入您的会员账号"则清空文本框，当用户输入会员账号后进行审核(账号要求是 10 开头的数字)，如果用户输入的会员账号有误，则提示"账号错误"，文本框呈现全选状态。"单价"文本框模拟超市扫码显示固定值 25.00，只读状态。当"数量"文本框内容发生改变时自动计算总价并显示在"总价"文本框中。工作过程一的页面效果如图 11-10 所示。

图 11-10　《模拟收银》的页面效果

创建网页，文件名为 chapter11.10.html，内容如下所示：

```
<!DOCTYPE html>
<html>
    <head>
        <meta charset="UTF-8">
        <title></title>
        <script>
            function clearText( ){
                if (document.myform.account.value=="输入您的会员账号")
                    document.myform.account.value="" ;
                else
                    document.myform.account.select( );
            }
            function check( ){
                var a=document.myform.account.value;
                if (a.substr(0,2)!="10" || isNaN(a))
                {
                alert("格式错误，请重新输入");
                document.myform.account.select( );
                }
            }
            function compute( ){
                var price= document.myform.price.value;
                var number= document.myform.number.value ;
                document.myform.total.value= price*number;
            }
</script>

    </head>
    <body>
        <form name="myform">
            <table>
                <tr><td>账号: <input name ="account" onfocus="clearText( )"
onchange="check( )" type ="text" value="输入您的会员账号"></td></tr>
                <tr><td>单价: <input name ="price" type = "text" value="25.00"
readonly >¥</td></tr>
```

```
                <tr><td>数量: <input name ="number" onchange="compute( )"
type ="text" >个</td></tr>
                <tr><td>总价: <input name ="total" type ="text" value="0.00" >
¥</td></tr>
            </table>
        </form>
    </body>
</html>
```

【工作过程二】制作一个菜单级联效果——《日期级联菜单》。网页具体内容如下：
用户选择"月"菜单时，"日"菜单能自动显示这个月的相应日供用户选择。工作过程二
的页面效果如图 11-11 所示。

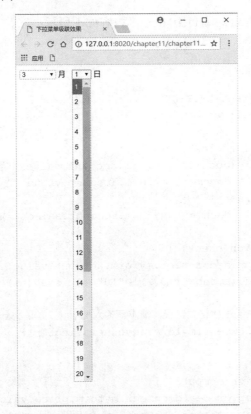

图 11-11 《日期级联菜单》的页面效果

创建网页，文件名为 chapter11.11.html，内容如下所示：

```
<!DOCTYPE html>
<html>
    <head>
        <meta charset="UTF-8">
        <title>下拉菜单级联效果</title>
        <script>
            window.onload = initForm;
            function initForm() {
                document.getElementById("months").selectedIndex = 0;
```

```
            document.getElementById("months").onchange = populateDays;
        }
        function populateDays() {
            var monthDays = new Array(31,28,31,30,31,30,31,31,30,31,30,31);
            var monthStr = this.options[this.selectedIndex].value;
            if (monthStr != "") {
                var theMonth = parseInt(monthStr);
                document.getElementById("days").options.length = 0;
                for(var i=0; i<monthDays[theMonth]; i++) {
                    document.getElementById("days").options[i] = new
Option(i+1);
                }
            }
        }
    </script>
</head>
<body>
    <form>
        <select id="months">
            <option value="">请选择月</option>
            <option value="0">1</option>
            <option value="1">2</option>
            <option value="2">3</option>
            <option value="3">4</option>
            <option value="4">5</option>
            <option value="5">6</option>
            <option value="6">7</option>
            <option value="7">8</option>
            <option value="8">9</option>
            <option value="9">10</option>
            <option value="10">11</option>
            <option value="11">12</option>
        </select> 月  
        <select id="days">
            <option>请选择日</option>
        </select> 日
    </form>
</body>
</html>
```

 ## 11.6　工作实训营

11.6.1　训练实例

1. 训练内容

实现省份城市级联，页面效果如图 11-12 所示。省份和城市下拉菜单中产生级联效果，可以选择部分省份和城市。

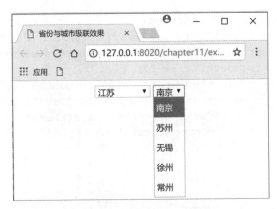

图 11-12   省份城市级联效果

2. 训练目的

➢   掌握表单事件的使用。

➢   掌握数组在实际问题中的应用。

3. 训练过程

参照 11.5 节中的操作步骤。

4. 技术要点

灵活使用表单中的各种事件。

11.6.2   工作实践常见问题解析

【常见问题】如果在一个元素上添加多次同一事件,如何保证事件处理程序都能执行?

【答】用 onclick 绑定事件的方法,可以兼容主流浏览器,但如果在一个元素上添加多次同一事件,如 object.onclick=method1;object.onclick=method2;object.onclick=method3;,那么只有最后绑定的事件处理程序 method3 会被执行。解决这个问题需要使用 attachEvent 或 addEventListener 方法。选择哪个方法涉及浏览器的兼容性问题。addEventListener 方法兼容 Firefox、Chrome、IE、Safari、Opera 等浏览器,不兼容 IE7、IE8。attachEvent 方法兼容 IE7、IE8,不兼容 Firefox、Chrome、IE9、IE10、IE11、Safari、Opera。

```
object.attachEvent("onclick",method1);
object.attachEvent("onclick",method2);
object.attachEvent("onclick",method3);
attachEvent 方法执行顺序是: method3->method2->method1。
object.addEventListener("click",method1,false);
object.addEventListener("click",method2,false);
object.addEventListener("click",method3,false);
addEventListener 方法执行顺序为 method1->method2->method3。
```

兼容不同浏览器的对象绑定事件方法：

```
if(object.attachEvent){
    object.attachEvent("onclick", method3);
    object.attachEvent("onclick", method2);
    object.attachEvent("onclick", method1);
}
else{
    object.addEventListener("click", method1 , false) ;
    object.addEventListener("click", method2 , false) ;
    object.addEventListener("click", method3 , false) ;
}
```

这样，无论访问者使用什么浏览器，都可以实现在一个元素上添加多次同一事件时，事件处理程序都能执行。

 ## 11.7 本章小结

当用户浏览页面进行操作时会触发事件从而执行相应的事件处理程序。

常用的事件有鼠标事件、键盘事件、窗口事件及表单事件。

常用的鼠标事件有 onclick、ondblclick、onmousedown、onmouseup、onmouseover、onmouseout、onmousemove。

常用的键盘事件有 onkeydown、onkeyup、onkeypress。

常用的窗口事件有 onload、onbeforeunload、onunload、onresize。

常用的表单事件有 onsubmit、onreset、onfocus、onblur、onselect、onchange。

 ## 11.8 习 题

一、单项选择题

1. 在下列叙述中，错误的是(   )。

   A. onclick 事件在用户单击鼠标左键时触发，单击鼠标右键也会触发

   B. ondblclick 事件在用户双击鼠标左键时触发

   C. onmousedown 事件在用户单击任一鼠标按键时触发

   D. onmouseup 事件在用户松开任一鼠标按键时触发

2. 下面哪个事件是鼠标指针移动到某个元素上时触发的？(   )。

   A. onkeydown   B. onmouseout   C. onmouseover   D. onmousemove

3. 当页面的访问者移动鼠标指针时，就会触发事件(   )。

   A. onmouseup   B. onmousedown   C. onmousemove   D. onmove

4. 下面哪个事件不是键盘事件(   )?

   A. onkeyup   B. onkeydown   C. onkeymove   D. onkeypress

二、填空题

1. 元素获得焦点时触发_____事件，元素失去焦点时触发_____事件。
2. 单击"提交"按钮时触发_____事件，单击"重置"按钮时触发_____事件。

三、操作题

创建网页《登录页面》，文件名为 ex11.1.html，使用事件对表单数据进行检查验证，并通过事件处理程序处理表单提交和重置，页面及事件自行设计。

第 12 章

Bootstrap 概述

本章要点

- 了解 Bootstrap
- Bootstrap CSS 样式设计
- Bootstrap 布局组件设计
- Bootstrap 插件设计

技能目标

- 掌握使用 Bootstrap CSS 样式来设置页面。
- 掌握使用 Bootstrap 布局组件来设置页面。
- 掌握使用 Bootstrap 插件来设置页面。

12.1 工作场景导入

【工作场景】

采用原始技术 HTML5+CSS3+JavaScript 设计的页面不够炫，怎么才能快速地做一个高大上的网页，不用担心兼容问题，提供了很多样式供选择，即把做前端样式封装成一个类，比如你需要实现一个网站的导航(完全自己实现需要写很多代码)，通过 HTML 标签调用某些类，就可以快速完成操作合理且美观的导航栏。

下面需要制作某购物网址首页部分模块。

【引导问题】

(1) 什么是 Bootstrap？该包有哪些内容？

(2) 如何导入 Bootstrap 类并配置开发环境？

(3) 如何导入 Bootstrap CSS 样式类？如何使用这些类设计页面？

(4) Bootstrap 布局组件有哪些？如何使用这些组件设计页面？

(5) Bootstrap 插件如何导入？如何利用这些插件设计页面？

12.2 了解 Bootstrap

Bootstrap 是目前最受欢迎的 Web 前端框架。它是 Twitter 的 Mark Otto 和 Jacob Thornto 开发的。Bootstrap 是基于 HTML、CSS、JavaScript 的，它简洁灵活，是一个热门的开源项目，提供了丰富的 Web 组件，设计人员可以使用这些组件快速搭出漂亮、功能完备的网站，使得 Web 开发更加快捷。目前使用比较多的版本是 V3.3.7，但最新更新到了 V4.0 版本。

12.2.1 Bootstrap 环境安装

Bootstrap 安装是非常容易的。如何下载并安装 Bootstrap 开发包？Bootstrap 的官方网站地址是 http://getbootstrap.com/，可以单击 Download 链接下载 Bootstrap 最新版本，如图 12-1 所示。

目前，国内也有不错的 Bootstrap 中文网站，比如：http://www.bootcss.com/下载 Bootstrap 安装包，如图 12-2 所示。

在图 12-2 中单击 "Bootstrap3 中文文档" 按钮，转到下载页面，如图 12-3 所示。

在图 12-3 中可以看到三个选项：用于生产环境的 Bootstrap、Bootstrap 源码和 Sass。单击第一项 "下载 Bootstrap" 按钮，该项是 Bootstrap 框架开发包；第二项 "下载源码" 按钮，该项是使用 CSS 预编译语言 Less 编写的 Bootstrap 源代码，LESS CSS 是一种动态样式语言，属于 CSS 预处理语言的一种，它使用类似 CSS 的语法，为 CSS 赋予了动态语言的特性，如变量、继承、运算、函数等，更方便 CSS 的编写和维护；第三项"下载 Sass 项目"按钮，Sass 是一种 CSS 的开发工具，提供了许多便利的写法，可大大节省设计者的时间，使得 CSS 的开发变得简单和可维护。

图 12-1　Bootstrap 的官网页面

图 12-2　Bootstrap 中文网

图 12-3　下载 Bootstrap 框架

12.2.2　Bootstrap 包含的内容

　　Bootstrap 提供了压缩包，在下载下来的压缩包内可以看到以下目录和文件，这些文件按照类别放到了不同的目录内。Bootstrap 开发包中包含 css、js 和 fonts 三个目录，分别表示编译好的样式表文件、编译好的脚本文件和字体文件。其目录结构图如图 12-4 所示。

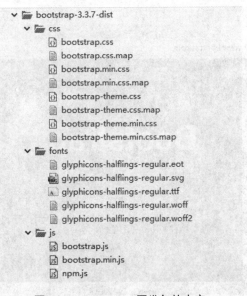

图 12-4　Bootstrap 开发包的内容

12.2.3　使用 Bootstrap 框架

　　使用 Bootstrap 的功能构建一个 Bootstrap 网站其实很简单，与引入 css 样式表和添加 JavaScript 脚本文件基本一样，使用 link 引入 Bootstrap CSS 样式，使用<script>标签引入

Bootstrap JavaScript。其语法格式如下。

（1）添加 Bootstrap CSS，其语法格式如下：

```
<link href="bootstrap-3.3.7-dist/css/bootstrap.min.css"  rel="stylesheet" >
```

（2）添加 Bootstrap JavaScript 效果，其是基于 JQuery 的，需要先引入 JQuery 包文件，其语法格式如下：

```
<script src=" bootstrap-3.3.7-dist /js/jquery.js" ></script>
<script src="bootstrap-3.3.7-dist/js/bootstrap.js" ></script>
```

【实例 12.1】在 HTML 文档中如何添加 Bootstrap，文件名称为 chapter12.1.html，内容如下：

```
<!DOCTYPE html>
<html>
    <head>
        <meta charset="UTF-8">
        <title>Bootstrap 引入</title>
        <link href="bootstrap-3.3.7-dist/css/bootstrap.min.css"
rel="stylesheet" >
    </head>
    <body>
        <h1>Hello world!</h1>
    </body>
</html>
```

在浏览器中打开网页文件 chapter12.1.html，页面效果如图 12-5 所示。

【实例 12.2】使用 Bootstrap 表格样式，文件名称为 chapter12.2.html，内容如下：

```
<!DOCTYPE html>
<html>
    <head>
        <meta charset="UTF-8">
        <title>Bootstrap 引入</title>
        <link href="bootstrap-3.3.7-dist/css/bootstrap.min.css"
rel="stylesheet" >
    </head>
    <body>
        <table class="table">
            <tr>
                <td>姓名</td>
                <td>学号</td>
                <td>年龄</td>
            </tr>
            <tr>
                <td>李明</td>
                <td>s001</td>
                <td>18</td>
            </tr>
```

```
        </table>
    </body>
</html>
```

在浏览器中打开文件 chapter12.2.html，其运行效果如图 12-6 所示：

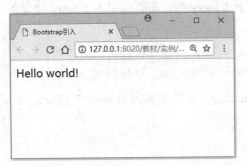

图 12-5　Bootstrap CSS 引入效果图　　　　图 12-6　Bootstrap CSS 中 table 效果图

12.3　使用 Bootstrap CSS 样式

12.3.1　排版

文本排版是 Web 页面设计的重要部分，了解使用 Bootstrap CSS 样式，设定默认的 Bootstrap 风格，并且可以根据具体的需要改变默认样式，来设定合适的页面效果。排版样式的内容主要包括标题、强调、段落、地址、列表及其他内联等元素标签。

Bootstrap 使用 Helvetica Neue、 Helvetica、 Arial 和 sans-serif 作为其默认的字体，字体大小为 10px。

1. 标题标记

Bootstrap 定义了所有的 HTML 标题(h1 到 h6)的样式，即默认的字体、行高和大小。h1 的默认大小为 36 像素，h2 为 30 像素，h3 为 24 像素，h4 为 18 像素，h5 为 14 像素，h6 为 12 像素；字体是按照 Helvetica Neue、 Helvetica、 Arial 和 sans-serif 这个顺序查找计算机上安装的字体族，最后一个字体 sans-serif 为默认的字体族。

【实例 12.3】使用 Bootstrap CSS 设定标题标记，文件名称为 chapter12.3.html，内容如下：

```
<!DOCTYPE html>
<html>
    <head>
        <meta charset="utf-8">
        <title>Bootstrap 标题</title>
<link rel="stylesheet" href="bootstrap-3.3.7/css/bootstrap.min.css">
    </head>
    <body>
```

```
        <h1>我是标题 h1 </h1>
        <h2>我是标题 h2</h2>
        <h3>我是标题 h3</h3>
        <h4>我是标题 h4</h4>
        <h5>我是标题 h5</h5>
        <h6>我是标题 h6</h6>
    </body>
</html>
```

在浏览器中打开网页文件 chapter12.3.html，页面效果如图 12-7 所示。

图 12-7　Bootstrap CSS 中的标题效果

如果需要向任何标题添加一个内联子标题，只需在本文内容两旁添加 <small>，或者添加.small，这样可得到一个字号更小的、颜色更浅的文本，如下面实例所示。

【实例 12.4】使用 Bootstrap CSS 设定标题标签，文件名称为 chapter12.4.html，内容如下：

```
<!DOCTYPE html>
<html>
    <head>
        <meta charset="utf-8">
        <title>Bootstrap 内联子标题</title>
        <link rel="stylesheet"
href="bootstrap-3.3.7-dist/css/bootstrap.min.css">
    </head>
    <body>
        <h1>我是标题 h1<small>我是副标题 h1</small></h1>
        <h2>我是标题 h2<small >我是副标题 h2</small></h2>
        <h3>我是标题 h3<span class="small">我是副标题 h3</span></h3>
        <h4>我是标题 h4<span class="small">我是副标题 h4</span></h4>
        <h5>我是标题 h5<span class="small">我是副标题 h5</span></h5>
        <h6>我是标题 h6<span class="small">我是副标题 h6</span></h6>
    </body>
</html>
```

在浏览器中打开网页文件 chapter12.4.html，页面效果如图 12-8 所示。

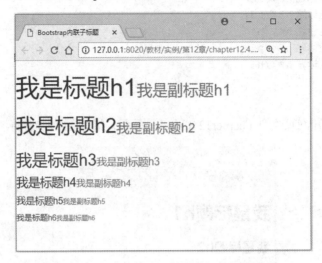

图 12-8　Bootstrap CSS 中副标题页面效果

2．强调

HTML 提供了强调标记 <small>(设置文本为父文本大小的 85%)、<strong>(设置文本为更粗的文本)、<em>(设置文本为斜体)。Bootstrap 提供了一些用于强调文本的类，对加粗、斜体、对齐和颜色强调等样式，使用 HTML 提供的一些强调的标记结合 Bootstrap 提供的一些类，如.text-lef(向左对齐文本)、.text-center(居中对齐文本)、.text-right(向右对齐文本)，其中.text-warning、.text-info、.text-success、. text-danger 都是通过颜色突出强调，这些 Bootstrap 类可以很好地优化之前的 HTML 标记设计。

【实例 12.5】使用 Bootstrap CSS 设定标题标记，文件名称为 chapter12.5.html，其内容如下：

```
<!DOCTYPE html>
<html>
    <head>
        <meta charset="UTF-8">
        <title>Bootstrap 强调</title>
        <link rel="stylesheet"
href="bootstrap-3.3.7-dist/css/bootstrap.min.css">
    </head>
    <body>
        <small>本行内容使用 small 标记</small><br>
        <strong>本行内容使用 strong 标记</strong><br>
        <em>本行内容使用 em，并呈现为斜体</em><br>
        <p class="text-left">向左对齐文本</p>
        <p class="text-center">居中对齐文本</p>
        <p class="text-right">向右对齐文本</p>
        <p class="text-justify">本行内容两端对齐</p>
        <p class="text-primary">本行内容使用 primary class</p>
        <p class="text-success">本行内容使用 success class</p>
```

```
        <p class="text-info">本行内容使用 info class</p>
        <p class="text-warning">本行内容使用 warning class</p>
        <p class="text-danger">本行内容使用 danger class</p>
    </body>
</html>
```

在浏览器中打开网页文件 chapter12.5.html，页面效果如图 12-9 所示。

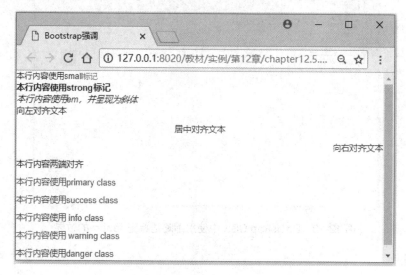

图 12-9　Bootstrap CSS 中使用强调标记的页面效果

3. 缩写

Bootstrap 框架对缩写标签<abbr>元素进行补充优化。元素的样式为显示在文本底部带有一条浅色的虚线框，当鼠标指针悬停在缩写的文本上时，会显示出完整的文本内容，鼠标指针移到文本内容上方时会变成"问号"的指针。即设定<abbr>中的 title 属性为显示的完整文本内容。其语法格式如下：

```
<abbr  title="文本完整内容"  class=".initialism">WWW</abbr>
```

类.initialism 为显示完整的文本内容得到一个更小字体。

【实例 12.6】使用 Bootstrap CSS 设定<abbr>标记，文件名称为 chapter12.6.html，内容如下：

```
<!DOCTYPE html>
<html>
    <head>
        <meta charset="UTF-8">
        <title>bootstrap 缩略语</title>
        <link rel="stylesheet" href="bootstrap-3.3.7-dist/css/bootstrap.min.css">
    </head>
    <body>
        <abbr title="World Wide Web" class="initialism">WWW</abbr><br>
        <abbr title="HyperText Transfer Protocol" class="initialism">
HTTP
```

```
    </abbr><br>
    </body>
</html>
```

在浏览器中打开网页文件 chapter12.6.html，页面效果如图 12-10 所示。

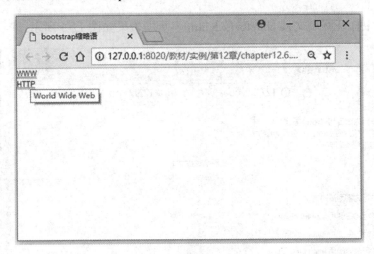

图 12-10　Bootstrap CSS 中使用缩略语标记<abbr>的效果

4. 地址

HTML 提供了<address>标记表示一个元素或某文档的联系信息。Bootstrap 框架的显示效果为添加了更大的底部外边框，重置字体风格和行高。

【实例 12.7】使用 Bootstrap CSS 设定<address>标记，文件名称为 chapter12.7.html，内容如下：

```
<!DOCTYPE html>
<html>
    <head>
        <meta charset="UTF-8">
        <title>Bootstrap 地址</title>
        <link rel="stylesheet"
href="bootstrap-3.3.7-dist/css/bootstrap.min.css">
    </head>
    <body>
        <address>
        <strong>njcit</strong><br>
            007 street<br>
            Nanjing, Wenlan XXXXX<br>
        <abbr title="Phone">P:</abbr> (025) 123-7890
        </address>
    </body>
</html>
```

在浏览器中打开网页文件 chapter12.7.html，页面效果如图 12-11 所示。

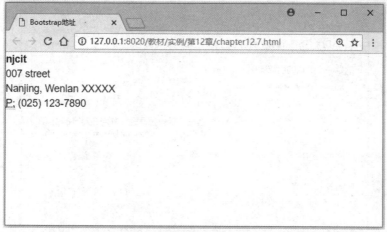

图 12-11　Bootstrap CSS 中使用地址 address 元素的效果

5. 引用

很多网站上会引用一些文章、文献等资料，因此在页面显示引用信息，HTML 采用 <blockquote>元素标记定义引用语。Bootstrap 中为<blockquote>标签实现了增强样式，可添加一个<small>标记来标识引用的类，使用 class .pull-right 向右对齐引用。

【实例 12.8】使用 Bootstrap CSS 设定<blockquote>标记，文件名称为 chapter12.8.html，内容如下：

```
<!DOCTYPE html>
<html>
    <head>
        <meta charset="UTF-8">
        <title>Bootstrap 引用</title>
        <link rel="stylesheet" href="bootstrap-3.3.7-dist/css/bootstrap.min.css">
    </head>
    <body>
        <blockquote>
            <p>
                这是一个默认的引用实例。
            </p>
                <small>Someone famous in <cite title="Source Title"> Source
Title</cite>
            </small>
        </blockquote>
        <blockquote class="pull-right">
            这是一个带有源标题，并向右对齐的引用。
            <small>Someone famous in <cite title="Source Title"> Source Title</cite>
            </small>
        </blockquote>
    </body>
</html>
```

在浏览器中打开网页文件 chapter12.8.html，页面效果如图 12-12 所示。

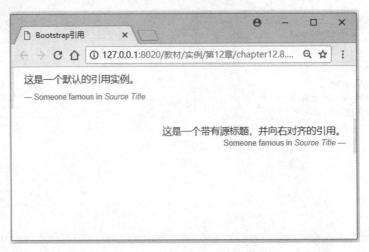

图 12-12　Bootstrap CSS 中引用 blockquote 元素的效果

12.3.2　图片

Bootstrap 框架中定义三种图片样式类 class，分别为.img-rounded 类、.img-circle 类和.img-thumbnail 类。具体如下。

➢ 　.img-rounded：添加 border-radius:6px 来获得图片圆角。

➢ 　.img-circle：添加 border-radius:50% 来让整个图片变成圆形。

➢ 　.img-thumbnail：添加一些内边距(padding)和一个灰色的边框。

【实例 12.9】使用 Bootstrap CSS 设定图片样式，文件名称为 chapter12.9.html，内容如下：

```
<!DOCTYPE html>
<html>
    <head>
        <meta charset="UTF-8">
        <title>Bootstrap 图片</title>
        <link rel="stylesheet" href="bootstrap-3.3.7-dist/css/bootstrap.min.css">
    </head>
    <body>
      <img src="img/eg_sun.gif" class="img-rounded">
      <img src="img/eg_sun.gif" class="img-circle">
        <img src="img/eg_sun.gif" class="img-thumbnail">
    </body>
</html>
```

在浏览器中打开网页文件 chapter12.9.html，页面效果如图 12-13 所示。

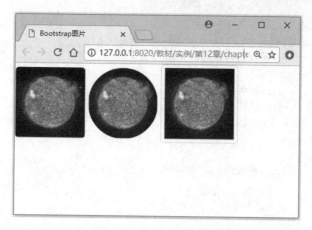

图 12-13　Bootstrap CSS 中设定图片样式的效果图

12.3.3　表格

　　Bootstrap 框架提供了为表格元素增添了多种表现形式，具体的表格类的说明如表 12-1 所示。

表 12-1　Bootstrap table 类属性表

类	描　述
.table	为任意\<table>添加基本样式 (只有横向分隔线)
.table-striped	在 \<tbody> 内添加斑马线形式的条纹（IE8 不支持）
.table-bordered	为所有表格的单元格添加边框
.table-hover	在 \<tbody> 内的任一行启用鼠标指针悬停状态
.table-condensed	行内边距(padding)被切为两半，让表格更加紧凑
.table-striped	在 \<tbody> 内的行上看到条纹
.table-bordered	每个元素周围都有边框，且整个表格是圆角的
.active	将悬停的颜色应用在行或者单元格上
.success	表示成功的操作
.info	表示信息变化的操作
.warning	表示危险的操作

　　【实例 12.10】使用 Bootstrap CSS 中.table-striped class，在 \<tbody> 内的行上看到条纹样式，文件名称为 chapter12.10.html，内容如下：

```
<!DOCTYPE html>
<html>
    <head>
        <meta charset="UTF-8">
        <title>Bootstrap 表格</title>
        <link rel="stylesheet" href="bootstrap-3.3.7-dist/css/bootstrap.min.css">
    </head>
```

```
<body>
    <table class="table table-striped">
     <caption>条纹表格布局</caption>
        <tr>
            <td>姓名</td>
            <td>学号</td>
            <td>年龄</td>
        </tr>
        <tr>
            <td>李明</td>
            <td>s001</td>
            <td>18</td>
        </tr>
    </table>
</body>
</html>
```

在浏览器中打开网页文件 chapter12.10.html，页面效果如图 12-14 所示。

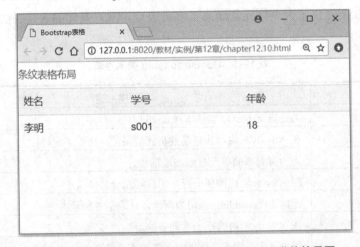

图 12-14   Bootstrap CSS 中使用.table-striped 类的效果图

【实例 12.11】使用 Bootstrap CSS 中.table-bordered class，在 <tbody> 内的行上每个元素周围都有边框，且整个表格是圆角的，文件名称为 chapter12.11.html，内容如下：

```
<!DOCTYPE html>
<html>
    <head>
        <meta charset="UTF-8">
        <title>Bootstrap 边框表格</title>
        <link rel="stylesheet" href="bootstrap-3.3.7-dist/css/bootstrap.min.css">
    </head>
    <body>
        <table class="table table-bordered">
         <caption>边框表格布局</caption>
            <tr>
                <td>姓名</td>
```

```
            <td>学号</td>
            <td>年龄</td>
        </tr>
        <tr>
            <td>李明</td>
            <td>s001</td>
            <td>18</td>
        </tr>
    </table>
</body>
</html>
```

在浏览器中打开网页文件 chapter12.11.html，页面效果如图 12-15 所示。

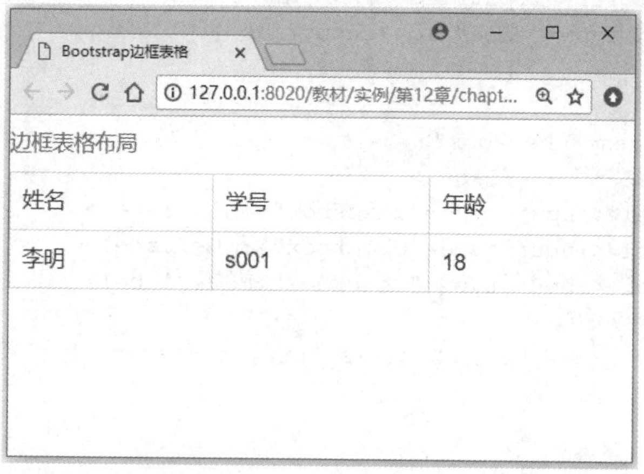

图 12-15　Bootstrap CSS 中使用.table- bordered 类的效果图

12.3.4　表单

HTML 中采用<form>标签插入表单。Bootstrap CSS 中通过一些简单的 HTML 标记和扩展的类创建出不同样式的表单。Bootstrap 提供了下列类型的表单布局：垂直表单(默认)、水平表单和内联表单。

1. 垂直表单

Bootstrap 中默认的表单是垂直表单，即表单标记在控件的上方。具体步骤如下：

(1) 向父 <form> 元素添加 role="form"。

(2) 把 label(标签)和控件放在一个带有类 .form-group 的 <div> 中。这是设定最佳间距所必需的。

(3) 向所有的文本元素 <input>、<textarea> 和 <select> 添加 class ="form-control" 。

【实例 12.12】使用 Bootstrap CSS 中设定垂直表单，文件名称为 chapter12.12.html，内容如下：

```
<!DOCTYPE html>
<html>
```

```
<head>
    <meta charset="UTF-8">
    <title>Bootstrap 垂直表单</title>
    <link rel="stylesheet" href="bootstrap-3.3.7-dist/css/bootstrap.min.css">
</head>
<body>
  <form role="form">
  <div class="form-group">
   <label for="name">姓名</label>
   <input type="text" class="form-control" id="name" placeholder="请输
入名称">
  </div>
  <div class="form-group">
   <label for="inputfile">自我介绍</label>
   <input type="file" id="inputfile">
   ...
  </div>
  <div class="checkbox">
    <label>爱好：</label>
    <label><input type="checkbox">游泳</label>
    <label><input type="checkbox">看书</label>
    <label><input type="checkbox">旅游</label>
  </div>
  <button type="submit" class="btn btn-default">提交</button>
  </form>
  </body>
</html>
```

在浏览器中打开网页文件 chapter12.12.html，页面效果如图 12-16 所示。

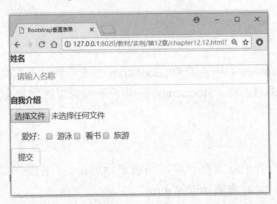

图 12-16　Bootstrap CSS 中设定垂直表单类的效果图

2. 水平表单

Bootstrap 中水平表单，设定表单中 label(标签)和控件在不同的列，通过为<form>标记添加类 class .form-horizontal 类，为 label 标签添加类.control-label 实现。实现的步骤如下：

(1) 向父 <form> 元素添加 class .form-horizontal。

(2) 把标签和控件放在一个带有 class .form-group 的 <div> 中。

(3) 向标签添加 class .control-label。

【**实例 12.13**】使用 Bootstrap CSS 中类.form-inline 设定水平表单，文件名称为 chapter12.13.html，内容如下：

```html
<!DOCTYPE html>
<html>
    <head>
        <meta charset="UTF-8">
        <title>Bootstrap 水平表单</title>
        <link rel="stylesheet" href="bootstrap-3.3.7-dist/css/bootstrap.min.css">
    </head>
    <body>
      <form class="form-horizontal" role="form">
       <div class="form-group">
         <label for="firstname" class="col-sm-2 control-label">名字</label>
         <!-- col-sm-3 指的是 12 栅格系统中在小屏幕下占三列 -->
         <div class="col-sm-9">
           <!-- col-sm-2 指的是 12 栅格系统中在小屏幕下占两列 -->
           <input type="text" class="form-control" id="firstname"
placeholder="请输入名字">
         </div>
       </div>
       <div class="form-group">
         <label for="lastname" class="col-sm-2 control-label">姓</label>
         <div class="col-sm-9">
             <!-- 屏幕大于(≥992px) ,使用 col-md-*-->
       <input type="text" class="form-control" id="lastname" placeholder="
请输入姓">
         </div>
      </div>
      </form>
    </body>
</html>
```

在浏览器中打开网页文件 chapter12.13.html，页面效果如图 12-17 所示。

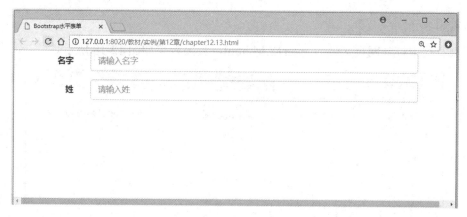

图 12-17　Bootstrap CSS 中设定水平表单类的页面效果

3. 内联表单

Bootstrap 中内联表单设定元素是向左对齐的，label(标签)是并排的，通过<form>标记添加 class .form-inline 实现。在默认情况下，Bootstrap 中的 input、select 和 textarea 有 100% 宽度。在使用内联表单时，需要在表单控件上设置一个宽度。

【实例 12.14】使用 Bootstrap CSS 中类.form-inline 设定内联表单，文件名称为 chapter12.14.html，内容如下：

```html
<!DOCTYPE html>
<html>
    <head>
        <meta charset="UTF-8">
        <title>Bootstrap 内联表单</title>
        <link rel="stylesheet" href="bootstrap-3.3.7-dist/css/bootstrap.min.css">
    </head>
    <body>
      <form class="form-inline">
        <div class="form-group">
            <label for="name">姓名</label>
            <input type="text" class="form-control" placeholder="请输入名称">
                </div>
        <div class="form-group">
            <label>自我介绍</label>
            <input type="file"  class="form-control">
            ...
        </div>
         <div class="checkbox">
            <label>爱好：</label>
            <label><input type="checkbox">游泳</label>
            <label><input type="checkbox">看书</label>
            <label><input type="checkbox">旅游</label>
        </div>
         <button type="submit" class="btn btn-default">提交</button>
      </form>
      </body>
</html>
```

在浏览器中打开网页文件 chapter12.14.html，页面效果如图 12-18 所示。

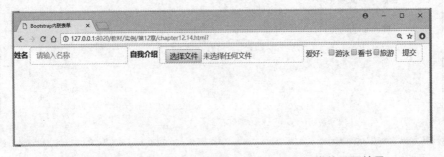

图 12-18　Bootstrap CSS 中使用表单.form-inline 类的页面效果

12.3.5　按钮

Bootstrap 中提供了一些选项来定义按钮的样式，为<a>、<button>标记添加了类.btn 呈现不同风格的按钮，如表 12-2 表示。下面样式类可用于<a>、<button>或 <input>元素显示各式各样的按钮。

主要是从设定按钮的大小、状态来定义不同样式的按钮。其.btn 类样式属性如表 12-2 所示。

表 12-2　.btn 类

类	描　述
.btn	为按钮添加基本样式
.btn-default	默认/标准按钮
.btn-primary	原始按钮样式(未被操作)
.btn-success	表示成功的动作
.btn-info	该样式可用于要弹出信息的按钮
.btn-warning	表示需要谨慎操作的按钮
.btn-danger	表示一个危险动作的按钮操作
.btn-link	让按钮看起来像个链接 (仍然保留按钮行为)
.btn-lg	制作一个大按钮
.btn-sm	制作一个小按钮
.btn-xs	制作一个超小按钮
.btn-block	块级按钮(拉伸至父元素 100%的宽度)
.active	按钮被单击
.disabled	禁用按钮

【实例 12.15】使用 Bootstrap CSS 中类.btn 设定按钮，文件名称为 chapter12.15.html，内容如下：

```
<!DOCTYPE html>
<html>
    <head>
        <meta charset="UTF-8">
        <title>Bootstrap 按钮</title>
        <link rel="stylesheet" href="bootstrap-3.3.7-dist/css/bootstrap.min.css">
    </head>
    <body>
        <!—默认的标准按钮 -->
        <button type="button" class="btn btn-default">默认按钮</button>
        <!--原始按钮样式(未被操作) -->
        <button type="button" class="btn btn-primary">原始按钮</button>
        <!-- 表示一个成功的或积极的动作 -->
```

```
            <button type="button" class="btn btn-success">成功按钮</button>
            <!--警告消息的上下文按钮 -->
            <button type="button" class="btn btn-info">信息按钮</button>
            <!--谨慎采取的动作 -->
            <button type="button" class="btn btn-warning">警告按钮</button>
            <!--一个危险的或潜在的负面动作 -->
            <button type="button" class="btn btn-danger">危险按钮</button>
            <!--一个链接按钮的行为-->
            <button type="button" class="btn btn-link">链接按钮</button>
    </body>
</html>
```

在浏览器中打开网页文件 chapter12.15.html，页面效果如图 12-19 所示。

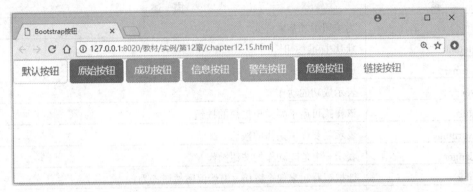

图 12-19　Bootstrap CSS 中使用 .btn 类按钮的页面效果

 ## 12.4　使用 Bootstrap 布局组件

　　Bootstrap 工具包提供了用来创建固定布局和流动布局的组件。组件的种类很多，本节主要介绍 Bootstrap 常用的几种组件，具体如下：Bootstrap 按钮下拉菜单、Bootstrap 字体图标、按钮组、Bootstrap 输入框组、Bootstrap 导航栏、Bootstrap 分页、Bootstrap 进度条、Bootstrap 警告和 Bootstrap 多媒体对象等。

12.4.1　Bootstrap 字体图标

　　Bootstrap 字体图标是在 Web 项目中使用的图标字体。Bootstrap 提供了 200 多种字体格式的字形，用户可以通过基于项目的 Bootstrap 类来使用这些图标。Bootstrap 提供的字体图标在 fonts 文件夹内，相关的 CSS 规则写在 dist 文件夹内的 css 文件夹内的 bootstrap.css 和 bootstrap-min.css 文件上。它主要包含了下列文件：

　　(1)　glyphicons-halflings-regular.eot

　　(2)　glyphicons-halflings-regular.svg

　　(3)　glyphicons-halflings-regular.ttf

(4)　glyphicons-halflings-regular.woff

【实例 12.16】Bootstrap CSS 中使用类.Glyphicons 获取某些图标，文件名称为 chapter12.16.html，内容如下：

```
<!DOCTYPE html>
<html>
    <head>
        <meta charset="UTF-8">
        <title>Bootstrap图标</title>
        <link rel="stylesheet" href="bootstrap-3.3.7-dist/css/bootstrap.min.css">
    </head>
    <body>
      <span class="glyphicon glyphicon-arrow-up"></span>
      <button type="button" class="btn btn-default">
        <span class="glyphicon glyphicon-sort-by-attributes"></span>
      </button>
      <span class="glyphicon glyphicon-adjust"></span>
      <span class="glyphicon glyphicon-user"></span>
      <button type="button" class="btn btn-primary btn-lg" style=
"font-size: 20px;">
        <!--通过增加或减小图标的字体尺寸，您可以让图标看起来更大或更小。-->
        <span class="glyphicon glyphicon-user"></span>User
      </button>
    </body>
</html>
```

在浏览器中打开网页文件 chapter12.16.html，页面效果如图 12-20 所示。

图 12-20　Bootstrap CSS 中使用 Glyphicons 字体图标的页面效果

12.4.2　Bootstrap 按钮下拉菜单

Bootstrap 按钮下拉菜单组件，主要包括标签、对齐方式和按钮的状态等内容。

使用 Bootstrap class 按钮添加下拉菜单，可以通过与下拉菜单(Dropdown)jquery 插件的互动来实现，同时使用 <span class="caret"></span> 来指示按钮作为下拉菜单。下拉菜单涉及的类如表 12-3 所示。

表 12-3　.Dropdown 类

类	描　　述
.dropdown	指定下拉菜单，下拉菜单都包裹在 .dropdown 里
.dropdown-menu	创建下拉菜单
.dropdown-menu-right	下拉菜单右对齐
.dropdown-header	在下拉菜单中添加标题
.dropup	指定向上弹出的下拉菜单
.disabled	下拉菜单中的禁用项
.divider	下拉菜单中的分割线
.disabled	禁用按钮

【实例 12.17】使用 Bootstrap CSS 中类.Dropdowns 设置下拉菜单，文件名称为 chapter12.17.html，内容如下：

```
<!DOCTYPE html>
<html>
  <head>
    <meta charset="utf-8">
    <title>Bootstrap 下拉菜单(Dropdowns)</title>
    <link rel="stylesheet" href="bootstrap-3.3.7-dist/css/bootstrap.min.css">
    <script src="jquery-3.3.1/jquery-3.3.1.min.js"></script>
    <script src="bootstrap-3.3.7-dist/js/bootstrap.min.js"></script>
  </head>
  <body>
    <div class="dropdown">
      <button type="button" class="btn dropdown-toggle" id="dropdownMenu1"
          data-toggle="dropdown">研究方向
        <span class="caret"></span> <!--指示该按钮有下拉选项-->
        </button>
      <ul class="dropdown-menu" role="menu" aria-labelledby="dropdownMenu1">
        <li>
          <a role="menuitem" tabindex="-1" href="#">大数据</a>
        </li>
        <li >
          <a role="menuitem" tabindex="-1" href="#">数据挖掘</a>
        </li>
        <li >
          <a role="menuitem" tabindex="-1" href="#">人工智能</a>
        </li>
        <li  class="divider"></li> <!--分割线-->
        <li>
          <a role="menuitem" tabindex="-1" href="#">Java 程序设计</a>
        </li>
```

```
        </ul>
      </div>
    </body>
</html>
```

在浏览器中打开网页文件 chapter12.17.html，页面效果如图 12-21 所示。

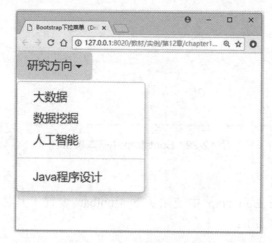

图 12-21　Bootstrap 中设置按钮下拉菜单的页面效果

12.4.3　Bootstrap 按钮组

Bootstrap 按钮组主要包括基本按钮组、工具栏按钮组和垂直按钮组等。

1. 基本按钮组

【实例 12.18】在 Bootstrap 中使用类.btn-group 设置基本按钮组，文件名称为 chapter12.18.html，内容如下：

```
<!DOCTYPE html>
<html>
    <head>
      <meta charset="UTF-8">
      <title>Bootstrap 基本按钮组</title>
      <link rel="stylesheet" href="bootstrap-3.3.7-dist/css/bootstrap.min.css">
      <script src="jquery-3.3.1/jquery-3.3.1.min.js"></script>
      <script src="bootstrap-3.3.7-dist/js/bootstrap.min.js"></script>
    </head>
    <body>
      <div class="btn-group">
       <button type="button" class="btn btn-default">btn 按钮 1</button>
       <button type="button" class="btn btn-default">btn 按钮 2</button>
       <button type="button" class="btn btn-default">btn 按钮 3</button>
      </div>
    </body>
</html>
```

在浏览器中打开网页文件 chapter12.18.html，页面效果如图 12-22 所示。

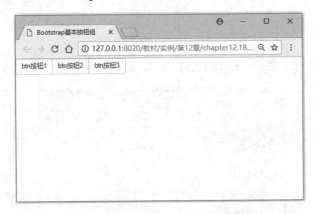

图 12-22　Bootstrap 中基本按钮组

2. 工具栏按钮组

【实例 12.19】在 Bootstrap 中使用类.btn-toolbar 设置工具栏按钮组，文件名称为 chapter12.19.html，内容如下：

```
<!DOCTYPE html>
<html>
    <head>
        <meta charset="UTF-8">
        <title>Bootstrap 工具栏按钮组</title>
        <link rel="stylesheet" href="bootstrap-3.3.7-dist/css/bootstrap.min.css">
        <script src="jquery-3.3.1/jquery-3.3.1.min.js"></script>
        <script src="bootstrap-3.3.7-dist/js/bootstrap.min.js"></script>
    </head>
    <body>
        <div class="btn-toolbar" role="toolbar">
        <div class="btn-group">
          <button type="button" class="btn btn-default">按钮 1</button>
          <button type="button" class="btn btn-default">按钮 2</button>
          <button type="button" class="btn btn-default">按钮 3</button>
        </div>
        <div class="btn-group">
          <button type="button" class="btn btn-default">按钮 4</button>
          <button type="button" class="btn btn-default">按钮 5</button>
          <button type="button" class="btn btn-default">按钮 6</button>
        </div>
        <div class="btn-group">
          <button type="button" class="btn btn-default">按钮 7</button>
          <button type="button" class="btn btn-default">按钮 8</button>
          <button type="button" class="btn btn-default">按钮 9</button>
        </div>
        </div>
    </body>
</html>
```

在浏览器中打开网页文件 chapter12.19.html，页面效果如图 12-23 所示。

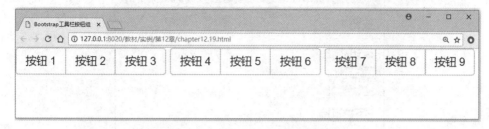

图 12-23　Bootstrap 中工具栏按钮组

3. 垂直按钮组

【实例 12.20】在 Bootstrap 中使用类.btn-group-vertical 设置垂直按钮组，文件名称为 chapter12.20.html，内容如下：

```
<!DOCTYPE html>
<html>
    <head>
        <meta charset="UTF-8">
        <title>Bootstrap 垂直按钮组</title>
        <link rel="stylesheet" href="bootstrap-3.3.7-dist/css/bootstrap.min.css">
        <script src="jquery-3.3.1/jquery-3.3.1.min.js"></script>
        <script src="bootstrap-3.3.7-dist/js/bootstrap.min.js"></script>
    </head>
    <body>
        <div class="btn-group-vertical">
          <button type="button" class="btn btn-default">按钮 1</button>
          <button type="button" class="btn btn-default">按钮 2</button>
          <div class="btn-group-vertical">
              <button type="button" class="btn btn-default dropdown-toggle"
data-toggle="dropdown">下拉
              <span class="caret"></span>
              </button>
              <ul class="dropdown-menu">
                <li><a href="#">下拉链接 1</a></li>
                <li><a href="#">下拉链接 2</a></li>
              </ul>
          </div>
        </div>
    </body>
</html>
```

在浏览器中打开网页文件 chapter12.20.html，页面效果如图 12-24 所示。

图 12-24　Bootstrap 中垂直按钮组

12.4.4　Bootstrap 输入框组

Bootstrap 输入框组来自表单控件。Bootstrap 输入框组，可以实现在文本的输入框前或者后添加文本或按钮作为前缀和后缀。即通过向 .form-control 添加前缀或后缀元素，把前缀或后缀元素放在一个带有 类.input-group 的 \<div\> 中，并且在相同的 \<div\> 内，添加一个具有类.input-group-addon 的 \<span\> 元素，把该 \<span\> 放置在 \<input\> 元素的前面或者后面即可。

【实例 12.21】使用 Bootstrap 中使用类.btn-group-vertical 设置输入框组，文件名称为 chapter12.21.html，内容如下：

```
<!DOCTYPE html>
<html>
    <head>
        <meta charset="UTF-8">
        <title>Bootstrap 输入框组</title>
        <link rel="stylesheet" href="bootstrap-3.3.7-dist/css/bootstrap.min.css">
        <script src="jquery-3.3.1/jquery-3.3.1.min.js"></script>
        <script src="bootstrap-3.3.7-dist/js/bootstrap.min.js"></script>
    </head>
    <body>
        <div style="padding: 100px 100px 10px;">
          <form class="bs-example bs-example-form"  role="form">
            <div class="input-group">
              <span class="input-group-addon">￥</span>
              <input type="text" class="form-control"
placeholder="twitterhandle">
            </div> <br>
            <div class="input-group">
              <input type="text" class="form-control">
              <span class="input-group-addon">元</span>
            </div>
          </form>
```

```
    </div>
  </body>
</html>
```

在浏览器中打开网页文件 chapter12.21.html，页面效果如图 12-25 所示。

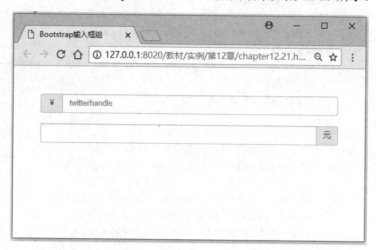

图 12-25　Bootstrap 中输入框组

12.4.5　Bootstrap 导航栏

导航栏是网站的一个重要部分。Bootstrap 网站中导航栏可以设置为折叠的，也可水平展开，针对不同类型导航栏的要求可辅助设置相应的样式。

Bootstrap 导航栏组件使用.navbar 类实现。创建一个默认的导航栏，可以向<nav>标记添加 class 类.navbar、.navbar-default 即导航栏默认格式，添加 role="navigation"，同时<div>元素添加一个标题 class 类.navbar-header，并且添加带有 class 类.nav、.navbar-nav 的无序列表。为了实现向导航栏的链接，可通过在内部添加<a>元素并设置带有类.navbar-brand。具体看如下实例。

【实例 12.22】在 Bootstrap 中使用.navbar 类设置导航栏，文件名称为 chapter12.22.html，内容如下：

```
<!DOCTYPE html>
<html>
  <head>
    <meta charset="UTF-8">
    <title>Bootstrap 导航栏</title>
    <link rel="stylesheet" href="bootstrap-3.3.7-dist/css/bootstrap.min.css">
    <script src="jquery-3.3.1/jquery-3.3.1.min.js"></script>
    <script src="bootstrap-3.3.7-dist/js/bootstrap.min.js"></script>
  </head>
  <body>
    <nav class="navbar navbar-default" role="navigation">
      <div class="container-fluid">
```

```html
        <div class="navbar-header">
          <a class="navbar-brand" href="#">Web 前端开发教程</a>
        </div>
      <div>
      <ul class="nav navbar-nav">
        <li class="active"><a href="#">静态页面设计</a></li>
        <li><a href="#">客户端脚本开发</a></li>
        <li class="dropdown">
          <a href="#" class="dropdown-toggle" data-toggle="dropdown">
            Web 前端开发
            <b class="caret"></b>
          </a>
          <ul class="dropdown-menu">
            <li><a href="#">HTML5</a></li>
            <li><a href="#">CSS</a></li>
            <li class="divider"></li>
            <li><a href="#">JavaScript</a></li>
            <li class="divider"></li>
            <li><a href="#">Bootstrap</a></li>
          </ul>
        </li>
      </ul>
    </div>
  </div>
  </nav>
  </body>
</html>
```

在浏览器中打开网页文件 chapter12.22.html，页面效果如图 12-26 所示。

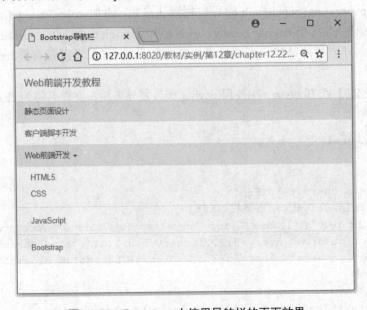

图 12-26　Bootstrap 中使用导航栏的页面效果

12.4.6　Bootstrap 分页

Bootstrap 的分页组件，使用 class 类.Pagination 实现。一般分两种分页：标准分页和翻页分页。

1. 标准分页

【实例 12.23】在 Bootstrap 中使用类.Pagination 设置标准分页功能，文件名称为 chapter12.23.html，内容如下：

```
<!DOCTYPE html>
<html>
    <head>
        <meta charset="UTF-8">
        <title>Bootstrap 标准分页</title>
        <link rel="stylesheet" href="bootstrap-3.3.7-dist/css/bootstrap.min.css">
        <script src="jquery-3.3.1/jquery-3.3.1.min.js"></script>
        <script src="bootstrap-3.3.7-dist/js/bootstrap.min.js"></script>
    </head>
    <body>
      <ul class="pagination">
        <li><a href="#">&laquo;</a></li> <!--符号 《 -->
        <li><a href="#">1</a></li>
        <li><a href="#">2</a></li>
        <li><a href="#">3</a></li>
        <li><a href="#">4</a></li>
        <li><a href="#">5</a></li>
        <li><a href="#">&raquo;</a></li>    <!--符号 》-->
      </ul>
    </body>
</html>
```

在浏览器中打开网页文件 chapter12.23.html，页面效果如图 12-27 所示。

图 12-27　Bootstrap 中设置标准分页的页面效果

2. 翻页分页

Bootstrap 翻页分页，指的是"前一页"和"后一页"形式。Bootstrap 使用.Pagination 类实现，可结合类.disabled、.active 设定禁用和激活的状态。

【**实例 12.24**】在 Bootstrap 中使用.Pagination 类设置标准分页功能，文件名称为 chapter12.24.html，内容如下：

```
<!DOCTYPE html>
<html>
    <head>
        <meta charset="UTF-8">
        <title>Bootstrap 翻页分页</title>
        <link rel="stylesheet" href="bootstrap-3.3.7-dist/css/bootstrap.min.css">
        <script src="jquery-3.3.1/jquery-3.3.1.min.js"></script>
        <script src="bootstrap-3.3.7-dist/js/bootstrap.min.js"></script>
    </head>
    <body>
        <ul class="pagination">
            <li><a href="#">&laquo;</a></li>
            <li class="active"><a href="#">1</a></li>
            <li class="disabled"><a href="#">2</a></li>
            <li><a href="#">3</a></li> <li><a href="#">4</a></li
            <li><a href="#">5</a></li>
            <li><a href="#">&raquo;</a></li>
        </ul>
    </body>
</html>
```

在浏览器中打开网页文件 chapter12.24.html，页面效果如图 12-28 所示。

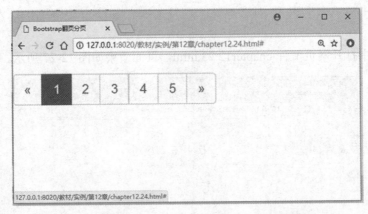

图 12-28　Bootstrap 中设置翻页分页的页面效果

12.4.7　Bootstrap 进度条

Bootstrap 进度条组件用于展示加载、跳转等动作执行中的状态，使用 Bootstrap class

类、.Progress、.progressbar。

【实例 12.25】在 Bootstrap 中使用.Progress 类设置默认的进度条，文件名称为 chapter12.25.html，内容如下：

```
<!DOCTYPE html>
<html>
    <head>
        <title>Bootstrap 进度条</title>
        <link rel="stylesheet" href="bootstrap-3.3.7-dist/css/bootstrap.min.css">
        <script src="jquery-3.3.1/jquery-3.3.1.min.js"></script>
        <script src="bootstrap-3.3.7-dist/js/bootstrap.min.js"></script>
    </head>
    <body>
        <div class="progress">
        <div class="progress-bar" role="progressbar" aria-valuenow="60"
          aria-valuemin="0" aria-valuemax="100" style="width: 40%;">
            </div>
        </div>
    </body>
</html>
```

在浏览器中打开网页文件 chapter12.25.html，页面效果如图 12-29 所示。

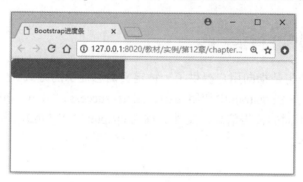

图 12-29　Bootstrap 中使用进度条的页面效果

【实例 12.26】在 Bootstrap 中使用.progress 类和.progress-striped 类创建一个条纹进度条，文件名称为 chapter12.26.html，内容如下：

```
<!DOCTYPE html>
<html>
    <head>
        <meta charset="UTF-8">
        <title>Bootstrap 条纹进度条</title>
        <link rel="stylesheet" href="bootstrap-3.3.7-dist/css/bootstrap.min.css">
        <script src="jquery-3.3.1/jquery-3.3.1.min.js"></script>
        <script src="bootstrap-3.3.7-dist/js/bootstrap.min.js"></script>
    </head>
    <body>
        <div class="progress progress-striped">
```

```
            <div class="progress-bar progress-bar-success" role="progressbar"
                aria-valuenow="60" aria-valuemin="0" aria-valuemax="100"
                style="width: 60%;">    <!--表示进度条在 60% 的位置,即 60%成功。-->
            </div>
        </div>
    </body>
</html>
```

在浏览器中打开网页文件 chapter12.26.html，页面效果如图 12-30 所示。

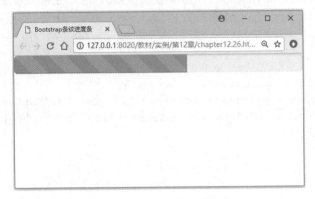

图 12-30　Bootstrap 中使用条纹进度条的页面效果

12.4.8　Bootstrap 警告

Bootstrap 中的警告是指向用户提供了一种定义消息提示的方式。

【实例 12.27】在 Bootstrap 中使用.alert、.alert- success、.alert—info、.alert-warning、.alert-danger 类创建不同的警告信息，文件名称为 chapter12.27.html，内容如下：

```
<!DOCTYPE html>
<html>
    <head>
        <meta charset="UTF-8">
        <title>Bootstrap 警告</title>
        <link rel="stylesheet" href="bootstrap-3.3.7-dist/css/bootstrap.min.css">
        <script src="jquery-3.3.1/jquery-3.3.1.min.js"></script>
        <script src="bootstrap-3.3.7-dist/js/bootstrap.min.js"></script>
    </head>
    <body>
        <div class="alert alert-success">提交成功！</div>
        <div class="alert alert-info">请大家注意信息！</div>
        <div class="alert alert-warning">警告！请不要......</div>
        <div class="alert alert-danger">错误！请修改。</div>
    </body>
</html>
```

在浏览器中打开网页文件 chapter12.27.html，页面效果如图 12-31 所示。

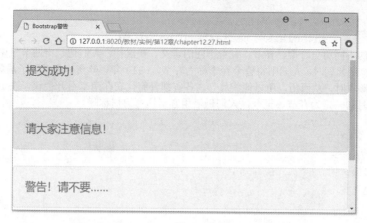

图 12-31　Bootstrap 中设置警告信息的页面效果

12.4.9　Bootstrap 多媒体对象

Bootstrap 中的多媒体对象，主要是图片、视频和音频等。Bootstrap 中提供.media
类、.media-list 类设置文字与图片、视频和音频等媒体对象之间的排版。

【实例 12.28】使用 Bootstrap 中的.media 类和.media-list 类设置多媒体对象，文件名称
为 chapter12.28.html，内容如下：

```
<!DOCTYPE html>
<html>
    <head>
        <meta charset="UTF-8">
        <title>Bootstrap 多媒体</title>
        <link rel="stylesheet" href="bootstrap-3.3.7-dist/css/bootstrap.min.css">
        <script src="jquery-3.3.1/jquery-3.3.1.min.js"></script>
        <script src="bootstrap-3.3.7-dist/js/bootstrap.min.js"></script>
    </head>
    <body>
      <div class="media">
        <a class="media-left" href="#">
          <img class="media-object" src="img/chunjie.jpg"  height="100px"
width="100px">
        </a>
        <div class="media-body">
          <h4 class="media-heading">春节</h4>
春节古时叫元旦。元者始也，旦者晨也，元旦即一年的第一个早晨。《尔雅》，对"年"的注解是：
"夏曰岁，商曰祀，周曰年。"每年的开始从正月朔日子夜算起，叫"元旦"或"元日"。农历年的
习俗就一直流传下来。
          <div class="media">
            <a class="media-left" href="#">
              <img class="media-object" src="img/chunjie.jpg" alt="媒体对
象" height="100px" width="100px">
            </a>
```

```
        <div class="media-body">
            <h4 class="media-heading">春节</h4>
```
在我国古代的不同历史时期，春节，有着不同的含义。在汉代，人们把二十四节气中的"立春"这一天定为春节。南北朝时，人们则将整个春季称为春节。1911 年，辛亥革命推翻了清朝统治，为了"行夏历，所以顺农时，从西历，所以便统计"，各省都督府代表在南京召开会议，决定使用公历。这样就把农历正月初一定为春节。至今，人们仍沿用春节这一习惯称呼。
```
        </div>
      </div>
    </div>
  </div>
 </body>
</html>
```

在浏览器中打开网页文件 chapter12.28.html，页面效果如图 12-32 所示。

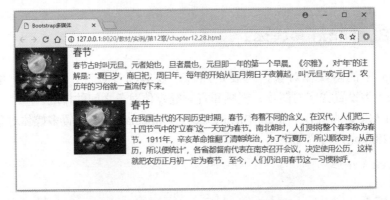

图 12-32　Bootstrap 中多媒体的页面效果

12.5　Bootstrap 插件

　　Bootstrap 自带十几种 jQuery 插件，扩展了 Bootstrap 布局组件功能。该插件为 Bootstrap 网站用户界面增添了交互性。使用 BootstrapJQuery 插件，需要添加插件的库文件压缩包。

12.5.1　下拉菜单

　　在上一节内容中，已对 Bootstrap 下拉菜单布局组件做了介绍，而本节介绍的下拉菜单 (Dropdown)插件实现对菜单操作的功能，可以向任何组件(比如导航栏、标签页、按钮等)添加下拉菜单，下拉菜单是可切换的，通过与 JavaScript 插件的互动来实现，下拉菜单切换有一个简单的方法用来显示或隐藏下拉菜单，即 $().dropdown('toggle')。

　　【实例 12.29】使用 Bootstrap 插件，实现导航栏内的下拉菜单切换，文件名称为 chapter12.29.html，内容如下：

```
<!DOCTYPE html>
<html>
```

```html
<head>
    <meta charset="UTF-8">
    <title>Bootstrap 插件 下拉菜单</title>
    <link rel="stylesheet" href="bootstrap-3.3.7-dist/css/bootstrap.min.css">
    <script src="jquery-3.3.1/jquery-3.3.1.min.js"></script>
    <script src="bootstrap-3.3.7-dist/js/bootstrap.min.js"></script>
</head>
<body>
    <nav class="navbar navbar-default" role="navigation">
      <div class="container-fluid">
        <div class="navbar-header">
          <a class="navbar-brand" href="#">计算机技术</a>
        </div>
        <div id="myexample">
          <ul class="nav navbar-nav">
            <li class="active"><a href="#">现状</a></li>
            <li><a href="#">发展趋势</a></li>
            <li class="dropdown"><a href="#" class="dropdown-toggle"
                data-toggle="dropdown">研究方向<b class="caret"></b></a>
                <ul class="dropdown-menu">
                <li><a id="action-1" href="#">区块链</a></li>
                <li><a href="#">人工智能</a></li>
                <li><a href="#">大数据</a></li>
                <li class="divider"></li>
                <li><a href="#">Java</a></li>
              </ul>
          </li>
      </ul>
    </div>
    </div>
</nav>
<script>
<!-页面加载时注册下拉菜单 -->
  $(function(){
    //默认显示
    $(".dropdown-toggle").dropdown('toggle');
  });
</script>
</body>
</html>
```

在浏览器中打开网页文件 chapter12.29.html，页面效果如图 12-33 所示。

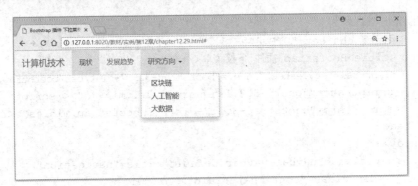

图 12-33 Bootstrap 中设置下拉菜单的页面效果

12.5.2 弹出框

Bootstrap 中弹出框(Popover)用户只需把鼠标指针悬停在元素上即可看到详细信息。通过 data 属性：如需添加一个弹出框 (popover)，只需向一个锚/按钮标签添加 data-toggle="popover" 即可。锚的 title 即为弹出框(popover)的文本。默认情况下，插件把弹出框(popover)设置在顶部。其语法格式如下：

```
<button type="button" class="btn btn-primary popover-show" title="Popover
title" data-container="body"  data-toggle="popover"
    data-content="请悬停在我的上面显示内容">
        请悬停在我的上面
</button>
```

或

```
<a href="#" data-toggle="popover" title="Example popover">
    请悬停在我的上面
</a>
```

【实例 12.30】使用 Bootstrap 插件，实现弹出框效果，文件名称为 chapter12.30.html，内容如下：

```
<!DOCTYPE html>
<html>
    <head>
        <meta charset="UTF-8">
        <title>Bootstrap 滚动效果</title>
        <link rel="stylesheet" href="bootstrap-3.3.7-dist/css/bootstrap.min.css">
        <script src="jquery-3.3.1/jquery-3.3.1.min.js"></script>
        <script src="bootstrap-3.3.7-dist/js/bootstrap.min.js"></script>
    </head>
    <body>
        <div clas="container" style="padding: 100px 50px 10px;" >
            <button type="button" class="btn btn-primary popover-show"
                title="Popover title"  data-container="body"
                data-toggle="popover"
```

```
            data-content="左侧的 Popover 中的一些内容 —— show 方法">
                        左侧的 Popover
        </button>
    </div>
    <script>
        $(function () { $('.popover-show').popover('show');});
        $(function () { $('.popover-show').on('shown.bs.popover', function () {
          alert("当显示时出现警告消息");
          })
        });
    </script>
    </div>
  </body>
</html>
```

在浏览器中打开网页文件 chapter12.30.html，页面效果如图 12-34 所示。

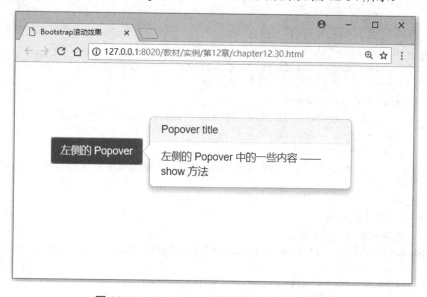

图 12-34　Bootstrap 中使用弹出框的页面效果

12.5.3　轮播

Bootstrap 轮播(Carousel)插件是一种灵活的响应式的向站点添加滑块的方式。如果要单独引用该插件的功能，那么需引用 carousel.js。Bootstrap 插件可以引用 bootstrap.js 或压缩版的 bootstrap.min.js。

简单的图片幻灯片，使用 Bootstrap 轮播(Carousel)插件显示了一个循环播放元素的通用组件。为了实现轮播，只需要添加带有该标记的代码即可。只需要简单地基于 class 的开发即可。

【实例 12.31】使用 Bootstrap 插件，实现图片轮播效果，文件名称为 chapter12.31.html，内容如下：

```html
<!DOCTYPE html>
<html>
    <head>
        <meta charset="UTF-8">
        <title>Bootstrap 轮播效果</title>
        <link rel="stylesheet" href="bootstrap-3.3.7-dist/css/bootstrap.min.css">
        <script src="jquery-3.3.1/jquery-3.3.1.min.js"></script>
        <script src="bootstrap-3.3.7-dist/js/bootstrap.min.js"></script>
    </head>
    <div id="myCarousel" class="carousel slide">
    <!-- 轮播(Carousel)指标 -->
     <ol class="carousel-indicators">
        <li data-target="#myCarousel" data-slide-to="0" class="active"></li>
        <li data-target="#myCarousel" data-slide-to="1"></li>
        <li data-target="#myCarousel" data-slide-to="2"></li>
     </ol>
    <!-- 轮播项目 -->
    <div class="carousel-inner">
      <div class="item active">
         <img src="img/img1.JPG" alt="First slide"  width="800px" >
      </div>
      <div class="item">
         <img src="img/img2.JPG" alt="Second slide"  width="800px" >
      </div>
      <div class="item">
         <img src="img/img3.JPG" alt="Third slide"  width="800px" >
      </div>
    </div>
    <!-- 轮播导航 -->
    <!-- 轮播(Carousel)导航 -->
     <a class="left carousel-control" href="#myCarousel" role="button"
data-slide="prev">
        <span class="glyphicon glyphicon-chevron-left"
aria-hidden="true"></span>
        <span class="sr-only">Previous</span>
     </a>
     <a class="right carousel-control" href="#myCarousel" role="button"
data-slide="next">
        <span class="glyphicon glyphicon-chevron-right"
aria-hidden="true"></span>
        <span class="sr-only">Next</span>
     </a>
    </div>
    </body>
</html>
```

在浏览器中打开网页文件 chapter12.31.html，页面效果如图 12-35 所示。

图 12-35 Bootstrap 图片轮播页面效果

12.5.4 折叠

折叠(Collapse)插件可以让页面区域折叠起来。使用它来创建折叠导航以及内容面板，它都允许有很多内容选项。要单独引用该插件的功能，要引用 collapse.js。

【实例 12.32】使用 Bootstrap 插件，实现按钮折叠效果，文件名称为 chapter12.32.html，内容如下：

```
<!DOCTYPE html>
<html>
    <head>
        <meta charset="UTF-8">
        <title>Bootstrap 折叠效果</title>
        <link rel="stylesheet" href="bootstrap-3.3.7-dist/css/bootstrap.min.css">
        <script src="jquery-3.3.1/jquery-3.3.1.min.js"></script>
        <script src="bootstrap-3.3.7-dist/js/bootstrap.min.js"></script>
    </head>
<body>
<div class="panel-group" id="accordion">
    <div class="panel panel-default">
        <div class="panel-heading">
            <h4 class="panel-title">
                <a data-toggle="collapse" data-parent="#accordion"
```

```
                        href="#collapseOne">
单击我进行展开，再次单击我进行折叠。第 1 部分
                  </a>
             </h4>
        </div>
        <div id="collapseOne" class="panel-collapse collapse in">
             <div class="panel-body">
                  Nihil anim keffiyeh helvetica, craft beer labore wes anderson
                  cred nesciunt sapiente ea proident. Ad vegan excepteur butcher
                  vice lomo.
             </div>
        </div>
    </div>
</body>
</html>
```

在浏览器中打开网页文件 chapter12.32.html，页面效果如图 12-36 所示。

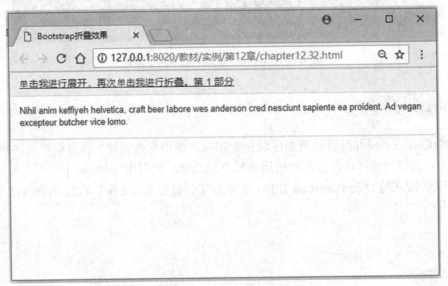

图 12-36　Bootstrap 按钮折叠效果图

12.6　回到工作场景

通过 12.2~12.5 节内容的学习，已经了解 Bootstrap、Bootstrap 环境安装与配置、Bootstrap CSS 样式类、Bootstrap 布局组件和 Bootstrap 插件等类，掌握了基本 Bootstrap 页面的设计。

【工作过程】制作某购物网站首页部分模块，页面效果如图 12-37 所示。

图 12-37 某购物网站首页的页面效果

首先，构建总体构架，其具体代码如下：

```html
<div class="container">
    <div class="row clearfix">
        <div class="col-md-12 column">
         <div class="jumbotron" style="background-image:url(img/top.jpg);
background-repeat: no-repeat; background-size:cover;">
         <nav class="navbar navbar-default" role="navigation">
          <!-- 导航栏的设计-->
             </nav>
          </div>
       </div>
    </div>
     <div class="row clearfix">
       <div class="col-md-12 column">
         <div class="col-md-4 column" style="width: 30%;"> <!--产品类别-->
</div>
         <div class="col-md-4 column" style="width: 40%;"><!--广告栏轮播-->
</div>
         <div class="col-md-4 column" style="width: 30%;"><!--用户信息-->
</div>
       </div>
    </div>
</div>
```

其次，导航栏的设计，其具体代码如下：

```html
<nav class="navbar navbar-default" role="navigation">
    <div class="navbar-header">
```

```
        <button type="button" class="navbar-toggle" data-toggle="collapse"
data-target="#bs-example-navbar-collapse-1"> <span class="sr-only">Toggle
navigation</span><span class="icon-bar"></span><span
class="icon-bar"></span><span class="icon-bar"></span></button>
            <a class="navbar-brand" href="#">首页</a>
        </div>
    <div class="collapse navbar-collapse" id="bs-example-navbar-collapse-1">
        <ul class="nav navbar-nav">
            <li class="active"><a href="#">新品</a></li>
            <li><a href="#">折旧商品</a></li>
            <li ><a href="#">注册</a></li>
            <li><a href="#">购物</a></li>
            <li><a href="#">查看购物车</a></li>
            <li><a href="#">生成订单</a></li>
            <li>    <a href="#">显示订单</a></li>
        </ul>
          <form class="navbar-form navbar-left" role="search">
          <div class="form-group">
              <input type="text" class="form-control" />
          </div> <button type="submit" class="btn btn-default">查询</button>
          </form>
        </div>
    </nav>
```

然后，主体部分分三部分，为左、中、右，具体如下。

左边的部分的产品分类代码如下：

```
<div class="col-md-4 column" style="width: 30%;">
    <div class="list-group">
        <a href="#" class="list-group-item active">产品类别</a>
            <div class="list-group-item">女装</div>
            <div class="list-group-item">男装</div>
                <div class="list-group-item">鞋子</div>
                <div class="list-group-item">家居用品</div>
                <div class="list-group-item">化妆用品</div>
                <div class="list-group-item">运动器材</div>
                <div class="list-group-item">美食</div>
                <a class="list-group-item active">其他</a>
        </div>
    </div>
```

中间的广告栏幻灯片效果代码如下：

```
<div class="col-md-4 column" style="width: 40%;">
    <div class="carousel slide" id="carousel-505133">
        <ol class="carousel-indicators">
            <li data-slide-to="0" data-target="#carousel-505133"></li>
            <li data-slide-to="1" data-target="#carousel-505133"></li>
            <li data-slide-to="2" data-target="#carousel-505133" class=
"active">
```

```
                    </li>
               </ol>
                <div class="carousel-inner">
                   <div class="carousel slide" id="carousel-459062">
                       <ol class="carousel-indicators">
                         <li data-slide-to="0" data-target="#carousel-459062"></li>
                         <li data-slide-to="1" data-target="#carousel-459062"></li>
                         <li data-slide-to="2" data-target="#carousel-459062"
class="active"></li>
                       </ol>
                       <div class="carousel-inner">
                       <div class="item active">
                        <img src="img/防晒.jpg" alt="First slide" width="30" >
                        <div class="carousel-caption">
                              <h4 style="color:red">安耐晒 安热沙资生堂</h4>
                            </div>
                       </div>
                       <div class="item">
                        <img src="img/秋装.jpg" alt="Second slide"  >
                        <div class="carousel-caption">
                                   <h4>秋装上新</h4>
                             </div>
                     </div>
                     <div class="item">
                        <img src="img/computer.jpg" alt="Third slide"  >
                        <div class="carousel-caption">
                              <h4>笔记本电脑</h4>
                        </div>
                     </div>
                  </div>
                  </div>
        <a class="left carousel-control" href="#carousel-459062" data-slide="prev">
            <span class="glyphicon glyphicon-chevron-left"></span></a>
        <a class="right carousel-control" href="#carousel-459062" data-slide="next">
            <span class="glyphicon glyphicon-chevron-right"></span></a>
      </div>
      </div>
   </div>
</div>
```

右侧的登录页面效果代码如下：

```
<div style="background-image:url(img/userlogin.jpg);background-repeat:
no-repeat;">
<table width="280" height="135" border="0" cellpadding="0" cellspacing="0"
background="img/systemImages/fg_left01.jpg" style="background-repeat:
no-repeat">
    <form name="userform" method="post" >
        <tr height="25" align="center">
        <td height="5" align="center" valign="middle"></td>
                <td align="center" valign="middle"></td>
```

```
        </tr>
         <tr align="center">
          <td width="129" height="25" align="center" valign="middle">
帐  号:
           </td>
          <td width="171" height="25" align="left" valign="middle">
            <input name="name" type="text" size="17">
           </td>
        </tr>
        <tr align="center">
        <td height="25" align="center" valign="middle">密  码: </td>
          <td align="left" valign="middle">
        <input name="password" type="password" size="17"></td>
        </tr>
        <tr align="center">
          <td height="25" align="center" valign="middle" colspan="3">
          <input type="submit" value="提交" width="51" height="20">
           <input type="button" value="注册" width="51" height="20">
             <input type="button" value="找回密码" width="51" height="20">
          </td>
        </tr>
    </form>
    </table>
  </div>
 </div>
</div>
```

 ## 12.7　工作实训营

12.7.1　训练实例

1. 训练内容

自行设计如图 12-38 所示页面，有个导航条固定并置顶，它始终显示在页面顶部。

2. 训练目的

➢　掌握 Bootstrap 包的导入。

➢　掌握使用.navbar、navbar-inverse、navbar-fixed-top 类来设置导航栏始终显示在顶部。

3. 训练过程

参照 12.4.5 节中的操作步骤。

4. 技术要点

使用.navbar、navbar-inverse、navbar-fixed-top 类，注意导航栏与内容位置。

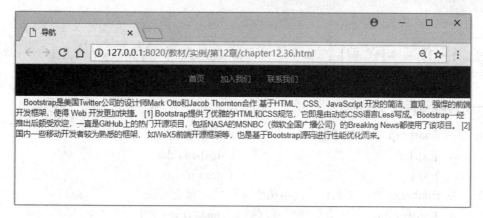

图 12-38　带固定并置顶的导航栏的页面效果

12.7.2　工作实践常见问题解析

【常见问题】用 Bootstrap 中的.navbar、navbar-inverse、navbar-fixed-top 类布局设置导航始终显示在顶端时会产生一些问题，比如 body 的正文的顶部内容会被导航栏盖住，如何避免呢？

【答】在页面的样式表，要让正文顶部下移，给页面的 <body> 添加 style 的属性：

```
<body style="padding-top:60px">
```

或者

```
body {
        padding-top: 50px;
        overflow:hidden;
        }
```

 ## 12.8　本章小结

本节主要介绍了 Bootstrap 框架如何使用，从 Bootstrap 环境的安装、Bootstrap CSS 样式设定、Bootstrap 布局组件的设计到 Bootstrap 插件的使用。

使用 Bootstrap CSS 样式中 Bootstrap 的排版特性，可以创建标题、段落、列表及其他内联元素。

Bootstrap 布局组件中字体图标提供了 200 多种字体格式的字形，通过改变字体尺寸、颜色等进行设置图标；Bootstrap 布局组件中使用类.btn-group 设置按钮下拉菜单，使用 <span class="caret"></span> 来指示按钮作为下拉菜单；导航栏组件使用.navbar 类实现。.Pagination 类实现分页功能；.Progress、.Progressbar 类实现进度条功能；.Alert 类实现警告功能等。

Bootstrap 自带了很多 jQuery 插件，通过与 JavaScript 插件的互动来实现一些弹出框、轮播、折叠等功能。

12.9 习 题

一、单项选择题

1. 在 Bootstrap 中，以下的(　　)不是文本对齐的方式。
   A. .text-left
   B. .text-middle
   C. .text-right
   D. .text-justify
2. 在 Bootstrap 中，下列(　　)不属于验证提示状态的类。
   A. .has-warning
   B. .has-error
   C. .has-danger
   D. .has-success
3. 在 Bootstrap 中，下列(　　)不属于图片处理的类。
   A. .img-rounded
   B. .img-circle
   C. .img-thumbnail
   D. .img-radius

二、填空题

1. Bootstrap 使用＿＿＿＿＿＿ 类来获得图片圆角；使用＿＿＿＿＿＿类使整个图片变成圆形。
2. Bootstrap class 按钮添加下拉菜单，可以通过与下拉菜单(Dropdown)jQuery 插件的互动来实现，同时使用 <span class="＿＿＿＿＿"></span> 来指示按钮作为下拉菜单。
3. Bootstrap 的分页组件，使用 class 类＿＿＿＿＿＿实现。一般分两种分页：标准分页和翻页分页。
4. Bootstrap 轮播(Carousel)插件是一种灵活的响应式的向站点添加滑块的方式。如果要单独引用该插件的功能，那么需引用＿＿＿＿＿＿＿＿。
5. Bootstrap 进度条组件用于展示加载、跳转等动作执行中的状态，使用 Bootstrap class类＿＿＿＿＿＿＿。

三、操作题

创建网页，文件名为 ex12.1.html，页面效果如图 12-39 所示。其中，单击搜狐、新浪、百度，另起一个新的窗口打开对应的主页。

图 12-39　分页功能效果图

参 考 文 献

[1] 传智博客高教产品研发部. HTML+CSS+JavaScript 网页制作案例教程[M]. 北京：人民邮电出版社，2016.

[2] 库波，汪晓清. HTML5 与 CSS3 网页设计[M]. 北京：北京理工大学出版社，2013.

[3] 赵增敏. JavaScript 动态网页编程[M]. 北京：电子工业出版社，2010.

[4] 杨旺功. Bootstrap Web 设计与开发实战[M]. 北京：清华大学出版社，2017.

[5] 莫振杰. HTML CSS JavaScript 基础教程[M]. 北京：人民邮电出版社，2017.

[6] 前端科技. HTML5+CSS3+JavaScript 从入门到精通(微课精编版). 北京：清华大学出版社，2018.